普通高等教育高职高专土建类"十二五"规划教材

基础工程施工

主　编　张卫民

副主编　周　艳　程显风　王宏东

中国水利水电出版社

www.waterpub.com.cn

内 容 提 要

　　本教材是"普通高等教育高职高专土建类'十二五'规划教材"丛书之一。根据最新规范和高职高专人才培养目标，以工作任务为导向编写，突出对学生职业能力和创新能力的培养。主要内容包括：基本知识、土石方工程与基坑施工、地基处理与浅基础施工、桩基础施工、基础防水施工、基础工程勘察与验收。全书共6个模块，按项目化教学要求编写。

　　本教材可以作为高职高专、成人教育建筑工程技术专业，以及土建类其他相关专业的教材，也可供相关工程技术人员作为参考用书。

图书在版编目（CIP）数据

基础工程施工/张卫民主编 .—北京：中国水利
水电出版社，2011.5（2016.9重印）
普通高等教育高职高专土建类"十二五"规划教材
ISBN 978 - 7 - 5084 - 8589 - 8

Ⅰ.①基…　Ⅱ.①张…　Ⅲ.①基础（工程）-工程施
工-高等职业教育-教材　Ⅳ.①TU753

中国版本图书馆 CIP 数据核字（2011）第 090902 号

书　　名	普通高等教育高职高专土建类"十二五"规划教材 **基础工程施工**
作　　者	主编　张卫民　　副主编　周艳　程显风　王宏东
出版发行	中国水利水电出版社 （北京市海淀区玉渊潭南路 1 号 D 座　100038） 网址：www.waterpub.com.cn E-mail：sales@waterpub.com.cn 电话：（010）68367658（营销中心）
经　　售	北京科水图书销售中心（零售） 电话：（010）88383994、63202643、68545874 全国各地新华书店和相关出版物销售网点
排　　版	中国水利水电出版社微机排版中心
印　　刷	北京瑞斯通印务发展有限公司
规　　格	184mm×260mm　16 开本　17.25 印张　409 千字
版　　次	2011 年 5 月第 1 版　2016 年 9 月第 3 次印刷
印　　数	5001—7000 册
定　　价	**32.00 元**

普通高等教育高职高专土建类
"十二五"规划教材
参编院校及单位

安徽工业经济职业技术学院   金华职业技术学院

滨州职业学院   九江学院

重庆建筑工程职业学院   九江职业大学

甘肃工业职业技术学院   兰州工业高等专科学校

甘肃林业职业技术学院   辽宁建筑职业技术学院

广东建设职业技术学院   漯河职业技术学院

广西经济干部管理学院   内蒙古河套大学

广西机电职业技术学院   内蒙古建筑职业技术学院

广西建设职业技术学院   南宁职业技术学院

广西理工职业技术学院   宁夏建设职业技术学院

广西交通职业技术学院   山西长治职业技术学院

广西水利电力职业技术学院   山西水利职业技术学院

河北交通职业技术学院   石家庄铁路职业技术学院

河北省交通厅公路管理局   太原城市职业技术学院

河南财政税务高等专科学校   太原大学

河南工业职业技术学院   乌海职业技术学院

黑龙江农垦科技职业学院   烟台职业学院

湖南城建集团   延安职业技术学院

湖南交通职业技术学院   义乌工商学院

淮北职业技术学院   邕江大学

淮海工学院   浙江工商职业技术学院

本 册 编 委 会

本 册 主 编： 张卫民

本 册 副 主 编： 周 艳   程显风   王宏东

本 册 参 编： 吴育萍   杨 沛

序

　　"十二五"时期，高等职业教育面临新的机遇和挑战，其教学改革必须动态跟进，才能体现职业教育"以服务为宗旨、以就业为导向"的本质特征，其教材建设也要顺应时代变化，根据市场对职业教育的要求，进一步贯彻"任务导向、项目教学"的教改精神，强化实践技能训练、突出现代高职特色。

　　鉴于此，从培养应用型技术人才的期许出发，中国水利水电出版社于2010年启动了土建类（包括建筑工程、市政工程、工程管理、建筑设备、房地产等专业）以及道路桥梁工程等相关专业高等职业教育的"十二五"规划教材，本套"普通高等教育高职高专土建类'十二五'规划教材"编写上力求结合新知识、新技术、新工艺、新材料、新规范、新案例，内容上力求精简理论、结合就业、突出实践。

　　随着教改的不断深入，高职院校结合本地实际所展现出的教改成果也各不相同，与之对应的教材也各有特色。本套教材的一个重要组织思想，就是希望突破长久以来习惯以"大一统"设计教材的思维模式。这套教材中，既有以章节为主体的传统教材体例模式，也有以"项目—任务"模式的"任务驱动型"教材，还有基于工作过程的"模块—课题"类教材。不管形式如何，编写目标均是结合课程特点、针对就业实际、突出职业技能，从而符合高职学生学习规律的精品教材。主要特点有以下几方面：

　　（1）专业针对性强。针对土建类各专业的培养目标、业务规格（包括知识结构和能力结构）和教学大纲的基本要求，充分展示创新思想，突出应用技术。

　　（2）以培养能力为主。根据高职学生所应具备的相关能力培养体系，构建职业能力训练模块，突出实训、实验内容，加强学生的实践能力与操作技能。

　　（3）引入校企结合的实践经验。由企业的工程技术人员参与教材的编写，将实际工作中所需的技能与知识引入教材，使最新的知识与最新的应用充实到教学过程中。

（4）多渠道完善。充分利用多媒体介质，完善传统纸质介质中所欠缺的表达方式和内容，将课件的基本功能有效体现，提高教师的教学效果；将光盘的容量充分发挥，满足学生有效应用的愿望。

本套教材适用于高职高专院校土建类相关专业学生使用，亦可为工程技术人员参考借鉴，也可作为成人、函授、网络教育、自学考试等参考用书。本套丛书的出版对于"十二五"期间高职高专的教材建设是一次有益的探索，也是一次积累、沉淀、迸发的过程，其丛书的框架构建、编写模式还可进一步探讨，书中不妥之处，恳请广大读者和业内专家、教师批评指正，提出宝贵建议。

编委会

2011 年 1 月

前　言

本教材以《国务院关于大力发展职业教育的决定》(国发〔2005〕35 号)、《关于全面提高高等职业教育教学质量的若干意见》(教高〔2006〕16 号) 等文件精神为指导，在对建筑工程技术专业的人才培养模式和课程体系改革进行充分调研的基础上，吸收国内众多高职高专院校在课程建设方面取得的进展，以及广泛征求企业专家意见的基础上编写而成。本教材打破以知识传授为主的传统模式，以工作任务为引领组织教学内容，适合用于对学生进行项目化教学。教材内容突出对学生职业能力的训练，理论知识的选取紧紧围绕解决具体的工程问题，突出职业能力和创新能力的培养，针对性强，体现了高职教育课程的实践性、开放性和职业性，符合高职高专的人才培养目标。

本教材编写的主要依据为：GB 50007—2002《建筑地基基础设计规范》、GB 50202—2002《建筑地基基础工程施工质量验收规范》、GB 50300—2001《建筑工程施工质量验收统一标准》、JGJ 79—2002《建筑地基处理规范》、JGJ 94—2008《建筑桩基技术规范》、GB 50330—2002《建筑边坡工程技术规范》、JGJ 120—99《建筑基坑支护技术规程》等。

本教材主要包括以下内容：模块 1，基本知识；模块 2，土石方工程与基坑施工；模块 3，地基处理与浅基础施工；模块 4，桩基础施工；模块 5，基础防水施工；模块 6，基础工程勘察与验收。

本教材由金华职业技术学院张卫民担任主编。其中模块 1、模块 2 及模块 6 (课题 1) 由张卫民编写；模块 3 由金华职业技术学院吴育萍 (课题 1)、程显风 (课题 2) 编写；模块 4 由兰州工业高等专科学校王宏东编写；模块 5 由安徽工业经济职业技术学院杨沛编写；模块 6 (课题 2) 由广东建设职业技术学院周艳编写。

本教材在编写过程中得到了中国水利水电出版社和编者所在单位领导的大力支持和协助，在此表示感谢。本教材参考和借鉴了有关文献资料，许多热心朋友也给予了很大的帮助，谨向这些文献作者和朋友致以诚挚的谢意。

由于编写时间仓促及限于编者水平，书中定有不当或不妥之处，恳请读者批评指正。

编者

2011 年 3 月

目　　录

序

前言

模块 1　基本知识 ··· 1

课题 1　土的物理性质及工程分类 ··· 1

思考题 ··· 17

课题 2　土的压缩性与地基的变形 ··· 17

思考题 ··· 32

课题 3　土的抗剪强度与地基承载力 ······································· 33

思考题 ··· 47

课题 4　土压力与土坡稳定 ··· 47

思考题 ··· 64

模块 2　土石方工程与基坑施工 ··· 65

课题 1　土方工程量的计算与调配 ··· 65

思考题 ··· 78

课题 2　基坑排水与降水施工 ··· 78

思考题 ··· 87

课题 3　基坑支护施工 ··· 87

思考题 ··· 97

课题 4　土方开挖与回填 ··· 98

思考题 ·· 122

模块 3　地基处理与浅基础施工 ·· 123

课题 1　地基处理 ··· 123

思考题 ·· 143

课题 2　浅基础设计及施工 ··· 143

思考题 ·· 162

模块 4　桩基础施工 ··· 163

课题 1　钢筋混凝土预制桩施工 ·· 163

思考题 ·· 180

课题 2　钢筋混凝土灌注桩施工 ·· 180

思考题 ·· 197

模块5　基础防水施工 ·· 199

课题1　基础工程刚性防水施工 ··· 199

思考题 ·· 218

课题2　基础工程柔性防水施工 ··· 219

思考题 ·· 235

模块6　基础工程勘察与验收 ··· 236

课题1　工程地质勘察 ·· 236

思考题 ·· 246

课题2　地基与基础分部工程质量验收 ·· 246

思考题 ·· 264

参考文献 ·· 265

模块 1 基 本 知 识

课题 1 土的物理性质及工程分类

1.1.1 学习目标

（1）通过本课题的学习，知道土的成因与组成，会划分土的粒组，以及应用相关参数确定土的工程特性。

（2）认识土中不同状态的水及其对土的物理性质的影响。

（3）会应用土的三相图计算土的各项物理性质指标，知道土的各项指标在工程中的用途。

（4）知道黏性土和无黏性土的物理特征，并能对土进行工程分类。

1.1.2 学习内容

土的物理性质主要取决于固体颗粒的矿物成分、三相（固、液、气）组成比例、土粒结构及所处的物理状态。土的物理性质在一定程度上影响着土的力学性质，是最基本的工程特性。掌握土的工程特性对建筑基础工程的设计和施工都有重要的影响。

1.1.2.1 土的成因与组成

1. 土的成因

土是由地壳表层的岩石长期暴露在大气中，经受气候的变化，环境的作用，在物理风化、化学风化、生物风化作用下，使岩石逐渐崩解，破碎成大小和形状不同的一些碎块。根据形成时所经受的外力及环境的不同，具有各种各样的成因。不同成因类型的土，具有各自的分布规律和工程地质特征，其主要成因类型有以下几种。

（1）残积物。残积物是指残留在原地未被搬运的原岩风化剥蚀后的产物。残积物与基岩之间没有明显的界限，一般是由基岩风化带直接过渡到新鲜基岩。残积物的主要工程地质特征为：均质性很差，土的物理力学性质一致性较差，颗粒一般较粗且带棱角，孔隙较大，作为地基易引起不均匀沉降。

（2）坡积物。坡积物是雨雪水流的地质作用，将高处岩石风化产物缓慢地洗刷剥蚀，沿着斜坡向下逐渐移动、沉积在平缓的山坡上而形成的沉积物。坡积物的主要工程地质特征为：可能会再次发生沿下卧基岩倾斜面滑动；土颗粒粗细混杂，土质不均匀，厚度变化大，作为地基易形成不均匀沉降；新近堆积的坡积物土质疏松，压缩性较高。

（3）洪积物。洪积物是由暂时性山洪急流挟带着大量碎屑物质堆积于山谷冲沟出口或山前倾斜平原而形成的沉积物。洪积物的主要工程地质特征为：常呈现不规则交错的层理构造，靠近山地的洪积物的颗粒较粗，地下水位埋藏较深，土的承载力一般较高，常为良好的天然地基。离山较远地段的洪积物较细，成分均匀，厚度较大，土质较为密实，一般也是良好的天然地基。

（4）冲积物。冲积物是江河流水的地质作用剥蚀两岸的基岩和沉积物，经过水流搬

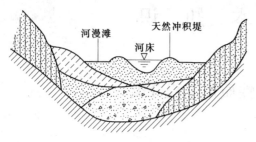

图1-1-1　河谷横断面图

运，沉积在平缓地带而形成的沉积物。冲积物可分为平原河谷冲积物、山区河谷冲积物和三角洲冲积物（图1-1-1）。冲积物的主要工程地质特征为平原河谷冲积物包括河床沉积物、河漫滩沉积物、河流阶地沉积物及古河道沉积物等。河床沉积物大多为中密砂砾，承载力较高。河漫滩地段地下水埋藏较浅，下部为砂砾、卵石等粗粒土，上部一般为颗粒较细的土，局部夹有淤泥和泥炭，压缩性较高，承载力较低。河流阶地沉积物强度较高，一般可作为良好的地基。山区河谷冲积物颗粒较粗，一般为砂粒所充填的卵石或圆砾，在高阶地往往是岩石或坚硬土层，最适宜于作为天然地基。三角洲冲积物的颗粒较细，含水量大，呈饱和状态，有较厚的淤泥或淤泥质层分布，承载力较低。

2. 土的组成

在天然状态下，自然界中的土是由固体颗粒、水和气体组成的三相体系。固体颗粒构成土的骨架，其间贯穿着孔隙，孔隙中充填有水和气体，因此，土也被称为三相孔隙介质。在自然界的每一个土单元中，三相比例随着周围环境的变化而变化。土的三相比例不同，土的状态和工程性质也不相同。若位于地下水位线以下，土中孔隙全部充满水时，称为饱和土；当土中孔隙没有水时，则称为干土；土中孔隙同时有水和气体存在时，称为非饱和土（湿土）。

（1）土的固体颗粒。土的固体颗粒即土的固相。土粒的大小、形状、矿物成分及大小搭配情况对土的物理力学性质有明显影响。

自然界中的土都是由大小不同的土颗粒组成。土颗粒的大小与土的性质密切相关，如土颗粒由粗变细，土的性质可由无黏性变为黏性。粒径大小在一定范围内的土，其矿物成分及性质都比较相近。因此，可将土中各种不同粒径的土粒，按适当的粒径范围，分为若干粒组，随分界尺寸的不同，性质呈现出一定的变化。用于划分粒组的分界尺寸称为界限粒径。我国习惯采用的粒组划分标准见表1-1-1。表中根据界限粒径200mm、20mm、2mm、0.075mm、0.005mm把土粒分为六大粒组：漂石（块石）、卵石（碎石）、圆粒（角砾）、砂粒、粉粒和黏粒。

天然土体中包含有大小不同的颗粒，为了表示土粒的大小及组成情况，通常以土中各粒组的相对含量（各个粒组占土粒总量的百分数）来表示，称为土的颗粒级配。

确定各粒组相对含量的颗粒分析试验方法分为筛分法和密度计法两种。

筛分法适用粗颗粒土，一般用于粒径不大于60mm，大于0.075mm的土。它是用一套孔径不同的筛子，按从上至下筛孔逐渐减小放置。将事先称过质量的烘干土样过筛，称出留在各筛上土的质量，然后计算其占总土粒质量的百分数。

密度计法适用细颗粒土，一般用于粒径小于0.075mm的土粒质量占试样总质量的10％以上的土。此法根据球状的细颗粒在水中下沉速度与颗粒直径的平方成正比的原理，

把颗粒按其在水中的下沉速度进行分组。在实验室内具体操作时，利用密度计测定不同时间土粒和水混合悬液的密度，据此计算出某一粒径土粒占总土粒质量的百分数。

表 1-1-1　　　　　　　　　　粒组划分标准

粒组名称	粒组范围（mm）	一般特征
漂石（块石）粒组	＞200	透水性很大，无黏性，无毛细水
卵石（碎石）粒组	20～200	
砾石粒组	2～20	透水性大，无黏性，毛细水上升高度不超过粒径
砂粒粒组	0.075～2	易透水，当混入云母等杂质时透水性减小，而压缩性增加；无黏性，遇水不膨胀，干燥时松散；毛细水上升高度不大，随粒径变小而增大
粉粒粒组	0.005～0.075	透水性小，湿时稍有黏性，遇水膨胀小，干燥时有收缩；毛细水上升高度较大较快，极易出现冻胀现象
黏粒粒组	＜0.005	透水性很小，湿时有黏性、可塑性，遇水膨胀大，干时收缩显著；毛细水上升高度大，但速度慢

根据颗粒大小分析试验结果，可以绘制颗粒级配曲线（图 1-1-2）。其横坐标表示土粒粒径，由于土粒粒径相差悬殊，常在百倍、千倍以上，所以采用对数坐标表示；纵坐标则表示小于某粒径土的质量含量（或累计质量分数）。根据曲线的坡度和曲率可以大致判断土的级配状况。

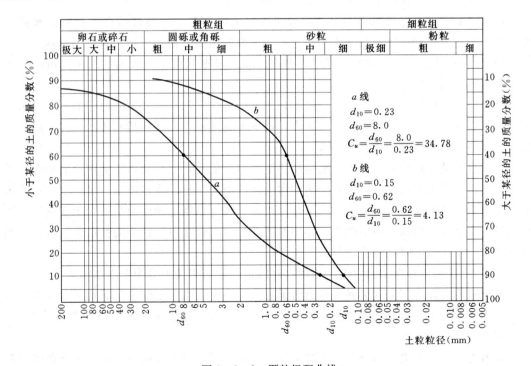

图 1-1-2　颗粒级配曲线

图 1-1-2 中曲线 a 平缓，则表示粒径大小相差较大，土粒不均匀，小的颗粒可以填充大颗粒间的孔隙，可以使土更加密实，故为级配良好；反之，曲线 b 较陡，则表示粒径

的大小相差不大，土粒较均匀，即为级配不良。

工程上为了定量反映土的不均匀性，常用不均匀系数 C_u 来反映颗粒级配的不均匀程度。

$$C_u = d_{60}/d_{10} \qquad (1-1-1)$$

式中　C_u——土的不均匀系数；

　　　d_{60}——限制粒径，在粒径分布曲线上不大于该粒径的土含量占总土质量的 60% 的粒径；

　　　d_{10}——有效粒径，在粒径分布曲线上不大于该粒径的土含量占总土质量的 10% 的粒径。

C_u 越大表示土粒大小的分布范围越大，级配越好，作为填方工程的土料时，比较容易获得较大的密实度。工程上一般把 $C_u \leqslant 5$ 的土称为级配不良的土；$C_u > 10$ 的土则称为级配良好的土。

实际上，只用一个指标 C_u 确定土的级配情况是不够的，要同时考虑级配曲线的整体形状。曲率系数 C_c 为表示土粒组成的又一特征值，按式（1-1-2）计算为

$$C_c = d_{30}^2/d_{60}d_{10} \qquad (1-1-2)$$

式中　C_c——曲率系数；

　　　d_{30}——在粒径分布曲线上小于等于该粒径的土含量占总土质量的 30% 的粒径。

一般认为，砾石或砂土同时满足 $C_u \geqslant 5$ 和 $C_c = 1 \sim 3$ 时，为级配良好。

（2）土中水。自然状态下，土中都含有水，土中液态水主要有结合水和自由水两大类。土中水与土颗粒之间的相互作用对土的性质影响很大，而且土颗粒越细影响越大。

1）结合水是指由土粒表面分子引力吸附的水。根据其离土粒表面的距离又可以分为强结合水和弱结合水。

强结合水是指紧靠颗粒表面的结合水，厚度很薄，大约只有几个水分子的厚度。由于强结合水受到电场的吸引力很大，在重力作用下不会流动，性质接近固体，不传递静水压力，故强结合水对土的性质影响不大。

弱结合水是在强结合水以外，电场作用范围以内的水，弱结合水仍受颗粒表面电分子力影响，但其吸引力较小，且随着距离的增大逐渐消失而过渡到自由水。这种水也不能传递静水压力，具有比自由水更大的黏滞性。黏滞水膜可以因电场引力从一个土粒的周围转移到另一个土粒的周围，但不因重力作用而流动。弱结合水对黏性土的性质影响最大，当含水量达到某一范围时，可使土具有可塑性。

2）自由水是指存在于土粒电场范围以外的水，自由水又可分为毛细水和重力水。

毛细水是受到水与空气交界面处表面张力作用的自由水。毛细水位于地下水位以上的透水层中，容易湿润地基造成地陷，特别在寒冷地区要注意因毛细水上升产生冻胀现象，地下室要采取防潮措施。

重力水是存在于地下水位以下透水土层中的水，它是在重力或压力差作用下而运动的自由水。在地下水位以下的土，受重力水的浮力作用，土中的应力状态会发生改变。施工时，重力水对于基坑开挖、排水等方面会产生较大影响。

（3）土中气体。土中气体存在于土孔隙中未被水占据的部位。土中气体以两种形式存

在：一种与大气相通；另一种则封闭在土孔隙中与大气隔绝。在接近地表的粗颗粒土中，土孔隙中的气体常与大气相通，它对土的力学性质影响不大。在细粒土中常存在与大气隔绝的封闭气泡，不易逸出，因此增大了土的弹性和压缩性，同时降低了土的透水性。

对于淤泥和泥炭等有机质土，由于微生物的分解作用，在土中蓄积了甲烷等可燃气体，使土在自重作用下长期得不到压密，从而形成高压缩性土层。

3. 土的构造与特性

土的构造是指土体中各结构单元之间的关系。如层状土体、裂隙土体、软弱夹层、透水层与不透水层等，其主要特征是土的成层性和裂隙性，即层理构造和裂隙构造，二者都造成了土的不均匀性。

(1) 层理构造。土粒在沉积过程中，由于不同阶段沉积的物质成分、颗粒大小或颜色不同，而沿竖向呈现出成层特征。常见的有水平层理构造和带夹层、尖灭和透镜体等交错层理构造。

(2) 裂隙构造。土体被许多不连续的小裂隙所分割，在裂隙中常充填有各种盐类的沉淀物。不少坚硬和硬塑状态的黏性土，具有此种构造。裂隙会破坏土的整体性，增大透水性，对工程不利。

此外，土中的包裹物（如腐烂物、贝壳、结核体等）及天然或人为的孔洞存在，也会造成土的不均匀性。土与钢材、混凝土等连续介质相比，具有以下特性。

(1) 高压缩性。由于土是一种松散的集合体，受压后孔隙显著减小，而钢筋属于晶体，混凝土属于胶结体，都不存在孔隙被压缩的条件，故土的压缩性远远大于钢筋和混凝土等。

(2) 强渗透性。由于土中颗粒间存在孔隙，因此土的渗透性远比其他建筑材料大，特别是粗粒土具有很强的渗透性。

(3) 低承载力。土颗粒之间孔隙具有较大的相对可移动性，导致土的抗剪强度较低，而土体的承载力实质上取决于土的抗剪强度。

土的压缩性高低和渗透性强弱是影响地基变形的两个重要因素，前者决定地基最终变形量的大小，后者决定基础沉降速度的快慢程度（即沉降与时间的关系），土的渗透特性还会影响基坑施工降水排水方案的制定。除了以上特性外，土还具有可松性，即开挖以后的土体回填后，虽经压缩体积仍旧有所增大的性质。

1.1.2.2 土的物理性质指标

描述土的三相物质在体积和质量上比例关系的有关指标称为土的三相比例指标。三相比例指标反映土的干和湿、疏松和密实、软和硬等物理状态，是评价土的工程性质的最基本的物理指标，是工程地质报告中不可缺少的基本内容。三相比例指标可分为两种：一种是基本指标；另一种是换算指标。

1. 土的三相图

为了便于说明和计算，用三相组成示意图（图 1-1-3）来表示各部分之间的数量关系。

三相图的右侧表示三相组成的体积关系，左侧表示三相组成的质量关系。

2. 基本指标

土的三相比例指标中有三个指标可用土样进行试验测定，称为基本指标。

（1）土的密度 ρ 和容重 γ。单位体积内土的质量称为土的密度 ρ；单位体积内土的重力称为土的容重 γ。

$$\rho = m/V \tag{1-1-3}$$

$$\gamma = \rho g \tag{1-1-4}$$

式中　　γ——土的容重，kN/m^3；

g——重力加速度，约等于 $9.807m/s^2$，在工程计算中常近似取 $g=10m/s^2$；

m——土的质量，g；

V——土的体积，cm^3。

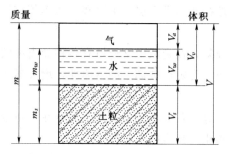

图 1-1-3　土的三相图

V—土的总体积；V_v—土的孔隙体积；V_s—土粒的体积；V_w—水的体积；V_a—气体的体积；m—土的总质；m_s—土粒的质量；m_w—水的质量

密度的单位为 g/cm^3 或 t/m^3，容重的单位为 kN/m^3。天然状态下土的密度变化范围比较大，一般黏性土 $\rho=1.8\sim2.0g/cm^3$，砂土 $\rho=1.6\sim2.0g/cm^3$。黏性土的密度一般用"环刀法"测定。

（2）土粒相对密度 d_s。土中固体矿物的质量与土粒同体积 4℃ 纯水质量的比值，称为土粒相对密度（无量纲）。

$$d_s = m_s/V_s\rho_w = \rho_s/\rho_w \tag{1-1-5}$$

式中　　m_s——土粒的质量，g；

V_s——土粒的体积，cm^3；

ρ_w——4℃ 纯水的密度，g/cm^3；

ρ_s——土粒的密度，g/cm^3。

d_s 的变化范围不大，取决于土的矿物成分，常用密度瓶法测定。黏性土的 d_s 一般为 $2.72\sim2.75$；粉土一般为 $2.70\sim2.71$；砂土一般为 $2.65\sim2.69$。

（3）土的含水量 w。土中水的质量与土粒质量之比（用百分数表示），称为土的含水量。

$$w = (m_w/m_s) \times 100\% \tag{1-1-6}$$

式中　　w——土的含水量，%；

m_w——土中水的质量，g；

m_s——土粒的质量，g。

含水量是标志土的湿度的一个重要物理指标。天然土层的含水量变化范围很大，它与土的种类、埋藏条件及所处的自然地理环境等有关。

当黏性土含水量较小时，其粒间引力较大，在一定的外部压实功能作用下，如不能有效地克服引力使土粒相对移动，这时压实效果就比较差。当增大土样含水量时，结合水膜逐渐增厚，引力作用减弱，土粒在相同压实功能条件下易于移动而挤密，压实效果较好。但当土样含水量大到一定程度后，孔隙中出现自由水，自由水填充在孔隙中阻止土粒移动，所以压实效果又趋下降，因而施工时要选择一个"最优含水量"，这就是土的压实机理。

在工程实践中，对垫层的碾压质量的检验，是要求能获得填土的最大干密度 $\rho_{d_{\max}}$，与之相对应的制备含水量为最优含水量。最大干密度可用室内击实试验确定。击实试验是用锤击法使土的密度增加，以模拟现场土压实的室内试验。实际上，击实试验是土样在有侧向限制的击实筒内进行试验，因此不可能发生侧向位移。施工现场的土料，土块大小不一，含水量和铺填厚度又很难控制均匀。因此，对现场土的压实，应以压实系数 λ_c（土的控制干密度 ρ_d 与最大干密度 $\rho_{d_{\max}}$ 之比）与施工含水量（最优含水量 $w\pm 2\%$）来进行检验。

图 1-1-4 为现场试验与室内击实试验结果的比较，由此决定现场的碾压遍数。说明用室内击实试验来模拟现场压实是可靠的，但施工参数（如施工机械、虚铺土厚度、碾压遍数与填筑含水量等）必须由现场试验确定。

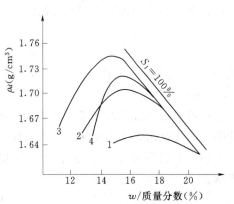

图 1-1-4　现场试验与室内击实试验的比较
1—碾压 6 遍；2—碾压 12 遍；3—碾压 24 遍；4—室内击实试验

3. 换算指标

在测出上述三个基本指标之后，可根据图 1-1-3 所示的三相图，经过换算可求得下列六个指标，称为换算指标。

（1）干密度 ρ_d 和干容重 γ_d。单位体积内土颗粒的质量称为土的干密度；单位体积内土颗粒的重力称为土的干容重。

$$\rho_d = m_s/V \tag{1-1-7}$$

$$\gamma_d = \rho_d g \tag{1-1-8}$$

式中　ρ_d——土的干密度，g/cm^3；

m_s——土粒的质量，g；

γ_d——土的干容重，N/cm^3；

V——土的体积，cm^3。

在工程上常把干密度作为检测人工填土密实程度的指标，以控制施工质量。

（2）土的饱和密度 ρ_{sat} 和饱和容重 γ_{sat}。饱和密度是指土中孔隙完全充满水时，单位体积土的质量；饱和容重是指土中孔隙完全充满水时，单位体积内土的重力。

$$\rho_{sat} = (m_s + V_v \rho_w)/V \tag{1-1-9}$$

$$\gamma_{sat} = \rho_{sat} g \tag{1-1-10}$$

式中　ρ_{sat}——土的饱和密度，g/cm^3；

γ_{sat}——土的饱和容重，N/cm^3；

V_v——土中孔隙的体积，cm^3；

ρ_w——4℃纯水的密度，g/cm^3。

（3）土的有效密度 ρ' 和有效容重 γ'。土的有效密度是指在地下水位以下，单位土体积中土粒的质量扣除土体排开同体积水的质量；土的有效容重是指地下水位以下，单位土体积中土粒所受的重力扣除水的浮力。

$$\rho' = (m_s - V_s \rho_w)/V \tag{1-1-11}$$

$$\gamma' = \rho' g \qquad (1-1-12)$$

式中　ρ'——土的有效密度，g/cm^3；

　　　γ'——土的有效容重，N/cm^3。

（4）土的孔隙比 e 和孔隙率 n。孔隙比为土中孔隙体积与土粒体积之比，用小数表示；孔隙率为土中孔隙体积与土的总体积之比，以百分数表示。

$$e = V_v / V_s \qquad (1-1-13)$$
$$n = (V_v / V) \times 100\% \qquad (1-1-14)$$

式中　e——土的孔隙比；

　　　n——土的孔隙率。

孔隙比是评价土的密实程度的重要物理性质指标。一般孔隙比小于 0.6 的土是低压缩性的土，孔隙比大于 1.0 的是高压缩性的土。土的孔隙率也可用来表示土的密实程度。

（5）土的饱和度 S_r。土中水的体积与孔隙体积之比，称为土的饱和度，以百分数表示。

$$S_r = (V_w / V_v) \times 100\% \qquad (1-1-15)$$

式中　S_r——土的饱和度。

饱和度用作描述土体中孔隙被水充满的程度。干土的饱和度 $S_r = 0\%$，当土处于完全饱和状态时 $S_r = 100\%$。根据饱和度，土可划分为稍湿、很湿和饱和三种湿润状态：

$S_r \leqslant 50\%$，稍湿；

$50\% < S_r \leqslant 80\%$，很湿；

$S_r > 80\%$，饱和。

土的三相比例指标常见数值范围及常用换算公式见表 1-1-2。

表 1-1-2　　　　　　　　土的三相比例指标常用换算公式

名称	符号	三相比例表达式	常用换算公式	单位	常见的数值范围
土粒相对密度	d_s	$d_s = m_s / V_s \rho_w = \rho_s / \rho_w$	$d_s = S_r e / w$	—	黏性土：2.72～2.76 粉土：2.70～2.71 砂土：2.65～2.69
含水量	w	$w = m_w / m_s \times 100\%$	$w = S_r e / d_s$ $w = \rho / \rho_d - 1$	—	
密度	ρ	$\rho = m / V$	$\rho = \rho_d (1+w)$ $\rho = d_s (1+w) \rho_w / (1+e)$	g/cm^3	1.6～2.0g/cm^3
干密度	ρ_d	$\rho_d = m_s / V$	$\rho_d = \rho / (1+w)$ $\rho_d = d_s \rho_w / (1+e)$	g/cm^3	1.3～1.8g/cm^3
饱和密度	ρ_{sat}	$\rho_{sat} = (m_s + V_v \rho_w) / V$	$\rho_{sat} = (d_s + e) \rho_w / (1+e)$	g/cm^3	1.8～2.3g/cm^3
容重	γ	$\gamma = \rho g$	$\gamma = d_s (1+w) \gamma_w / (1+e)$	kN/m^3	16～20kN/m^3
干容重	γ_d	$\gamma_d = \rho_d g$	$\gamma_d = d_s \gamma_w / (1+e)$	kN/m^3	13～18kN/m^3
饱和容重	γ_{sat}	$\gamma_{sat} = \rho_{sat} g$	$\gamma_{sat} = (d_s + e) \gamma_w / (1+e)$	kN/m^3	18～23kN/m^3
有效容重	γ'	$\gamma' = \rho' g$	$\gamma' = (d_s - 1) \gamma_w / (1+e)$	kN/m^3	8～13kN/m^3

名称	符号	三相比例表达式	常用换算公式	单位	常见的数值范围
孔隙比	e	$e=V_v/V_s$	$e=d_s\rho_w/\rho_d-1$ $e=d_s\,(1+w)\,\rho_w/\rho-1$	—	黏性土和粉土：0.40～1.20 砂土：0.30～0.90
孔隙率	n	$N=(V_v/V)\times100\%$	$n=e/(1+e)$ $n=1-\rho_d/d_s\rho_w$	—	黏性土和粉土：30%～60% 砂土：25%～45%
饱和度	S_r	$S_r=(V_w/V_v)\times100\%$	$S_r=w\rho_d/n\rho_w$ $S_r=wd_s/e$	—	0～100%

1.1.2.3 土的物理状态指标及地基土（岩）的工程分类

1. 无黏性土的密实度

砂土、碎石土统称为无黏性土。无黏性土的密实度与其工程性质有着密切的关系，呈密实状态时，强度较高，压缩性较小，可作为良好的天然地基；呈松散状态时，则强度较低，压缩性较大，为不良地基。

判别砂土密实状态的指标通常有以下三种。

（1）孔隙比 e。采用天然孔隙比的大小来判断砂土的密实度，是一种较简便的方法。一般当 $e<0.6$ 时，属密实的砂土，是良好的天然地基。当 $e>0.95$ 时，为松散状态，不宜做天然地基。

（2）相对密实度 D_r。当砂土处于最密实状态时，其孔隙比称为最小孔隙比 e_{min}；而当砂土处于最疏松状态时的孔隙比则称为最大孔隙比 e_{max}；砂土在天然状态下的孔隙比用 e 表示，相对密实度 D_r 用式（1-1-16）表示

$$D_r=(e_{max}-e)/(e_{max}-e_{min}) \qquad (1-1-16)$$

当砂土的天然孔隙比接近于最大孔隙比时，其相对密实度接近于 0，则表明砂土处于最疏松的状态；而当砂土的天然孔隙比接近于最小孔隙比时，其相对密实度接近于 1，表明砂土处于最密实的状态。用相对密实度 D_r 判定砂土密实度的标准如下：

$0<D_r\leqslant0.33$：松散；

$0.33<D_r\leqslant0.67$：中密；

$0.67<D_r\leqslant1$：密实。

（3）按动触探确定无黏性土的密实度。在实际工程中，天然砂土的密实度，可按原位标准贯入试验的锤击数 N 进行评定。天然碎石土的密实度，可按原位重型圆锥动力触探的锤击数 $N_{63.5}$ 进行评定。GB 50007—2002《建筑地基基础设计规范》给出了判别标准，见表 1-1-3。

表 1-1-3　　　　　　　　　　砂土和碎石土密实度的评定

密实度	松散	稍密	中密	密实
按标准贯入锤击数 N 评定砂土密实度	$N\leqslant10$	$10<N\leqslant15$	$15<N\leqslant30$	$N>30$
按 $N_{63.5}$ 评定碎石土的密实度	$N_{63.5}\leqslant5$	$5<N_{63.5}\leqslant10$	$10<N_{63.5}\leqslant20$	$N_{63.5}>20$

2. 黏性土的物理特征

黏性土在干燥时很坚硬，呈固态或半固态；随着土中含水量的增加，黏性土逐渐变软，

可以揉搓成任何形状,呈可塑态;当土中的含水量过多时,可形成能流动的泥浆,呈液态,比如大量降雨可能导致泥石流灾害。说明黏性土的工程特性与土的含水量有很大关系。

(1) 黏性土的界限含水量。由于含水量不同,黏性土分别处于固态、半固态、可塑状态及流动状态。所谓可塑状态是指当黏性土在某含水量范围内,可用外力塑成任何形状而不发生裂纹,并当外力移去后仍能保持既得的形状,土的这种性能称为土的可塑性。使土由一种状态转到另一种状态的分界含水量,称为界限含水量。由半固态转到可塑状态的界限含水量称为塑限 w_P;由可塑状态转到流动状态的界限含水量称为液限 w_L (图 1-1-5)。

图 1-1-5　黏性土的状态与含水量关系示意图

我国一般用锥式液限仪测定液限,塑限一般用搓条法测定。液限、塑限的测定方法也可用光电式液限、塑限仪联合测定。

(2) 黏性土的塑性指数 I_P 和液性指数 I_L。塑性指数是指液限 w_L 和塑限 w_P 的差值,即

$$I_P = w_L - w_P \qquad (1-1-17)$$

w_L 和 w_P 用百分数表示,计算所得的 I_P 值也应用百分数表示,但习惯上不带%符号。

塑性指数表示土处在可塑状态的含水量的变化范围,其值的大小取决于土中黏粒的含量,黏粒含量越多,土的塑性指数就越高。由于 I_P 是描述土的物理状态的重要指标之一,工程上普遍根据其值的大小对黏性土进行分类,具体见表 1-1-9。

液性指数 I_L 是指天然含水量 w 与塑限 w_P 的差值与塑性指数 I_P 之比,即

$$I_L = (w - w_P)/I_P \qquad (1-1-18)$$

液性指数是表示黏性土软硬程度(稠度)的物理指标。如当 $I_L \leqslant 0$ (即 $w \leqslant w_P$)时,土处于坚硬状态;当 $I_L \geqslant 1$ (即 $w > w_L$)时,土处于流动状态。因此,根据 I_L 值可以直接判定土的软硬状态,GB 50007—2002《建筑地基基础设计规范》按 I_L 将黏性土划分为坚硬、硬塑、可塑、软塑和流塑状态(表 1-1-4)。

表 1-1-4　　　　　　　　　　黏 性 土 状 态 的 划 分

稠度状态	坚硬	硬塑	可塑	软塑	流塑
液性指数 I_L	$I_L \leqslant 0$	$0 < I_L \leqslant 0.25$	$0.25 < I_L \leqslant 0.75$	$0.75 < I_L \leqslant 1$	$I_L > 1$

3. 地基土(岩)的工程分类

岩石和土的分类方法很多,一般无黏性土根据颗粒级配分类,黏性土根据塑性指数分类。按照 GB 50007—2002《建筑地基基础设计规范》的分类方法,地基土(岩)可分为岩石、碎石土、砂土、粉土、黏性土、人工填土等六大类。

(1) 岩石。岩石是天然形成的,颗粒间牢固联结、呈整体或具有节理裂隙。岩石作为工程地基和环境可按下列原则分类。

1) 岩石按坚固性可以划分为硬质岩石和软质岩石(表 1-1-5)。

2) 岩石按风化程度可划分为微风化、中等风化、强风化(表 1-1-6)。

表 1-1-5　　　　　　　　　　岩石坚固性的划分

岩石类别	代 表 性 岩 石
硬质岩石	花岗岩、花岗片麻岩、闪长岩、玄武岩、石灰岩、石英砂岩、石英岩、硅质砾岩等
软质岩石	页岩、黏土岩、绿泥石片岩、云母片岩等

注　除表列代表性岩石外，凡新鲜岩石的饱和单轴极限抗压强度不小于 30MPa 者，可按硬质岩石考虑；小于 30MPa 者，可按软质岩石考虑。

表 1-1-6　　　　　　　　　　岩石按风化程度分类

风化程度	特　　　征
微风化	岩质新鲜，表面稍有风化迹象
中等风化	（1）结构和构造层理清晰； （2）岩体被节理、裂隙分割成岩块（粒径 20～50cm），裂隙中填充少量风化物，锤击声脆，且不易击碎； （3）用镐难挖掘，用岩芯钻方可钻进
强风化	（1）结构和构造层理不清晰，矿物成分已显著变化； （2）岩体被节理、裂隙分割成碎石状（粒径 2～20cm），碎石用手可以折断； （3）用镐可挖掘，手摇钻不易钻进

（2）碎石土。粒径大于 2mm 的颗粒含量超过总质量的 50% 的土，称为碎石土。碎石土的划分标准见表 1-1-7。碎石土按密实度可分为密实、中密、稍密三种类型。

表 1-1-7　　　　　　　　　　碎 石 土 的 分 类

土的名称	颗粒形状	粒 组 含 量
漂石 块石	圆形及亚圆形为主 棱角形为主	粒径大于 200mm 的颗粒超过全重 50%
卵石 砾石	圆形及亚圆形为主 棱角形为主	粒径大于 20mm 的颗粒超过全重 50%
圆砾 角砾	圆形及亚圆形为主 棱角形为主	粒径大于 2mm 的颗粒超过全重 50%

注　分类时应根据粒组含量由大到小以最先符合者确定。

（3）砂土。粒径大于 2mm 的颗粒含量不超过总质量的 50%，且粒径大于 0.075mm 的颗粒超过总质量的 50% 的土称为砂土。砂土的分类标准见表 1-1-8。

表 1-1-8　　　　　　　　　　砂 土 的 分 类

土的名称	粒 组 含 量	土的名称	粒 组 含 量
砾砂	粒径大于 2mm 的颗粒占全重 25%～50%	细砂	粒径大于 0.075mm 的颗粒超过全重 85%
粗砂	粒径大于 0.5mm 的颗粒超过全重 50%	粉砂	粒径大于 0.075mm 的颗粒超过全重 50%
中砂	粒径大于 0.25mm 的颗粒超过全重 50%		

注　分类时应根据粒组含量由大到小以最先符合者确定。

（4）粉土。粉土为粒径大于 0.075mm 的颗粒质量不超过总质量的 50%，且塑性指数不大于 10 的土。粉土的颗粒级配中 0.05～0.1mm 和 0.005～0.05mm 的粒组占绝大多数，水与土粒之间的作用明显不同于黏性土和砂土，其性质介于黏性土和砂土之间。

（5）黏性土。塑性指数 I_P＞10 的土为黏性土。黏性土根据塑性指数的大小可分为黏土、粉质黏土（见表 1－1－9）。黏性土的状态可按表 1－1－9 划分为坚硬、硬塑、可塑、软塑和流塑状态。

表 1－1－9　　黏性土的分类

塑性指数 I_P	土的名称
I_P＞17	黏土
$10<I_P\leqslant17$	粉质黏土

（6）人工填土。人工填土是指由于人类活动而形成的堆积物。其物质成分较杂乱，均匀性较差，作为地基应注意其不均匀性。人工填土根据其物质组成和成因可分为素填土、杂填土和冲填土三类。

1）素填土是由碎石土、砂土、粉土、黏性土等一种或几种材料组成的填土，其中不含杂质或杂质很少。压实填土指经过压实或夯实的素填土。

2）杂填土为含有建筑垃圾、工业废料、生活垃圾等杂物的填土。

3）冲填土为由水力冲填泥砂形成的填土。

除了上述六种土类之外，还有一些特殊的土，如软土、湿陷性黄土、红黏土、膨胀土等。它们在特殊的地理环境、气候等条件下形成，具有特殊的工程性质。

工程上也可按土开挖的难易程度将土分为：松软土、普通土、坚土、砂砾坚土、软石、次坚石、坚石、特坚硬石等八类。按照开挖难易程度土的工程分类与现场鉴别方法见表 1－1－10。

表 1－1－10　　　　　土按开挖难易程度分类与现场鉴别方法

土的分类	土 的 名 称	可松性系数		现场鉴别方法
		K_s	K'_s	
一类土（松软土）	砂，亚砂土，冲积砂土层，种植土，泥炭（淤泥）	1.08～1.17	1.01～1.03	能用锹、锄头挖掘
二类土（普通土）	亚黏土，潮湿的黄土，夹有碎石、卵石的砂，种植土，填筑土及亚砂土	1.14～1.28	1.02～1.05	用锹、锄头挖掘，少许用镐翻松
三类土（坚土）	软及中等密实黏土，重亚黏土，粗砾石，干黄土及含碎石、卵石的黄土、亚黏土，压实的填筑土	1.24～1.30	1.04～1.07	要用镐，少许用锹、锄头挖掘，部分用撬棍
四类土（砂砾坚土）	重黏土及含碎石、卵石的黏土，粗卵石，密实的黄土，天然级配砂石，软泥灰岩及蛋白石	1.26～1.32	1.06～1.09	整个用镐、撬棍，然后用锹挖掘，部分用楔子及大锤
五类土（软石）	硬石炭纪黏土，中等密实的页岩、泥灰岩、白垩土，胶结不紧的砾岩，软的石炭岩	1.30～1.45	1.10～1.20	用镐或撬棍、大锤挖掘，部分使用爆破方法
六类土（次坚石）	泥岩，砂岩，砾岩，坚实的页岩、泥灰岩，密实的石灰岩，风化花岗岩，片麻岩	1.30～1.45	1.10～1.20	用爆破方法开挖，部分用风镐
七类土（坚石）	大理岩，辉绿岩，粗、中粒花岗岩，坚实的白云岩、砂岩、砾岩、片麻岩、石灰岩，风化痕迹的安山岩、玄武岩	1.30～1.45	1.10～1.20	用爆破方法开挖
八类土（特坚硬石）	安山岩，玄武岩，花岗片麻岩，坚实的细粒花岗岩、闪长岩、石英岩、辉长岩	1.45～1.50	1.20～1.30	用爆破方法开挖

1.1.3　学习情境

工程地质勘察是了解场地土的工程性质的一项重要工作。土工试验的任务是对土的工程性质进行测试，获得土的物理性质指标和力学性质指标，从而为工程设计和施工提供可靠的参数，它是正确评价工程地质条件不可缺少的前提和依据。通过土工试验，可以加深对土的物理力学性质的理解，同时也是学习科学的试验方法和培养实践、动手能力的重要途径。基础工程施工过程中，基槽开挖后应对地基土进行检测，通过检测来验证地基勘察报告的准确性，避免因勘察失误造成的设计、施工质量问题。

通过本课题的学习，班级可分组完成以下任务：到野外采集土样，在土工实训室完成对土的密度及含水量的测定，并根据土的分类方法对土样进行现场鉴别，判定其属于哪一类土。

1.1.3.1　资讯

为研究地基土的工程性质，需要从建筑场地中采集原状土样，送到实验室进行土的各项物理力学性质测试。要保证试验数据的可靠性，关键是试验的土样要保持原状结构、密度与含水率。为取到高质量的原状土，要采取正确的取土技术，包括钻进方法、取土方法、包装和保存方法。

1. 试验目的

测定土密度与含水量，并根据现场开挖难易程度判别土的类别。

2. 土的密度测定

（1）试验内容和原理。

1）试验内容。用"环刀法"测土的天然密度。

2）试验原理。土的密度 ρ 是单位体积土的质量。

$$\rho = (m_1 - m_2)/V$$

式中　m_1——环刀加土的质量，g；

　　　m_2——环刀的质量，g；

　　　V——为土的体积，cm^3。

（2）试验仪器及材料（环刀法）。环刀：内径 61.8mm 或 79.8mm，高 20mm，体积为 $60cm^3$ 和 $100cm^3$ 两种；天平：最小分度值 0.01g，称量 200g；其他：切土刀、钢丝锯、凡士林、圆玻璃片等。

（3）试验步骤。

1）按工程需要取原状土或制备所需状态的扰动土样，整平其两端，将环刀内壁涂一层凡士林，称出环刀的质量，刀口向下放在土样上。

2）用切土刀（或钢丝锯）将土样削成略大于环刀直径的土柱，然后将环刀垂直下压，边压边削，至土样伸出环刀为止，将两端余土削平，取剩余的代表性土样用于测定含水量。

3）擦净环刀外壁称重（若在天平放砝码一端，放一等重环刀可直接测出湿土重），准确至 0.1g。

4）计算土的密度，精确至 $0.01g/cm^3$。

5）本试验需进行两次平行测定，其平行差值不得大于 $0.03g/cm^3$，取其算术平均值。

6）操作注意事项。用环刀切取试样，为防止扰动，应切削一个较环刀内径略大的土柱，然后将环刀垂直下压，为避免环刀下压时挤压四周土样，应边压边削，直至土样伸出环刀，然后将两端修平用直刀一次刮平，严禁用直刀在环刀土面上来回抹平，如遇石子等其他杂物等要尽量避开，无法避开则视情况酌情补上。

（4）成果整理。写出试验过程，整理试验数据。

3. 土的含水量测定

（1）试验内容和原理。

1）试验内容。用"烘干法"测土的含水量。

2）试验原理。土的含水量 w，为土中所含水的质量 m_w，与土粒质量 m_s 的比值。

$$w = (m_w/m_s) \times 100\%$$

本试验以烘干法完成，烘干法为室内试验的标准方法，是将一定数量土样称量后放入烘箱中在 $105 \sim 110℃$ 恒温烘至恒重，烘干用时间，黏土、粉土不少于 8h，砂土不少于 6h。烘干后土的质量即为土粒质量 m_s，土样所失去的质量为水质量 m_w。

（2）试验仪器及材料。烘箱：电热烘箱或温度能保持 $105 \sim 110℃$ 的其他能源烘箱，及红外线烘箱等；天平：称量 200g，感量 0.01g；其他：干燥器、称量盒、削土刀等。

（3）试验步骤。

1）取土样盒两个，并称出空盒质量。

2）取代表性试样 $15 \sim 30g$，放入土样盒内，立即盖好。称湿土加盒的质量，准确至 0.1g。

3）将试样放入烘箱，在温度 $105 \sim 110℃$ 下烘到恒重。

4）将烘干后的试样取出，放入干燥器内冷却，称出盒加干土的质量，精确至 0.1g（冷却时间不要过长）。

5）计算土的含水量。本方法需进行两次平行测定，取两次结果的算术平均值作为土的含水量，准确至 0.1%。

（4）成果整理。写出试验过程，整理试验数据。

1.1.3.2 下达工作任务

工作任务表见表 1-1-11。

表 1-1-11 工 作 任 务 表

任务内容：土的密度及含水量测定及土类判别				
小组号			场地号	
任务要求： 1. 现场取样，并根据开挖难易程度判别土的类别； 2. 会熟练操作土工试验仪器，测定土样的密度及含水量	工具、仪器设备： 1. 镐、锹每组各 1 把； 2. 土样盒、环刀、电子秤、烘箱等		组织： 全班按每组 4～6 人分组进行，每组选 1 名组长和 1 名副组长； 组长总体负责本组人员的任务分工，要求组员分工协作，完成任务。 副组长负责仪器设备的借领、归还和整理	
组长：＿＿＿ 副组长：＿＿＿ 组员：＿＿＿			＿＿年＿＿月＿＿日	

1.1.3.3 制定计划

制定计划见表 1-1-12。

表 1－1－12   计   划   表

小组号			场地号	
组长			副组长	
仪器、设备/数量					
分 工 安 排					
序号	工作内容	操作者	记录/计算者	数据校核

1.1.3.4 实施计划

1. 土样采集

在野外或施工现场采集四组土样，并根据土样开挖难易程度判定土样类别是_____
类土。

说明理由：_____。

2. 土的密度测定

试验操作，写出试验过程，整理试验数据，并填写表 1－1－13。

表 1－1－13   密度测定数据记录表

工程名称：_____ 试验者：_____

工程编号：_____ 计算者：_____

试验日期：_____ 校核者：_____

环刀编号	（湿土＋环刀）质量 m_1 (g)	环刀质量 m_2 (g)	湿土质量 (m_1-m_2) (g)	环刀体积 (cm³)	密度 ρ (g/cm³)	平均值 ρ (g/cm³)
备 注						

3. 土的含水量测定

试验操作，写出试验过程，整理试验数据，并填写表 1－1－14。

表 1－1－14   含水量测定数据记录表

工程名称：_____ 试验者：_____

工程编号：_____ 计算者：_____

试验日期：_____ 校核者：_____

土样盒号	土样盒质量 (g) (1)	盒＋湿土质量 (g) (2)	盒＋干土质量 (g) (3)	水的质量 (g) (4)＝(2)－(3)	干土的质量 (g) (5)＝(3)－(1)	含水量 (%)

1.1.3.5 自我评估与评定反馈

1. 试验报告及讨论

（1）根据分组试验情况及相关数据记录，完成本次任务的试验报告，并判别土样属于哪一类土，说明判定的依据。

（2）各组比较试验成果，及土样类别判定结果，看是否有差异，并讨论差异形成的原因。

2. 学生自我评估

学生自我评估见表 1-1-15。

表 1-1-15　　　　　　　　　　学 生 自 我 评 估 表

试验项目				
小组号		学生姓名		学号
序号	自 检 项 目	分数权重	评 分 要 求	自评分
1	任务完成情况	40	按要求按时完成任务	
2	试验记录	20	记录、计算规范	
3	学习纪律	20	服从指挥，无安全事故	
4	团队合作	20	服从组长安排，能配合他人工作	
学习心得与反思：				
小组评分：_____　　　　组长：_____　　　　时间：_____				

3. 教师评定反馈

教师评定反馈见表 1-1-16。

表 1-1-16　　　　　　　　　　教 师 评 定 反 馈 表

试验项目				
小组号		学生姓名		学号
序号	检 查 项 目	分数权重	评 分 要 求	得分
1	任务完成速度	20		
2	试验记录	10		
3	学习纪律	10		
4	成果质量	40		
5	团队合作	20		
存在问题：				
教师评分：_____　　　　教师：_____　　　　时间：_____				

思　考　题

（1）不同成因的土各有哪些工程特点？

（2）土由哪几部分组成？土中的三相比例变化对土的性质有哪些影响？

（3）如何用土的颗粒级配曲线形状和不均匀系数来判断土的级配状况？级配良好的土有什么特点？

（4）土中有哪几种形式的水？各种水对土的工程特性有何影响？

（5）地基土的工程分类方法有哪些？为什么在工程中要按照开挖难易程度进行分类？

（6）无黏性土的物理性质指标有哪些？可用哪些指标判别无黏性土的松散程度？

课题 2　土的压缩性与地基的变形

1.2.1　学习目标

（1）通过本课题的学习知道土的压缩特性，以及用于描述土的压缩性的各项指标及其工程意义。

（2）会计算土中的自重应力、基底附加压力，知道基底附加应力的分析方法及其分布特点，并能用基底附加应力分布规律解释相关工程现象。

（3）知道建筑物沉降的原因及特点，掌握建筑物沉降观测的基本方法，会处理及判读沉降观测数据。

1.2.2　学习内容

土在压力的作用下体积缩小的特性称为土的压缩性，建筑物使地基土中应力增大，从而引起地基变形，基础沉降。建筑物沉降超过允许范围，尤其是不均匀沉降，会影响建筑物正常使用，严重时还会威胁建筑物安全。因此，在地基基础设计、施工时，必须考虑地基的变形问题。

1.2.2.1　土的压缩性

土体的压缩包括土颗粒本身的压缩、土中水和气体的压缩，以及土颗粒从新排列，土中水及气体从孔隙中排出，使孔隙体积减小。在一般压力作用下，土粒和水的压缩量与土的总压缩量相比是很微小的，可以忽略不计。因此，可以认为土的压缩就是土中孔隙体积的减小。

一般来说，在荷载作用下，透水性大的无黏性土，其压缩过程在短时间内就可以完成；而对于透水性小的饱和黏土，土体中水的排除时间较长，压缩过程的持续时间也较长，有的甚至要几十年才能完成。土的压缩量随时间而增长的过程叫固结。在荷载作用下，建筑物的沉降由三部分组成，即瞬时沉降、主固结沉降和次固结沉降。按照固结程度，土可以分为超固结土、正常固结土和欠固结土，其中欠固结土在自重作用下尚未稳定，对工程有不利影响。

土的压缩性指标可通过室内试验或原位试验来测定。试验时尽量使试验条件与土的天然状态及其在外荷载作用下的实际应力条件相适应。

1.2.2.1.1 土的压缩性试验和压缩曲线

1. 压缩试验

在一般工程中，常用不允许土样产生侧向变形的室内压缩试验（又称侧限压缩试验或

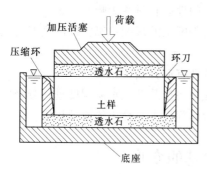

固结压缩试验）来测定土的压缩性指标。试验在单向固结仪内进行，试验时，用环刀切取原状土样，并置于圆筒形压缩容器（图1-2-1）的刚性护环内，土样上下各垫一块透水石，土样受压后土中水可以自由地从上下两面排出。受到环刀和刚性护环的限制，土样在压力作用下只能发生竖向压缩，而无侧向变形（土样横截面面积不变）。土样在天然状态下或经人工饱和后，进行逐级加压固结，求出在各级压力作用下土样压缩稳定后的孔隙比，便可绘制土的压缩曲线。室内压缩试验虽未能完全符合土的实际工作情况，但

图1-2-1 压缩仪的压缩容器图

操作简便，试验时间短，故有实用价值。

如图1-2-2所示，设土样的初始高度为 h_0，受压后的高度为 h，s 为压力 p 作用下土样压缩稳定后的沉降量。根据孔隙比的定义，假设土样的土粒体积 $V_s = 1$，则土样在受压前的体积为 $1 + e_0$（e_0 为土的初始孔隙比）。受压后的体积为 $1 + e$（e 为受压稳定后土的孔隙比）。为求土样压缩稳定后的孔隙比，根据受压前后土粒体积不变和土样横截面积不变这两个条件，可得

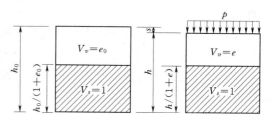

图1-2-2 压缩试验中的土样孔隙比变化

$$\frac{h_0}{1+e_0} = \frac{h}{1+e} = \frac{h_0 - s}{1+e} \quad (1-2-1)$$

或

$$e = e_0 - \frac{s}{h_0}(1 + e_0) \quad (1-2-2)$$

式中 e_0——土样的初始孔隙比，$e_0 = \dfrac{d_s \gamma_w (1+w_0)}{\gamma_0}$，其中 d_s 为土粒相对密度，w_0 为土样初始含水量，γ_0 为土样的初始容重；

s——压力 p 作用下土样压缩稳定后的沉降量，mm；

e——土样的压缩后的孔隙比；

h_0、h——土样的初始高度和压缩后的高度，mm。

这样，只要测定土样在各级压力 p 作用下的稳定压缩量 s，按式（1-2-2）就可算出相应的孔隙比 e。

2. 土的压缩曲线

根据试验的各级压力和对应的孔隙比，绘出压力与孔隙比的关系曲线，称为土的压缩曲线。压缩曲线有两种绘制方式（图1-2-3）：常用的一种是采用普通直角坐标绘制的

e—p 曲线；另一种是横坐标取 p 的常用对数值，即采用半对数直角坐标绘制 e—$\lg p$ 曲线。试验时以较小的压力开始，采取小增量多级加荷，加到较大荷载。

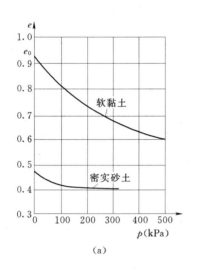

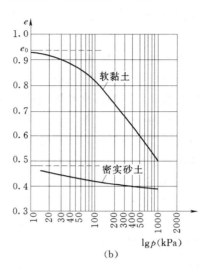

(a)　　　　　　　　　　　(b)

图 1-2-3　土的压缩曲线

(a) e—p 曲线；(b) e—$\lg p$ 曲线

1.2.2.1.2　土的压缩性指标

1. 压缩系数 a

压缩性不同的土，其 e—p 曲线的形状是不一样的。由图 1-2-3 可见，密实砂土的 e—p 曲线比较平缓，而压缩性较大的软黏土的 e—p 曲线则较陡。曲线越陡，说明随着压力的增加，土孔隙比的减少越显著，因而土的压缩性越高。土的压缩性可用图 1-2-4 中割线 M_1M_2 的斜率来表示，即

$$a = \tan\alpha = \frac{\Delta e}{\Delta p} = \frac{e_1 - e_2}{p_2 - p_1} \quad (1-2-3)$$

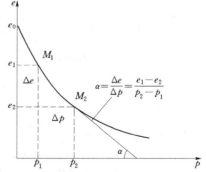

图 1-2-4　e—p 曲线中确定压缩系数

式中　a——土的压缩系数，MPa^{-1}；显然，a 越大，土的压缩性越高；

p_1——地基计算深度处土的自重应力 σ_c，MPa；

p_2——地基计算深度处的总应力，即自重应力 σ_c 与附加应力 σ_z 之和，MPa；

e_1、e_2——e—p 曲线上相应于 p_1、p_2 的孔隙比。

GB 50007—2002《建筑地基基础设计规范》规定，取压力 $p_1 = 100\text{kPa}$ 和 $p_2 = 200\text{kPa}$ 对应的压缩系数 a_{1-2} 来评价土的压缩性的高低：当 $a_{1-2} < 0.1\text{MPa}^{-1}$ 时，属低压缩性土；当 $0.1\text{MPa}^{-1} \leqslant a_{1-2} < 0.5\text{MPa}^{-1}$ 时，属中压缩性土；当 $a_{1-2} \geqslant 0.5\text{MPa}^{-1}$ 时，属高压缩性土。

2. 压缩模量 E_s

通过压缩试验和 e—p 曲线，还可求得土的压缩模量 E_s，压缩模量 E_s 是指：土在完

全侧限条件下的竖向附加应力 σ_z 与相应的竖向应变 ε_z 的比值。工程中可用压缩模量来表示土的压缩性高低：当 $E_s < 4\text{MPa}$ 时，属于高压缩性土；当压缩模量在 $4\text{MPa} \leqslant E_s \leqslant 15\text{MPa}$ 时，属于中等压缩性土；当 $E_s > 15\text{MPa}$ 时，属于低压缩性土。

3. 土的变形模量 E_0

土的变形模量 E_0 是土体在无侧限条件下的应力与应变的比值，可以由室内侧限压缩试验得到压缩模量后求得，也可通过静载荷试验确定。

由于土样受扰动、人为因素和周围环境的影响，侧限条件下进行的压缩试验并不能真实反映地基土的压缩性。对于粉土、细砂、软土等取原状土样十分困难的地基土，以及重要工程、规模大或建筑物对沉降有严格要求的工程，需要用现场原位试验确定地基土的压缩性。土的变形模量是反映土的压缩性的重要指标之一，现场静载荷试验测定的变形模量 E_0 与室内压缩试验测定的压缩模量 E_s 的关系为

$$E_0 = \left(1 - \frac{2\mu^2}{1-\mu}\right)E_s \tag{1-2-4}$$

式中　μ——地基土的泊松比。

1.2.2.2　土的自重应力

土的自重在土内所产生的应力称为自重应力，对于形成年代比较久远的土，在自重应力作用下，其压缩变形已经趋于稳定。因此，除新填土外，一般来说土的自重应力不再引起地基沉降。

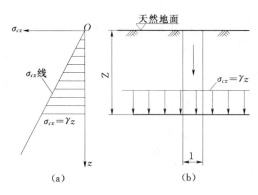

图 1-2-5　均质土中竖向自重应力
(a) 沿深度的分布；(b) 任意水平面上的分布

1.2.2.2.1　均匀地基土的自重应力

在计算土中自重应力时，假设天然地面为一无限大的水平面，地基土为无限半空间体，在无限半空间体中，任一竖直面和水平面上的剪应力均为零，只有正应力存在。所以在自重应力作用下，地基土只产生竖向变形，无侧向位移，土体内相同深度各点的自重应力相等。

对于天然容重为 γ 的均质土层，在天然地面以下任意深度 z 处的竖向自重应力 σ_{cz}，可取作用于该深度水平面上任一单位面积的土柱体自重计算（图 1-2-5），即

$$\sigma_{cz} = \gamma z \tag{1-2-5}$$

式中　σ_{cz}——在天然地面以下任意深度 z 处的竖向自重应力，kPa；

　　　γ——土的天然容重，kN/m³；

　　　z——土层的深度，m。

σ_{cz} 沿水平面均匀分布，且与 z 成正比，随深度线性增大，呈三角形分布，如图 1-2-5 (a) 所示。

1.2.2.2.2　多层地基土的自重应力

土的自重应力是指有效自重应力，即土颗粒之间接触点传递的应力。因此，对处于地

下水位以下的土层应考虑水的浮力作用，必须以有效容重 γ' 代替天然容重 γ。通常把竖向有效自重应力 σ_{cz} 简称为自重应力，并用符号 σ_c 表示。

由于形成历史的原因，地基土往往是分层的，各层土具有不同的容重（图 1-2-6）。设天然地面下深度 z 范围内有 n 个土层，各层土的容重分别为 γ_1、γ_2、$\cdots$、γ_n，相应土层厚度为 h_1、h_2、$\cdots$、h_n，则第 n 层底面处的竖向自重应力等于上部各层土自重应力的总和，即

$$\sigma_c = \sum_{i=1}^{n} \gamma_i h_i \qquad (1-2-6)$$

式中　σ_c——天然地面下任意深度 z 处土的竖向有效自重应力，kPa；

　　　　h_i——第 i 层土的厚度，m；

　　　　γ_i——第 i 层土的天然容重，地下水位以下的土层取浮容重 γ_i'，kN/m³。

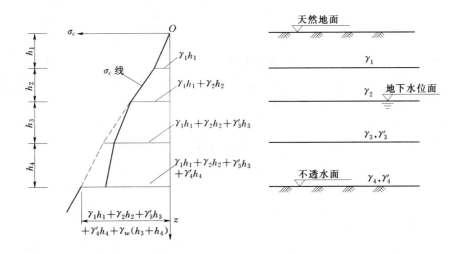

图 1-2-6　成层土中自重应力沿深度的分布

计算时地下水位以上取土的天然容重，水位以下取土的有效容重，因此，地下水位面也是自重应力分布线的转折点。当地下水位以下土层中有不透水层（岩层或坚硬的黏土层）存在时，不透水层层面处没有浮力，此处的自重应力等于全部上覆的水土总重，即

$$\sigma_c = \sum_{i=1}^{n} \gamma_i h_i + \gamma_w h_w \qquad (1-2-7)$$

式中　γ_w——水的容重，通常取 $\gamma_w = 10 \text{kN/m}^3$；

　　　　h_w——地下水位至不透水层顶面的距离，m；

　　　　其他符号意义同上。

虽然形成年代久远的天然土层在自重应力作用下的变形早已稳定，但当地下水位下降时，水位变化范围内的土体，土中的自重应力会增大，此时应考虑土体在自重应力增量作用下的变形。若在地基中大量开采地下水，造成地下水位大幅度下降，可能引起地面大面积下沉，并影响建筑物安全的严重后果。2010 年，世界各地出现许多地陷现象，包括我国的四川、广西、湖南、浙江等地都出现过地面下陷，危及建筑安全，图 1-2-7 为浙江省境内的黄衢南高速公路衢州段的某处地面下陷，路面出现直径 8.3m，深 10m 的大坑，

可能就与地下水活动或底部溶洞有关。

图 1-2-7 高速公路地面下陷
形成的破坏（来自百度图片）

地下水位上升使原来未受浮力作用的土颗粒受到了浮力作用，导致土的自重应力减小，抗剪强度降低，也会带来一些不利影响。如在人工抬高蓄水水位的地区，滑坡现象增多；在基础工程完工之前，如果停止基坑降水使地下水位回升，可能导致基坑边坡坍塌。

1.2.2.3 基底压力及附加应力

建筑物荷载通过基础传递给地基，在基础底面与地基之间便产生了基底压力。基底压力的分布与基础的大小、刚度、作用于基础上的荷载的大小和分布、地基土的力学性质、地基的均匀程度以及基础的埋深等因素有关。一般情况下，基底压力呈非线性分布。对于具有一定刚度以及尺寸较小的柱下单独基础和墙下条形基础等，基底压力可看成是直线或平面分布，进行简化计算。

1. 基底压力的简化计算

（1）轴心荷载作用下的基底压力。在轴心荷载作用下，假定基底压力为均匀分布（图 1-2-8），其值为

$$p = (F+G)/A \qquad (1-2-8)$$

其中
$$G = \gamma_G A d$$

式中　p——基底平均压力，kPa；

　　　F——上部结构传至基础顶面的竖向力，kN；当用于地基变形计算时，取标准值；用于地基承载力和稳定性计算以及基础内力计算时，取设计值；

　　　G——基础及其回填土的总重量，kN；

　　　γ_G——基础及其回填土的平均容重，一般取 20kN/m³；地下水位以下应扣除浮力，取 10kN/m³；

　　　d——基础平均埋置深度，m；必须从设计地面或室内外平均地面算起；

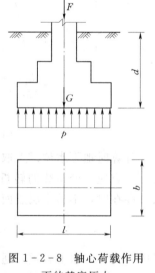

图 1-2-8 轴心荷载作用
下的基底压力

　　　A——基础底面积，m²；对矩形基础 $A = lb$（l 和 b 分别为矩形基础底面的长和宽）。

（2）偏心荷载作用下的基底压力。对于单向偏心荷载作用下的矩形基础（图 1-2-9），通常将基底长边设为与偏心方向一致。基底两端最大和最小压力 $p_{\min}^{\max}$，按材料力学偏心受压公式计算，即

$$p_{\min}^{\max} = (F+G)/A \pm M/W \qquad (1-2-9)$$

式中　M——作用于矩形基础底面的力矩，kN·m；当用于地基变形计算时，取标准值；用于地基承载力和稳定性计算以及基础内力计算时，取设计值；

W——基础底面的抵抗矩，m^3；对于矩形基础 $W=bl^2/6$；

其他符号意义同式（1-2-8）。

将荷载的偏心矩 $e=M/(F+G)$ 及 $W=bl^2/6$ 代入式（1-2-9）中，得

$$p_{\min}^{\max}=\frac{F+G}{A}\left(1\pm\frac{6e}{l}\right)\qquad(1-2-10)$$

由式（1-2-10）可见，当 $e=0$ 时，$p_{\max}=p_{\min}=p$，基地压力均匀分布，即轴心受压情况；当 $0<e<l/6$ 时，呈梯形分布 [图1-2-9（a）]；当 $e=l/6$ 时，$p_{\min}=0$，呈三角形分布 [图1-2-9（b）]；当 $e>l/6$ 时，$p_{\min}<0$ [图1-2-9（c）]。由于基底与地基之间不能承受拉力，此时基底与地基之间发生局部脱开，使基底压力重新分布。在工程设计时，一般不允许 $e>l/6$，以便充分发挥地基承载力。

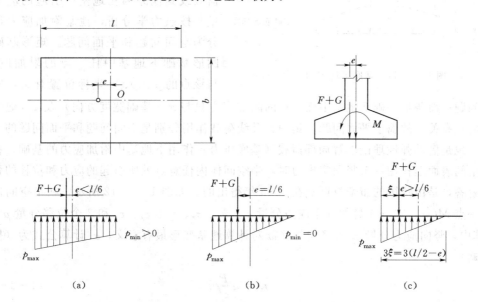

图 1-2-9　单向偏心荷载作用下的矩形基础基底压力分布图
（a）偏心距 $e<l/6$；（b）偏心距 $e=l/6$；（c）偏心距 $e>l/6$

矩形基础在双向偏心竖向荷载作用下（图1-2-10），基底压力仍按材料力学的偏心受压公式进行计算，两端最大、最小压力为

$$p_{\min}^{\max}=\frac{F+G}{A}\pm\frac{M_x}{W_x}\pm\frac{M_y}{W_y}\qquad(1-2-11)$$

式中　M_x、M_y——荷载合力分别对矩形基底 x、y 对称
　　　　　　　　轴的力矩，$kN\cdot m$；

　　　　W_x、W_y——基础底面分别对 x、y 轴的抵抗矩，
　　　　　　　　m^3，$W_x=lb^2/6$，$W_y=bl^2/6$。

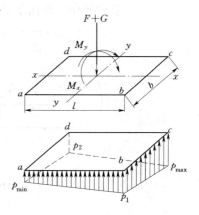

图 1-2-10　双向偏心荷载作用下
矩形基础基底压力分布图

2. 基底附加压力

自然固结和超固结土层在自重应力作用下的沉降已经完成，只有建筑物荷载引起的地基应力增量，才能导

致地基产生新的沉降。基础有一定的埋置深度,基底新增加的压力为作用于基底的平均压力减去基底处的自重应力,此压力增量称为基底附加压力(图 1-2-11)。

$$p_0 = p - \sigma_{cd} \tag{1-2-12}$$

式中 p_0——基底附加压力,kPa;

  p——基底压力,kPa;

  σ_{cd}——基底以上土的自重应力,kPa。

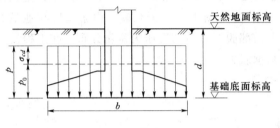

图 1-2-11 基底平均附加压力

3. 地基中的附加应力

基底附加压力将导致地基中产生附加应力。地基中的附加应力是指建筑物荷载或其他原因在地基中引起的应力增量。按照力学分析,地基附加应力计算分为空间问题和平面问题。矩形基础和圆形基础下地基中任一点的附加应力,与该点的 x、y、z 坐标位置有关,属于空间问题;而条形基础下地基中任一点的附加应力只与 x(基础宽度方向)及 z(地基深度方向)有关,故属于平面问题。集中力及线荷载作用分别是空间问题和平面问题的理想情况,也是借助弹性理论求解局部荷载(基底压力)作用下地基中附加应力的基础。在弹性半空间表面上作用一个竖向集中力时,半空间体内任意点处所引起的应力和位移的弹性力学解答,是由法国的布辛奈斯克在 1885 年得出的。如图 1-2-12 所示,在半空间体内任意一点 $M(x、y、z)$ 处的 6 个应力分量 σ_x、σ_y、σ_z、τ_x、τ_y、τ_z 和 3 个位移分量 μ、υ、ω,其中,竖向应力分量 σ_z 和竖向位移 ω 对计算地基变形最有意义,σ_z 计算公式为(推导过程略)

$$\sigma_z = \alpha \frac{P}{z^2} \tag{1-2-13}$$

式中 P——竖向集中力,kN;

  z——半空间体内任意一点 $M(x、y、z)$ 的 z 坐标,m;

  α——竖向集中力作用下的地基竖向附加应力系数。

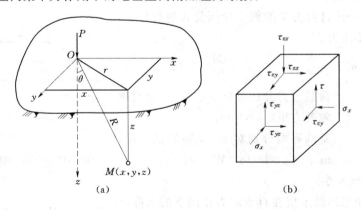

图 1-2-12 竖向集中力作用下的附加应力

线型荷载（如条形基础）和平面荷载（如筏形基础、独立基础）引起的地基附加应力均可通过该解积分求得。通过力学计算可得地基中的附加应力等值线图（图 1 - 2 - 13），所谓等值线就是地基中具有相同附加应力数值的点的连线。地基中的竖向附加应力 σ_z 具有如下的分布规律。

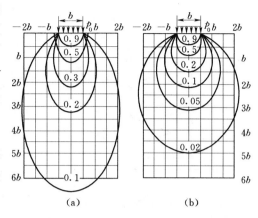

图 1 - 2 - 13　地基附加应力等值线图
(a) 条形荷载 σ_z 等值线；(b) 方形荷载 σ_z 等值线

（1）在离基础底面（地基表面）不同深度处各个水平面上，以基底中心点下轴线处的 σ_z 为最大，离开中心轴线越远越小。

（2）在荷载分布范围内任意点竖直线上的 σ_z 值，随着深度增大逐渐减小。

（3）附加应力扩散现象，σ_z 的分布范围相当大，它不仅分布在荷载面积之内，而且还分布到荷载面积以外，这就是所谓的附加应力扩散现象。在新建筑施工过程中，附加应力的扩散会造成已有建筑基底应力增加，引起一定的不均匀沉降，这在施工过程中应该引起重视，应加强基坑支护和基坑土体位移的监测。

1.2.2.4　基础沉降

1.2.2.4.1　基础最终沉降量

地基在附加应力作用下将会产生压缩沉降变形，基础最终沉降量是指地基在建筑物荷载作用下，不断地被压缩，直至压缩稳定后的沉降量（图 1 - 2 - 14）。计算基础最终沉降量的目的，在于建筑设计中需预知该建筑物建成后将产生的最终沉降量、沉降差、倾斜和局部倾斜，判断地基变形值是否超出允许的范围，以便在建筑物设计时，为采取相应的工程措施提供依据，保证建筑物的安全。常用的计算基础最终沉降的方法有分层总和法及 GB 5007—2002《建筑地基基础设计规范》推荐法。

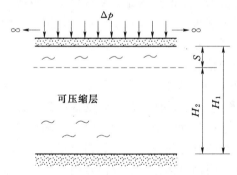

图 1 - 2 - 14　基础沉降示意图

1.2.2.4.2　基础沉降与时间的关系

土体完成压缩过程所需的时间与土的透水性有很大的关系。饱和土的渗透固结过程就是孔隙水压力向有效应力转化的过程。在渗透固结过程中，伴随着孔隙水压力逐渐消散，有效应力在逐渐增长，土的体积也就逐渐减小，强度随着提高。饱和土的固结过程就是孔隙水压力的消散和有效应力相应增长的过程（图 1 - 2 - 15）。

无黏性土因透水性大，其压缩变形可在短时间内趋于稳定；而透水性小的饱和黏性土，其压缩稳定所需的时间则可长达几个月、几年甚至几十年。在工程实践中，往往需要了解建筑物在施工期间或使用期间某一时刻基础沉降值，以便控制施工速度。对于已发生裂缝、倾斜等事故的建筑物，更需要了解当时的沉降与今后沉降的发展趋势，作为解决事故的重要依据。

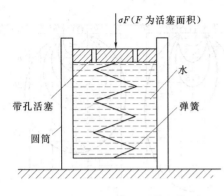

图 1-2-15 土体固结简化模型

1.2.2.4.3 建筑物沉降观测与地基允许变形值

1. 建筑物的沉降观测

建筑物的变形包括建筑物的沉降、倾斜、裂缝和平移。高层建筑、重要厂房和大型设备基础在施工期间和使用初期，都会由于各种原因造成基础沉降变形。如果变形超过了规定的限度，会导致建筑物结构变形或开裂，影响其正常使用，严重的还会危及建筑物的安全。为了建筑物的安全使用，研究变形的原因和规律，为建筑物的设计、施工、管理和科学研究提供可靠的资料，在建筑物的施工和使用初期，必须要对其进行变形观测。

变形观测的内容主要有沉降观测、倾斜观测、裂缝和位移观测等。建筑物变形观测的任务是周期性地对设置在建筑物上的观测点进行重复观测，求得观测点位置的变化量。建筑物变形观测能否达到预定的目的要受很多因素的影响，其中最基本的因素是变形测量点的布设、变形观测的精度与频率。

变形测量点宜分为基准点、工作基点和变形观测点，其布设应符合以下要求。

（1）每个工程至少应有三个稳固可靠的点作为基准点。

（2）工作基点应选在比较稳定的位置。对通视条件较好或观测项目较少的工程，可不设工作基点，在基准点上直接测定变形观测点。

（3）变形观测点应设立在变形体上能反映变形特征的位置。

埋设在建筑物附近的水准点是进行沉降观测的依据，水准点的布设要求稳定、方便观测和满足观测精度要求。为了相互校核并防止由于个别水准点的高程变动造成差错，一般要布设三个水准点，它们应埋设在受压、受震动范围以外，埋设深度在冻土线下 0.5m，且不能离开观测点太远（100m 以内），以便提高观测精度。

沉降观测点，应按设计图纸埋设。一般情况下，建筑物四角或沿外墙每隔 10～15m 处或每隔 2～3 根柱基上布置一个观测点；另外在最容易变形的地方，如设备基础、柱子基础、裂缝或伸缩缝两旁，以及基础形式改变处、地质条件改变处等也应设立观测点；对于烟囱、水塔和大型储藏罐等高耸构筑物的基础轴线的对称部位，每一构筑物不得少于四个观测点。观测点的埋设要求稳固，通常采用角钢、圆钢或铆钉作为观测点的标志，并分别埋设在砖墙上、钢筋混凝土柱子上和设备基础上。

为了达到变形观测的目的，应在建筑物的设计阶段，在调查、预估某些因素可能对建筑物带来影响的同时，拟定变形观测设计方案；由施工者和测量者根据需要与可能，确定施测方案，以便在施工时将标志和设备埋置在变形观测的设计位置上。从建筑物开始施工就进行观测，一直持续到变形终止。每次变形观测前，对所使用的仪器和设备，应进行检验校正并详细记录；每次观测，应采用相同的观测路线和观测方法，使用同一仪器和设备，固定观测人员，并在基本相同的环境和条件下开展工作。水准点的高程须以永久性水准点为依据来精确测定。测定时应往返观测，并经常检查有无变动。对于重要厂房和重要设备基础的观测，要求能反映出 1～2mm 的沉降量，必须应用精密水准仪和精密水准尺进行往返观测，其观测的闭合差不应超过±0.6mm。对于一般厂房建筑物，精度要求可放宽些，可以使用四等水准测量的水准仪进行往返观测，观测闭合差应不超过±1.4mm。观测应在成像清晰、稳定的时间内进行。

施工过程中，一般在增加较大荷重前后，如基础浇灌、回填土、安装柱子和屋架、砌筑砖墙、安装吊车、设备运转等都要进行沉降观测。当基础附近地面荷重突然增加，周围大量积水及暴雨后，或周围大量挖方等均应观测，施工中如中途停工时间较长，应在停工时及复工前进行观测。工程完工后，应连续进行观测，观测时间的间隔可按沉降量的大小及速度而定，开始时可每隔1～2个月观测1次，以每次沉降量在5～10mm为限，否则要增加观测次数。以后随着沉降速度的减慢，再逐渐延长观测周期，直至沉降稳定为止。

2. 地基允许变形值

建筑物的地基变形允许值是指能保证建筑物正常使用的最大变形值。可由 GB 50007—2002《建筑地基基础设计规范》查得（表 1-2-1）。对于表中未涉及到的其他建筑物的地基变形允许值，可根据上部结构对地基变形的适应能力和使用要求确定。地基变形允许值按变形特征有以下四种。

表 1-2-1　　　　　　　　　　　建筑物的地基变形允许值

变 形 特 征		地 基 土 类 别	
		中、低压缩性土	高压缩性土
砌体承重结构基础的局部倾斜		0.002	0.003
工业与民用建筑相邻 柱基的沉降差	（1）框架结构	0.002l	0.003l
	（2）砖石墙填充的边排柱	0.0007l	0.001l
	（3）当基础不均匀沉降时不产生 附加应力的结构	0.005l	0.005l
单层排架结构（柱距为 6m）柱基的沉降量（mm）		（120）	200
桥式起重机轨面的倾斜 （按不调整轨道考虑）	纵　向	0.004	
	横　向	0.003	
多层和高层建筑基础的倾斜	$H_g\leqslant24$	0.004	
	$24<H_g\leqslant60$	0.003	
	$60<H_g\leqslant100$	0.0025	
	$H_g>100$	0.002	
高耸结构基础的倾斜	$H_g\leqslant20$	0.008	
	$20<H_g\leqslant50$	0.006	
	$50<H_g\leqslant100$	0.005	
	$100<H_g\leqslant150$	0.004	
	$150<H_g\leqslant200$	0.003	
	$200<H_g\leqslant250$	0.002	
高耸结构基础的沉降量（mm）	$H_g\leqslant100$	（200）	400
	$100<H_g\leqslant200$		300
	$200<H_g\leqslant250$		200

注　1. 有括号者仅适用于中压缩性土。

2. l 为相邻柱基的中心距离，mm；H_g 为自室外地面起算的建筑物高度，m。

（1）沉降量指基础中心点的沉降值；

（2）沉降差指相邻单独基础沉降量的差值；

（3）倾斜指基础倾斜方向两端点的沉降差与其距离的比值；

（4）局部倾斜指砌体承重结构沿纵墙 6～10m 内基础某两点的沉降差与其距离的比值。

当建筑物地基不均匀或上部荷载差异过大及结构体型复杂时，对于砌体承重结构应由局部倾斜控制；对于框架结构和单层排架结构应由沉降差控制；对于多层或高层建筑和高耸结构应由倾斜控制。

1.2.3 学习情境

土的压缩性是导致基础沉降的内因，建筑物的荷载导致地基中产生附加应力是地基沉降的外因。建筑物的沉降是地基、基础和上部结构共同作用的结果。沉降观测就是测量建筑物上所设观测点与水准点之间的高差变化量。研究解决地基沉降问题和分析相对沉降是否有差异，以监视建筑物的施工和使用安全。

通过本课题的学习，班级可分组完成以下任务：到野外采集土样，在土工实训室完成对土的压缩性指标的测定。

1.2.3.1 咨询

1．土的固结试验目的

测定土的压缩系数。

2．试验内容和原理

（1）试验内容。用高、中、低压固结仪进行固结试验。

（2）试验原理。土的固结是土在荷重作用下发生变形的过程，试验的目的是测定试样在侧限轴向排水条件下的变形和压力的关系，变形和时间的关系，以计算土的压缩系数 a。本试验适用用于细粒土，遇特殊地质条件或工程中有特殊要求时，须进行反映实际工作条件的压缩试验。

3．试验仪器设备

试验仪器设备包括：压缩仪；测定密度和含水量所需用的设备；滤纸；钟表等。

4．试验步骤

（1）操作步骤。

1）取土方法。按工程需要取原状土或制备所需状态的扰动土样，整平其两端。如为原状土样，其取土方向与天然受荷方向一致，将环刀内壁涂一层凡士林，刃口向下放在土样上。

2）为了不扰动原状土的结构，用切土刀将土样削成略大于环刀直径的土柱，然后将环刀垂直向下压，边压边削，等土样伸出环刀为止，将两端余土削去刮平，刮平时不允许在土样上来回涂抹，取环刀两端余土测其含水量。

3）擦净环刀外壁，称环刀加土样盒的质量，准确至 0.1g，求出土的容重。

4）将底板放入容器内，然后在试样上放上滤纸、透水石和传压板，置于加压横梁正中，安装百分表。

5）为了使试样与仪器上下各部件之间接触良好，应施加 1kPa 的预压荷载，然后调整百分表，使其外伸距离不小于 5mm，指针为零。

6）荷重等级一般为 12.5kPa、25kPa、50kPa、100kPa、200kPa、400kPa、800kPa、1600kPa、3200kPa，最后一级荷重应大于土层的计算压力 100～200kPa。

7）施加第一级荷重后 5min，如试样为饱和土样则在施加第一级荷重后立即向容器内注水满至与试样顶面平，如为非饱和土样，须用湿棉纱团围住传压活塞及透水石四周，避免水分蒸发。加荷后待时间达到 1h，记下该荷重下百分表读数（即试样与仪器总变形量），并立即施加第二级荷重，待时隔 1h 后记下第二级荷重下百分表读数，依次重复以上动作，最后一级荷重除记 1h 读数外还需记 24h 压缩稳定后的读数（24h 应以最后一级荷重开始时算起），把每次加载记录填入记录表。压缩稳定标准为百分表读数每小时变化不大于 0.01mm。

8）百分表读数表示：短针 1 小格表示 1mm；长针 1 小格表示 0.01mm。读数时以逆时针读数为好，即可直接读出变形量 Δh。

9）试验结束后，迅速拆除仪器各部件，取出试样，如是饱和土则用滤纸吸去试样两端表面水，并测定试样的试验后含水量。

（2）注意事项。

1）切削试样时，应尽量避免破坏土的结构，不允许直接将环刀压入土中，不允许来回涂抹环刀两端的土面，避免孔隙被堵塞。

2）不要振动或碰撞压缩台及周围的地面，加荷或卸荷时应轻取轻放砝码。

3）试验过程中，应始终保持加荷杠杆水平。

（3）成果整理。写出试验过程；确定土的压缩系数和压缩模量。

1.2.3.2　下达工作任务

工作任务见表 1-2-2。

表 1-2-2　　　　　　　　　工 作 任 务 表

任务内容：土的固结试验		
小组号		场地号	
任务要求： 　1. 现场取土样，进行土的固结试验，测定土样的压缩性指标； 　2. 会熟练操作土工试验仪器，测定土样的密度及含水量	工具、仪器设备： 　压缩仪；测定密度和含水量所需用的设备；滤纸；钟表等	组织： 　全班按每组 4～6 人分组进行，每组选 1 名组长和 1 名副组长； 　组长总体负责本组人员的任务分工，要求组员分工协作，完成任务； 　副组长负责仪器设备的借领、归还和整理
组长：　　　　　副组长：　　　　　组员：　　　　　　　　　　　　　　　　　　年　　月　　日		

1.2.3.3　制定计划

制定计划见表 1-2-3。

1.2.3.4　实施计划

1. 土样采集

在野外或施工现场采集土样，并测定其压缩性指标。

表 1-2-3 　　　　　　　　　　计　划　表

小组号				场地号		
组长				副组长		
仪器、设备/数量						
分　工　安　排						
序号	工作内容		操作者	记录/计算者		数据校核

2. 土的压缩性指标测定

试验操作，写出试验过程，整理试验数据，并填写表 1-2-4。

表 1-2-4 　　　　　　　　固结试验数据记录表

序号	荷载（kPa）	时间	百分表读数	序号	荷载（kPa）	时间	百分表读数
1				5			
2				6			
3				7			
4				8			

压缩前、后土样的含水量测定：试验操作，写出试验过程，整理试验数据，并填写表 1-2-5、表 1-2-6。

表 1-2-5 　　　　　　压缩前土样含水量测定数据记录表

工程名称：＿＿＿＿＿＿＿＿＿　　　　　　试验者：＿＿＿＿＿＿＿＿＿

工程编号：＿＿＿＿＿＿＿＿＿　　　　　　计算者：＿＿＿＿＿＿＿＿＿

试验日期：＿＿＿＿＿＿＿＿＿　　　　　　校核者：＿＿＿＿＿＿＿＿＿

土样盒号	土样盒质量（g）（1）	盒＋湿土质量（g）（2）	盒＋干土质量（g）（3）	水的质量（g）（4）＝（2）－（3）	干土的质量（g）（5）＝（3）－（1）	含水量（%）

表 1-2-6 　　　　　　压缩后土样含水量测定数据记录表

工程名称：＿＿＿＿＿＿＿＿＿　　　　　　试验者：＿＿＿＿＿＿＿＿＿

工程编号：＿＿＿＿＿＿＿＿＿　　　　　　计算者：＿＿＿＿＿＿＿＿＿

试验日期：＿＿＿＿＿＿＿＿＿　　　　　　校核者：＿＿＿＿＿＿＿＿＿

土样盒号	土样盒质量（g）（1）	盒＋湿土质量（g）（2）	盒＋干土质量（g）（3）	水的质量（g）（4）－（2）－（3）	干土的质量（g）（5）＝（3）－（1）	含水量（%）

绘制 $e-p$ 曲线，并求压缩指标：压缩系数 a_{1-2}。

1.2.3.5　自我评估与评定反馈

1. 试验报告及讨论

(1) 根据分组试验情况及相关数据记录，完成本次任务的试验报告，并判别土样是否为高压缩性土，说明判定的依据。

(2) 各组比较试验成果，及土样判定结果，看是否有差异，并讨论差异形成的原因。

2. 学生自我评估

学生自我评估见表 1-2-7。

表 1-2-7　　　　　　　　　　学 生 自 我 评 估 表

试验项目					
小组号			学生姓名		学号
序号	自检项目	分数权重	评 分 要 求		自评分
1	任务完成情况	40	按要求按时完成任务		
2	试验记录	20	记录、计算规范		
3	学习纪律	20	服从指挥，无安全事故		
4	团队合作	20	服从组长安排，能配合他人工作		
学习心得与反思：					
小组评分：＿＿＿＿＿＿		组长：＿＿＿＿＿＿		时间：＿＿＿＿＿＿	

3. 教师评定反馈

教师评定反馈见表 1-2-8。

表 1-2-8　　　　　　　　　　教 师 评 定 反 馈 表

试验项目					
小组号			学生姓名		学号
序号	检查项目	分数权重	评 分 要 求		得分
1	任务完成速度	20			
2	试验记录	10			
3	学习纪律	10			
4	成果质量	40			
5	团队合作	20			
存在问题：					
教师评分：＿＿＿＿＿＿		教师：＿＿＿＿＿＿		时间：＿＿＿＿＿＿	

思 考 题

（1）土的自重应力分布有何特点？如何计算？地下水位变化对土的自重应力分布有何影响？

（2）土中附加应力扩散有什么规律？该规律对建筑物的施工有何启示？

（3）地基变形的大小是由哪些因素决定的？应如何观测建筑物的沉降？

（4）压缩系数和压缩模量的物理意义是什么？两者有什么关系？如何用压缩系数和压缩模量评价土的压缩性？

（5）某建筑场地土层分布如下：第 1 层杂填土厚 1.4m，$\gamma = 16.8\text{kN/m}^3$；第 2 层粉质黏土厚 3.5m，$\gamma = 18.9\text{kN/m}^3$；$\gamma_{sat} = 19.1\text{kN/m}^3$，地下水位深 2m；第 3 层粉土厚 4.5m，$\gamma_{sat} = 19.7\text{kN/m}^3$；第 4 层玄武岩未钻穿。试计算各土层交界处的竖向自重应力，并绘出自重应力分布曲线。

（6）某单层排架结构厂房在施工和使用过程中进行了沉降观测，历次各观测点的高程列入表 1-2-9 中，计算 6、7、8 观测点两次观测之间的沉降量和累计沉降量，并画出观测日期和沉降—荷重—时间关系曲线图，归纳该建筑的沉降与时间的关系特点。该厂房的最终沉降是否超出允许值？

表 1-2-9　　　　　　　　　　沉 降 观 测 记 录 手 簿

日期 （年.月.日）	荷重 （t）	观测点								
		5			6			7		
		高程 （m）	沉降量 （mm）	累计沉降量 （mm）	高程 （m）	沉降量 （mm）	累计沉降量 （mm）	高程 （m）	沉降量 （mm）	累计沉降量 （mm）
1996.7.10		45.624			45.528			45.651		
1996.8.10		45.621	3	3	45.518			45.651		
1996.9.10	400	45.613	8	11	45.511			45.646		
1996.10.10		45.603	10	21	45.505			45.645		
1996.12.10	800	45.595	8	29	45.501			45.641		
1997.1.10	1200	45.589	6	35	45.497			45.635		
1997.2.10		45.585	4	39	45.494			45.634		
1997.3.10		45.582	3	42	45.492			45.631		
1997.4.10		45.580	2	45	45.490			45.629		
1997.5.10		45.577	3	47	45.488			45.626		
1997.6.10		45.574	3	50	45.487			45.623		
1997.7.10		45.572	2	52	45.486			45.622		
1997.8.10		45.571	1	53	45.485			45.621		
1997.9.10		45.570	1	54	45.485			45.620		
1997.10.10										

续表

日期 （年.月.日）	荷重 （t）	观 测 点								
		5			6			7		
		高程 （m）	沉降量 （mm）	累计沉降量 （mm）	高程 （m）	沉降量 （mm）	累计沉降量 （mm）	高程 （m）	沉降量 （mm）	累计沉降量 （mm）
1997.12.10		45.569	1	55	45.484			45.619		
1998.2.10										
1998.4.10		45.569	0		45.484			45.619		
1998.6.10										
1998.8.10		45.569	0	55	45.484			45.619		

课题3 土的抗剪强度与地基承载力

1.3.1 学习目标

（1）通过本课题的学习了解土的强度特性，理解库仑定律及土的抗剪强度指标的试验原理。

（2）会土中任意一点的应力状态分析，知道土的极限平衡条件。

（3）会用直剪法测定土的抗剪强度指标，并能理解指标的意义。

（4）了解地基的破坏形式，会地基承载力的确定方法，知道地基承载力特征值在工程中的意义及应用。

1.3.2 学习内容

土的抗剪强度是指在外力作用下，土体内部产生切应力时，土对剪切破坏的极限抵抗能力。土的强度是由抗剪强度决定的。地基受到荷载作用后，土中各点将产生正应力与切应力，若某点的切应力超过该点的抗剪强度，土即沿着切应力作用方向产生相对滑动，此时称该点剪切破坏。若荷载继续增加，则切应力达到抗剪强度的区域（塑性区）逐渐增大，最后形成连续滑动面，一部分土体相对另一部分土体产生滑动，基础因此产生很大的沉降或倾斜，整个地基剪切破坏，并将丧失稳定性。

1.3.2.1 土的抗剪强度与极限平衡条件

1. 抗剪强度的库仑定律

1773年，库仑（Coulomb，C.A.）通过砂土的剪切试验，得到砂土的抗剪强度的表达式为

$$\tau_f = \sigma \tan\varphi \qquad (1-3-1)$$

以后通过对黏性土样进行试验，得出黏性土的正应力 σ 与抗剪强度 τ_f 之间仍成线性关系，但直线不通过坐标原点，在纵坐标轴上有一截距 c，得出黏性土的抗剪强度表达式为

$$\tau_f = c + \sigma \tan\varphi \qquad (1-3-2)$$

式中 τ_f——土的抗剪强度，kPa；

σ——剪切面上的正应力，kPa；

33

c——土的黏聚力，即抗剪强度线在 $\tau-\sigma$ 坐标平面内纵轴上的截距，kPa；

φ——土的内摩擦角，即抗剪强度线对横坐标轴的倾角（°）。

式（1-3-1）和式（1-3-2）称为库仑定律或土的抗剪强度定律。该定律说明，土的抗剪强度是剪切面上正应力 σ 的线性函数（图1-3-1）。c、φ 统称土的抗剪强度指标，在一定条件下是常数。构成土的抗剪强度的因素有两个，即黏聚力与内摩擦力。黏聚力 c 是由于土粒之间的胶结作用、结合水膜及水分子引力作用等形成的。土颗粒越细，塑性越大，其黏聚力也越大。$\sigma\tan\varphi$ 是土的内摩擦力部分，它由两个原因形成：一个是剪切面上颗粒与颗粒表面产生的摩擦力；另一个是由于颗粒之间的相互嵌入产生的咬合作用。

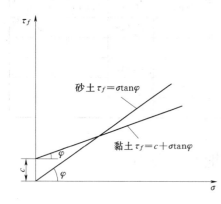

图1-3-1 土的抗剪强度曲线

由于库仑定律是以剪切面上的正向总应力来表示的，因此常称为总应力法，把 c、φ 称为总应力强度指标。

根据太沙基有效应力原理，认为只有土粒间传递的有效应力 σ' 才能引起抗剪强度摩擦分量，因此，认为土的抗剪强度应由式（1-3-3）和式（1-3-4）来表示

无黏性土 $$\tau_f = (\sigma - u)\tan\varphi' = \sigma'\tan\varphi' \qquad (1-3-3)$$

黏性土 $$\tau_f = c' + (\sigma - u)\tan\varphi' = c' + \sigma'\tan\varphi' \qquad (1-3-4)$$

式中 u——土样中的孔隙水压力，kPa；

σ'——剪切面上的正向有效应力，kPa；

c'——土的有效黏聚力，kPa；

φ'——土的有效内摩擦角（°）。

由于式（1-3-3）和式（1-3-4）是由剪切面上的正向有效应力 σ' 来表示土的抗剪强度，称为有效应力法，称 c' 和 φ' 为有效应力强度指标。

2. 土中一点的应力状态

假设无限长条形荷载作用于弹性半无限体的表面上，在垂直于基础长度方向的任意横截面上任意一点 M 应力状态如图1-3-2所示，其上作用有正应力 σ_x、σ_z 和切应力 τ_{xz}。由材料力学可知，该点的大、小主应力为

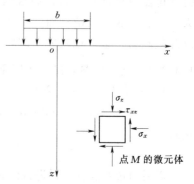

$$\left.\begin{array}{c}\sigma_1\\\sigma_3\end{array}\right\} = \frac{\sigma_x + \sigma_z}{2} \pm \sqrt{\left(\frac{\sigma_x - \sigma_z}{2}\right)^2 + \tau_{xz}{}^2} \qquad (1-3-5)$$

σ_1、σ_3 的作用面为大小主应力面，大小主应力面上切应力为零。

当主应力已知时，根据平衡条件，可求得通过该点的任意截面上的应力，如图1-3-3所示。

图1-3-2 土中一点的应力状态

$$\sigma = \frac{\sigma_1 + \sigma_3}{2} + \frac{\sigma_1 - \sigma_3}{2}\cos 2\alpha \qquad (1-3-6)$$

$$\tau = \frac{\sigma_1 - \sigma_3}{2}\sin 2\alpha \qquad (1-3-7)$$

式 (1-3-6) 和式 (1-3-7) 表明，在 σ_1、σ_3 已知的情况下，mn 斜面上的 σ 和 τ 仅与该面的倾角 α 有关，通过 M 点的不同截面上的 σ 和 τ 的数值是不同的，要确定 M 点的应力状态，就是要确定通过该点的所有截面上的应力值。由式 (1-3-6) 和式 (1-3-7) 两式消去参数 α，可得

$$\left[\sigma - \frac{1}{2}(\sigma_1 + \sigma_3)\right]^2 + \tau^2 = \left[\frac{1}{2}(\sigma_1 - \sigma_3)\right]^2 \qquad (1-3-8)$$

式 (1-3-8) 为圆的方程，在 $\tau - \sigma$ 坐标系中，圆的半径 r 为 $(\sigma_1 - \sigma_3)/2$，圆心 D 坐标 $[(\sigma_1 + \sigma_3)/2, 0]$，该圆称为摩尔应力圆，如图 1-3-3 (c) 所示。摩尔应力圆上点 C 的坐标值为 $(\sigma_1, 0)$，即点 C 表示土中 M 点大主应力面的应力值；B 点的坐标值为 $(\sigma_3, 0)$，即 B 点表示 M 点小主应力面的应力值；由几何关系可知，摩尔应力圆上的任一点 A（$\angle ADC$ 为 2α）的横、纵坐标值分别为式 (1-3-6)、式 (1-3-7) 的值，表示土中 M 点与大主应力面夹角为 α 的任意截面 mn 上的应力。因此土中一点在 σ_1、σ_3 已知的情况下，就可以确定摩尔应力圆的半径与圆心坐标，绘制摩尔应力圆，从而确定任意截面上的应力值。

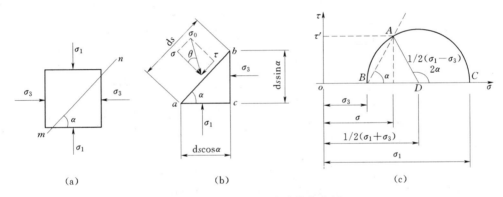

（a）　　　　　　　　　（b）　　　　　　　　　（c）

图 1-3-3　一点的应力状态分析

3. 土的极限平衡条件

根据摩尔应力圆与抗剪强度曲线的关系可以判断土中某点 M 是否处于极限平衡状态。土体受荷载后，任意截面 mn 上将同时产生正应力 σ 与切应力 τ，对 τ 与抗剪强度 τ_f 进行比较：通过土体中一点有无数的截面，当所有截面上都满足 $\tau < \tau_f$，该点就处于稳定状态；当所有截面之中有且只有一个截面上的 $\tau = \tau_f$ 时，该点处于极限平衡状态。

将土的抗剪强度线与表示某点 M 应力状态的摩尔应力圆绘于同一直角坐标系上（图 1-3-4）进行比较，有以下三种情况。

（1）摩尔应力圆（圆 1）位于抗剪强度线下方，说明这个应力圆所表示的土中 M 点所有截面上的切应力均小于土的抗剪强度，因此 M 点不会发生剪切破坏。

（2）摩尔应力圆（圆 2）与抗剪强度线相切，切点为 A，说明 A 点所代表的截面上的切

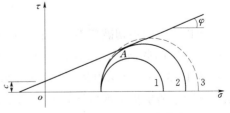

图 1-3-4　一点的应力状态

应力刚好等于土的抗剪强度，其余截面上切应力均小于土的抗剪强度，M 点处于极限平衡状态。

（3）抗剪强度线是莫尔应力圆（圆 3）的割线，说明土中过 M 点的某些截面上的切应力已经超过了土的抗剪强度，从理论上讲该点早已破坏，因而这种应力状态是不会存在的，故圆 3 用虚线表示。

根据极限应力圆与抗剪强度线的几何关系，可建立极限平衡条件方程式。图 1-3-5（a）所示土体中一点微元体的受力情况，mn 为剪破面，它与大主应力作用面呈 α_f 角。该点处于极限平衡状态，其极限应力圆如图 1-3-5（b）所示。根据直角三角形 ARD 的边角关系，得到黏性土的极限平衡条件，即

$$\sigma_1 = \sigma_3 \tan^2\left(45° + \frac{\varphi}{2}\right) + 2c\tan\left(45° + \frac{\varphi}{2}\right) \qquad (1-3-9)$$

$$\sigma_3 = \sigma_1 \tan^2\left(45° - \frac{\varphi}{2}\right) - 2c\tan\left(45° - \frac{\varphi}{2}\right) \qquad (1-3-10)$$

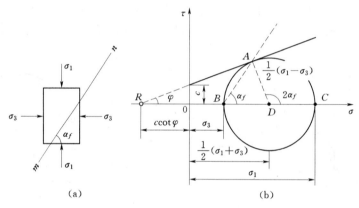

图 1-3-5　土中一点极限平衡状态时的摩尔圆
(a) 微元体；(b) 极限平衡时的摩尔圆

对于无黏性上，由于 $c=0$，根据式（1-3-9）和式（1-3-10）可得出无黏性土的极限平衡条件，即

$$\sigma_1 = \sigma_3 \tan^2\left(45° + \frac{\varphi}{2}\right) \qquad (1-3-11)$$

$$\sigma_3 = \sigma_1 \tan^2\left(45° - \frac{\varphi}{2}\right) \qquad (1-3-12)$$

根据图 1-3-5（b）中的三角形 ARD，由外角与内角的关系可得破裂角

$$\alpha_f = 45° + \frac{\varphi}{2} \qquad (1-3-13)$$

所以，土的剪切破坏不发生在切应力最大的截面上，而是发生在与大主应力面呈 $\alpha_f = 45° + \varphi/2$ 的截面上，只有 $\varphi=0$ 时，剪切破坏面才与切应力最大面一致。

例 1-3-1　地基中某一点的大主应力 $\sigma_1 = 420.0\text{kPa}$，小主应力 $\sigma_3 = 180.7\text{kPa}$。通过试验测得土的抗剪强度指标 $c=18\text{kPa}$，$\varphi=20°$，问最大主应力面是否破坏？该点处于什么状态？小主应力减小时，该点状态如何变化？

解：（1）最大切应力为

$$\tau_{max} = \frac{\sigma_1 - \sigma_3}{2}\sin2\alpha = \frac{1}{2} \times (420.0 - 180.7) \times \sin90° = 119.7(kPa)$$

切应力最大面上的正应力

$$\sigma = \frac{\sigma_1 + \sigma_3}{2} + \frac{\sigma_1 - \sigma_3}{2}\cos2\alpha$$

$$= \frac{1}{2}(420.0 + 180.7) + \frac{1}{2}(420 - 180.7)\cos90°$$

$$= 300.4(kPa)$$

该面上的抗剪强度

$$\tau_f = c + \sigma\tan\varphi = 18 + 300.4 \times \tan20° = 127.2(kPa)$$

因为在切应力最大面上 $\tau_f > \tau_{max}$，所以不会沿该面发生剪破。

（2）地基中一点所处状态的判别：设达到极限平衡状态时所需小主应力为 σ_{3f}，则由式（1-3-10）得

$$\sigma_{3f} = \sigma_1 \tan^2\left(45° - \frac{\varphi}{2}\right) - 2c\tan\left(45° - \frac{\varphi}{2}\right)$$

$$= 420 \times \tan^2\left(45° - \frac{20°}{2}\right) - 2 \times 18 \times \tan\left(45° - \frac{20°}{2}\right)$$

$$= 180.7(kPa)$$

因为 σ_{3f} 等于该点的实际小主应力 σ_3，因此该点处于极限平衡状态，相应的摩尔应力圆与强度包络线相切，如图 1-3-6 所示的圆 A。

（3）当小主应力 σ_3 变小时，摩尔圆直径变大，与强度包络线相割，如图 1-3-6 中的圆 B，该点已破坏。

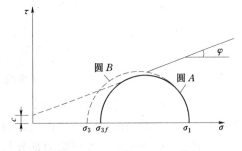

图 1-3-6　例 1-3-1 图

1.3.2.2　抗剪强度的确定及试验方法

1. 直剪试验

试验目的：用直剪仪测定土的抗剪强度指标 c、φ 值，从而确定土的抗剪强度。

试验原理：对某一种土体而言，一定条件下抗剪强度指标 c、φ 值为常数，τ_f 与 σ 为线性关系。试验时，通常采用 4 个试件，分别在不同的垂直压力 p 下，施加水平剪切力进行剪切，如图 1-3-7 所示。使试件沿人为制造的水平面剪坏，得到 4 组（σ, τ）数据；其中，τ 为剪切破坏面上所受最大切应力，σ 为相应正应力，4 组（σ, τ）数据对应于以 τ_f 为纵坐标，σ 为横坐标的坐标系中的 4 个点，且在同一直线上。直线的倾角为土的内摩擦角 φ，纵轴截距为土的黏聚力 c（图 1-3-8）。

直接剪切试验根据试验时剪切速率和排水条件的不同，可分为快剪、固结快剪和慢剪三种试验方法。

（1）快剪试验是在试件上施加垂直压力后，立即施加水平剪切力，得到 c_q 和 φ_q。

（2）固结快剪试验是在试件上施加垂直压力，待排水固结稳定后，施加水平剪切力，

得到 c_{cq} 和 φ_{cq}。

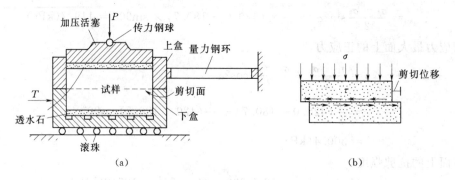

图 1-3-7　直接剪切试验示意图
(a) 直剪仪简图；(b) 试样受剪情况

（3）慢剪试验是在试件上施加垂直力及水平力的过程中均应使试件排水固结，得到 c_s 和 φ_s。

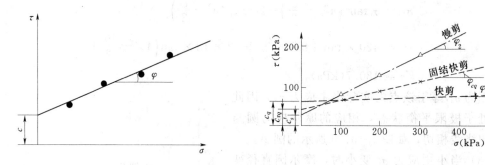

图 1-3-8　切应力 τ 与正应力 σ 的关系曲线　　图 1-3-9　三种试验方法得到的抗剪强度曲线

三种方法得到的强度曲线如图 1-3-9 所示，显然三种方法的得到的结果是不同的，说明土的抗剪强度是随试验条件而变化的，其中最重要的是试验时试样的排水条件，这是因为组成土的抗剪强度的摩擦阻力部分与土粒之间有效应力的大小相关，排水条件不同，土的有效应力也不同，抗剪强度就会有差异。

每种试验方法适用于一定排水条件下的土体。例如：快剪试验用于模拟在土体来不及固结排水就较快加载的情况，对实际工程中，对渗透性差，排水条件不良，建筑物施工速度快的地基土或斜坡稳定分析时，可采用快剪；固结快剪用于模拟建筑场地上土体在自重和正常荷载作用下达到完全固结，而后遇到突然施加荷载的情况，例如地基土受到地震荷载的作用属于此情况；慢剪指标用于模拟在实际工程中，土的排水条件良好（如砂土层中夹砂层）、地基土透水性良好（如低塑性黏土）且加荷载速率慢的情况。强度试验的最终目的是应用于工程实际，因此，应根据实际的工程情况选择合适的试验方法。直剪试验无法测定孔隙水压力，得到的是总应力强度指标。

2. 三轴剪切试验

三轴试验是根据摩尔库仑破坏准则测定土的黏聚力 c 和内摩擦角 φ。常规的三轴试验是取三个性质相同的圆柱体试件，分别先在其四周施加不同的围压（即小主应力）σ_3，随后逐渐增加大主应力 σ_1 直到破坏为止,如图 1-3-10 所示。根据破坏时的大主应力 σ_1 和小主应力 σ_3 绘制三个摩尔圆,摩尔圆的包络线就是抗剪强度与正应力的关系曲线。通常以近似的直线表示,其对横轴的倾角为内摩擦角 φ,在纵轴上的截距为黏聚力 c。

在三轴剪切试验中,根据试件排水条件的不同,可分为不固结不排水剪(UU),固结不排水剪(CU)和固结排水剪(CD)三种试验方法。

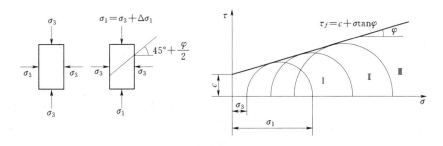

图 1-3-10 三轴试验原理图

3. 无侧限压缩试验

试验目的是用无侧限压缩仪[图 1-3-11(a)]测定饱和黏性土的不排水抗剪强度。试验原理相当于三轴压缩试验中,周围压力 $\sigma_3 = 0$ 时的不排水剪切试验。如图 1-3-11(b)所示,取一个饱和黏性土圆柱体试件,在周围压力(即小主应力)$\sigma_3 = 0$ 及不排水情况下逐渐增加大主应力 σ_1 直到破坏为止,测得破坏时 $\sigma_1 = q_u$。由 $\sigma_3 = 0$、$\sigma_1 = q_u$ 绘制无侧限抗压强度的莫尔破损应力圆,如图 1-3-11(c)所示,饱和黏性土不排水剪切的内摩擦角 $\varphi_u = 0$,因此,$\varphi_u = 0$ 的切线与纵坐标的截距,即为土的黏聚力 c_u,即

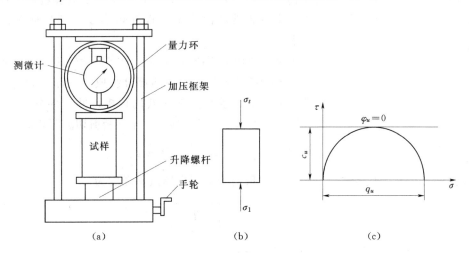

图 1-3-11 无侧限压缩试验

$$\tau_f = c_u = \frac{q_u}{2} \qquad (1-3-14)$$

饱和黏性土的强度与土的结构有关,当土的结构遭受破坏时,其强度会迅速降低,工程上常用灵敏度 S_t 来反映土的结构性的强弱。

$$S_t = \frac{q_u}{q_0} \qquad (1-3-15)$$

式中 S_t——饱和黏性土的灵敏度；

　　　q_u——原状土的无侧限抗压强度，kPa；

　　　q_0——重塑土（指在含水量不变的条件下使土的天然结构破坏后再重新制备的土）的无侧限抗压强度，kPa。

根据灵敏度可将饱和土分为以下三类。

低灵敏度：$1<S_t\leqslant2$；

中灵敏度：$2<S_t\leqslant4$；

高灵敏度：$S_t>4$。

土的灵敏度越高，其结构性越强，受扰动后土的强度降低越多。所以在高灵敏度土上修建建筑物时，施工时应尽量减少对土的扰动。

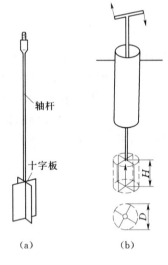

图 1-3-12 十字板剪切仪

4. 十字板剪切试验

十字板剪切试验是一种原位测试方法，适用于软弱黏性土地基，与无侧限抗压强度试验一样，测定的是饱和黏性土的不排水抗剪强度。

十字板剪切试验主要工作部分如图 1-3-12 所示。试验时打入套管至测点以上 750mm 高程，清除套管内的残留土，将十字板装在轴杆底端，插入套管并向下压至套管底端以下 750mm，或套管直径的 3~5 倍以下的深度，在地面上，装在轴杆顶端的设备施加转矩，直至十字板旋转，土体破坏为止。土体的破坏面为十字板旋转形成的圆柱面及圆柱的上、下端面。

十字板剪切破坏转矩 M 等于十字板旋转破坏土柱各剪切面上提供的抵抗转矩，它由两部分组成：一部分为十字板旋转破坏土柱柱面强度提供的抵抗转矩；另一部分为土柱上、下面端面强度提供的抵抗转矩。十字板剪切破坏转矩 M 为

$$M = \pi DH \times \frac{D}{2}\tau_v + 2 \times \frac{\pi D^2}{4} \times \frac{D}{3}\tau_H \qquad (1-3-16)$$

令 $\tau_v = \tau_H = \tau_f$，代入式 (1-3-16) 可得十字板现场试验强度为

$$\tau_f = \frac{2M}{\pi D^2\left(H+\dfrac{D}{3}\right)} \qquad (1-3-17)$$

式中 M——十字板剪切破坏转矩，kN·m；

　　　D——十字板的直径，m；

　　　H——十字板的高度，m；

τ_v，τ_H——剪切破坏时圆柱土体侧面和上下面土的抗剪强度，kPa。

1.3.2.3 地基的破坏形式及承载力

地基承载力是指地基单位面积上所能承受荷载的能力。通常把地基单位面积上所能承

受的最大荷载称为极限荷载或极限承载力。地基基础设计和施工中，为保证荷载作用下地基不破坏，GB 50007—2002《建筑地基基础设计规范》规定地基承载力必须满足

$$p_k \leqslant f_a \tag{1-3-18}$$

式中　p_k——相应于荷载效应标准组合时，基础底面处的平均总压力，kPa；

　　　f_a——修正后地基承载力的特征值，kPa。

地基承载力特征值可由载荷试验或其他原位测试、理论计算并结合工程实践等方法综合确定。

1. 地基的破坏形式

试验研究表明，在荷载作用下，建筑物地基的破坏通常是由承载力不足而引起的剪切破坏，地基剪切破坏的形式可分为整体剪切破坏、局部剪切破坏和冲剪破坏三种形式，如图 1-3-13 所示。

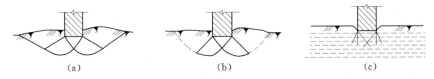

图 1-3-13　地基的破坏形式

（a）整体剪切破坏；（b）局部剪切破坏；（c）冲剪破坏

整体剪切破坏的特征是，当基础荷载较小时，基底压力 p 与沉降 s 基本上成直线关系，如图 1-3-14 中曲线 1 的 oa 段，属于线性变形阶段，当荷载增加到某一数值时，在基础边缘处的土开始发生剪切破坏。随着荷载的增加，剪切破坏区（或塑性变形区）逐渐扩大，这时压力与沉降之间成曲线关系，如图 1-3-14 中曲线 1 的 ab 段，属弹塑性变形阶段。如果基础上的荷载继续增加，剪切破坏区不断增大，最终在地基中形成一连续的滑动面，基础急剧下沉或向另一侧倾倒，同时基础四周的地面隆起，地基发生整体剪切破坏，如图 1-3-13（a）所示。

局部剪切破坏是介于整体剪切破坏和冲剪破坏之间的一种破坏型式，剪切破坏也从基础边缘开始，但滑动面不发展到地面，而是限制在地基内部某一区域，基础四周地面也有隆起现象，但不会有明显的倾斜和倒塌，如图 1-3-13（b）所示。压力和沉降关系曲线从一开始就呈现非线形关系，如图 1-3-14 曲线 2 所示。

冲剪破坏先是由于基础下软弱土的压缩变形使基础连续下沉，如荷载继续增加到某一数值时，基础可能向下"切入"土中，基础侧面附近的土体因垂直剪切而破坏，如图 1-3-13（c）所示。冲剪破坏时，地基中没有出现明显的连续滑动面，基础四周的地面不隆起，基础没有很大的倾斜，压力沉降关系曲线与局部剪切破坏的情况类似，不出现明显的转折现象，如图 1-3-14 曲线 3 所示。

在图 1-3-14 所示的压力与沉降关系曲线中，整体剪切破坏的曲线 1 有两个转折点 a 和 b，相应于 a 点的荷载称为临塑荷载，以 p_{cr} 表示，指地基土即将出现剪切破

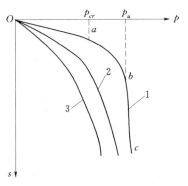

图 1-3-14　压力沉降关系曲线

坏时的基础底面的压力；相应于 b 点的荷载称为极限荷载 p_u，是地基承受基础荷载的极限压力，当基底压力达到 p_u 时，地基就会发生整体剪切破坏。临塑荷载 p_{cr} 和极限荷载 p_u 称为地基的两个临界荷载。

2. 理论法确定地基承载力

（1）按塑性区的深度确定地基承载力。按塑性区开展深度确定地基承载力的方法，就是将地基中的剪切破坏区限制在某一范围，确定地基土所能承受多大的基底压力，该压力即为所求的地基承载力。

（2）按极限荷载确定地基承载力。极限荷载 p_u 是指地基即将出现完全剪切破坏时相应基础底面的压力。由于假设不同，计算极限荷载的公式也各不相同。工程中常用的太沙基公式，太沙基用塑性理论推导了条形浅基础在垂直中心荷载下，地基极限荷载的理论公式，并推广至其他形状的基础。实际工程中，用极限荷载除以安全因数 K 后，可以作为地基承载力特征值 f_a 应用。

3. 按载荷试验确定地基承载力

地基载荷试验是在现场天然土层上，通过一定面积的载荷板向地基施加竖向荷载，测定压力与地基变形关系，从而确定地基的承载力和变形特性。

载荷试验装置的载荷板面积一般采用 0.25m^2 或 0.5m^2。试验标高处的试坑宽度应不小于载荷板直径（或相当直径）的 3 倍。试坑的深度一般与设计基础埋深相同。

对地基进行载荷试验，整理试验记录可以得到图 1-3-15 所示的荷载 p 与沉降 s 的关系曲线，由此来确定地基承载力特征值。对于密实砂土、硬塑黏土等低压缩性土，其 $p—s$ 曲线通常有比较明显的起始直线段和极限值，曲线呈"陡降型"，如图 1-3-15（a）所示。GB 50007—2002《建筑地基基础设计规范》规定，取图中比例荷载对应的荷载 p_1 作为承载力特征值。当极限荷载小于 $2p_1$ 时，取极限荷载值的 1/2 作为承载力特征值。

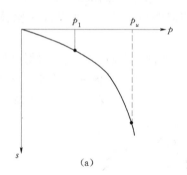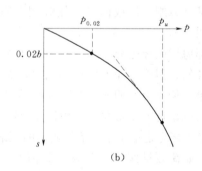

图 1-3-15　按载荷试验结果确定地基承载力

（a）低压缩性土；（b）高压缩性土

对于有一定强度的中、高压缩性土，如松砂、填土、可塑黏土等，其 $p—s$ 曲线无明显转折，但曲线的斜率随荷载的增大而逐渐增大，最后稳定在某个最大值，即呈渐进破坏的"缓变型"，如图 1-3-15（b）所示。当加载板面积为 $0.25\sim0.50\text{m}^2$，可取 $s/b=0.01\sim0.015$ 所对应的荷载，但其值不大于最大加载值的 1/2。

同一土层参加统计的试验点数不应少于 3 点，当试验实测值的极差（即最大值减去最小值）不超过平均值的 30% 时，取此平均值作为地基承载力特征值 f_{ak}。

当基础宽度大于3m或埋置深度大于0.5m时，按载荷试验确定的地基承载力特征值，应按下式进行宽度和深度修正

$$f_a = f_{ak} + \eta_b \gamma (b-3) + \eta_d \gamma_m (d-0.5) \qquad (1-3-19)$$

式中　f_a——修正后的地基承载力特征值，kPa；

　　　f_{ak}——载荷试验确定的地基承载力特征值，kPa；

　η_b、η_d——基础宽度和埋深的地基承载力修正系数，按基底下土的类别查表 1-3-1 得到；

　　　γ——基础底面以下土的容重，地下水位以下取有效容重，kN/m^3；

　　　b——建筑物基础底面宽度，m，当宽度小于 3m 时，按 3m 取值，大于 6m 时，按 6m 考虑；

　　　γ_m——基础底面以上土的加权平均容重，地下水位以下取有效容重，kN/m^3；

　　　d——基础埋置深度，m，一般自室外地面标高算起，在填方整平地区，可自填土地面标高算起，但填土在上部结构施工后完成时，应从天然地面标高算起。对于地下室，如采用箱形基础或筏形基础时，基础埋置深度自室外地面标高算起；当采用独立基础或条形基础时，应从室内地面标高算起。

表 1-3-1　　　　　　　　　　　　　建筑物地基承载力修正系数

土 的 类 别		η_b	η_d
淤泥和淤泥质土		0	1.0
人工填土 e 或 I_L 不小于 0.85 的黏性土		0	1.0
红黏土	含水比 $a_w > 0.8$	0	1.2
	含水比 $a_w \geq 0.8$	0.15	1.4
大面积压实填土	压实系数大于 0.95、黏粒含量（质量分数）$\rho_c \geq 10\%$ 的粉土	0	1.5
	最大干密度大于 2.1t/m³ 的级配砂石	0	2.0
粉土	黏粒含量（质量分数）$\rho_c \geq 10\%$ 的粉土	0.3	1.5
	黏粒含量（质量分数）$\rho_c < 10\%$ 的粉土	0.5	2.0
e 或 I_L 均小于 0.85 的黏性土		0.3	1.6
粉砂、细砂（不包括很湿与饱和时的稍密状态）		2.0	3.0
中砂、粗砂、粒砂和碎石土		3.0	4.4

注　1. 强风化和全风化的岩石，可参照所风化成的相应土类取值，其他状态下的岩石不修正。

　　2. 压实系数为实际的工地碾压时要求达到的干重度与由室内试验得到的最大干重度之比值。

　　3. 含水比为土的天然含水量与液限的比值。

　　4. e 为土的孔隙比，I_L 为土的液性指数。

1.3.3 学习情境

地基基础设计必须满足两个基本条件，即变形条件和强度条件。地基的变形计算已在前一课题中介绍，本课题主要学习地基的强度和稳定问题，它包括土的抗剪强度以及地基承载力的确定。通过本课题的学习，班级可分组完成以下任务：到野外采集土样，用直接剪切试验方法完成对土的抗剪强度指标 c、φ 值的测定。

1.3.3.1 咨询

1. 试验目的

直剪法测定土的抗剪强度指标 c、φ，用于评定土的抗剪强度。

2. 试验内容和原理

（1）试验内容。用直剪仪进行直接剪切试验。

（2）试验原理。土的抗剪强度 τ 是土对剪切破坏的极限抵抗能力

$$\tau = c + \sigma\tan\varphi$$

式中　φ——土的内摩擦角（°）；

　　　σ——剪切面上的法向应力，kPa；

　　　c——土的黏聚力，kPa。

土的抗剪强度指标 c、φ 可以通过直剪试验得到。

3. 试验仪器设备

应变式剪切仪（通过量力环变形推算水平剪切力）、削土刀、钢丝锯、秒表百分表、天平（感量 0.1g）、环刀等。

4. 试验步骤

（1）操作步骤。

1）用环刀切取土样，使土样填满环刀内部，并削平上下表面备用。

2）对准上下盒，插入固定销，在下盒内放入透水石一块，在试样上下两面各放蜡纸一张（如作固结快剪，各放滤纸一张）；将盛有试样的环刀平口向下，对准剪切盒，再在试样上放透水石一块，然后将试样徐徐推入剪切盒内，移去环刀。

3）转动手轮，使上盒前端钢球刚好与量力环接触（量力环中百分表微动，表示已接触），调整量力环中百分表读数为零，顺次加上传压活塞、钢球、压力框架；如做固结快剪，需测垂直变形时，则安装垂直量表。测记初始读数。

4）每组四个试样，在四种不同垂直压力 p 下进行剪切试验。

一个垂直压力相当于现场预期的最大压力 p，一个垂直压力需大于 p，其他两个垂直压力均小于 p。但四个垂直压力的分级差值要大致相等，如现场预期压力过大，因仪器设备所限也可以取垂直压力，分别为 50kPa、100kPa、200kPa、400kPa，各个垂直压力可一次轻轻施加，若土质松软，也可分次施加以防土样挤出。

5）试样上作用规定的垂直压力后，立即拔去固定销，以 6r/min 的均匀速率旋转手轮，使试样在 3～5min 内剪损。如果量力环中的百分表读数不再增大，或有显著后退，表示试样已坏，但一般宜剪至剪切变形达到 4mm（相当于 20r），若量表读数继续增大则剪切变形达到 6mm 为止，手轮每转一圈，同时测记百分表读数，并填入表 1-3-2 中，直至剪损为止。

6）剪切结束后，倒转手轮，尽快移去垂直压力、框架、钢球、加压活塞等，将仪器清理干净，进行下一试样的试验。

（2）注意事项。

1）制备原状土样，用环刀切取试样时，环刀应垂直均匀下压，以防止环刀内试样结构被扰动。

2）快剪与固结快剪的区别在于施加垂直压力后，立刻进行水平剪切。

3）最大垂直压力控制在土体自重压力左右，扰动土样不宜进行试验。

（3）成果整理。写出试验过程；确定土的抗剪强度指标 c、φ。

表 1-3-2　　　　　　　　　　　直剪试验数据记录表

工程名称：＿＿＿＿＿＿＿＿＿＿＿＿　　　　试验者：＿＿＿＿＿＿＿＿＿＿＿＿＿＿

工程编号：＿＿＿＿＿＿＿＿＿＿＿＿　　　　计算者：＿＿＿＿＿＿＿＿＿＿＿＿＿＿

试验日期：＿＿＿＿＿＿＿＿＿＿＿＿　　　　校核者：＿＿＿＿＿＿＿＿＿＿＿＿＿＿

试样	荷载（kPa）	量力环号	量力环系数	量力环中的百分表读数
1				
2				
3				
4				

1.3.3.2　下达工作任务

工作任务表见表 1-3-3。

表 1-3-3　　　　　　　　　　　工 作 任 务 表

任务内容：直剪试验测定土的抗剪强度指标 c、φ 值		
小组号		场地号
任务要求： 　1. 现场取土样，进行土的直剪试验，测定土样的抗剪强度指标； 　2. 会熟练操作土工试验仪器，以小组合作的形式完成试验任务，并出具试验报告	工具、仪器设备： 　应变式剪切仪（通过量力环变形推算水平剪切力）、削土刀、钢丝锯、秒表百分表、天平（感量 0.1g）、环刀等	组织： 　全班按每组 4～6 人分组进行，每组选 1 名组长和 1 名副组长； 　组长总体负责本组人员的任务分工，要求组员分工协作，完成任务； 　副组长负责仪器设备的借领、归还和整理
组长：＿＿＿＿＿　副组长：＿＿＿＿＿＿　组员：＿＿＿＿＿＿＿＿＿＿　＿＿＿年＿＿月＿＿日		

1.3.3.3　制定计划

制定计划见表 1-3-4。

表 1-3-4　　　　　　　　　　　计　划　表

小组号				场地号		
组长				副组长		
仪器、设备/数量						
分 工 安 排						
序号	工作内容		操作者	记录/计算者		数据校核

1.3.3.4　实施计划

1. 土样采集

在野外或施工现场采集土样，并用直剪法测定其抗剪强度指标 c、φ 值。

2. 土的抗剪强度指标 c、φ 值测定

试验操作，写出试验过程，整理试验数据，并填写表 1-3-2。

整理试验数据，得到四组 (σ,τ) 数据，并绘制 $\tau-\sigma$ 直线，量出其倾角为 φ 值，其在纵坐标的截距为 c 值。

1.3.3.5　自我评估与评定反馈

1. 试验报告及讨论

（1）根据分组试验情况及相关数据记录，完成本次任务的试验报告。

（2）各组比较试验成果，及土样判定结果，看是否有差异，并讨论差异形成的原因。

2. 学生自我评估

学生自我评估见表 1-3-5。

表 1-3-5　　　　　　　　　　学 生 自 我 评 估 表

试验项目					
小组号			学生姓名	学号	
序号	自 检 项 目	分数权重	评 分 要 求		自评分
1	任务完成情况	40	按要求按时完成任务		
2	试验记录	20	记录、计算规范		
3	学习纪律	20	服从指挥，无安全事故		
4	团队合作	20	服从组长安排，能配合他人工作		
学习心得与反思：					
小组评分：_____　　　　　组长：_____　　　　　时间：_____					

3. 教师评定反馈

教师评定反馈见表 1-3-6。

表 1-3-6　　　　　　　　　　教 师 评 定 反 馈 表

试验项目					
小组号			学生姓名	学号	
序号	检 查 项 目	分数权重	评 分 要 求		得分
1	任务完成速度	20			
2	试验记录	10			
3	学习纪律	10			
4	成果质量	40			
5	团队合作	20			
存在问题：					
教师评分：_____　　　　　教师：_____　　　　　时间：_____					

思　考　题

（1）土的抗剪强度由哪些部分组成？不同试验方法得到的土的抗剪强度指标有何区别？

（2）为什么土的抗剪强度与试验方法有关？土的扰动对其强度有何影响？

（3）摩尔应力圆上的一点表示什么含义，摩尔应力表示什么含义？

（4）如何从库仑定律和摩尔应力圆原理说明：当 σ_1 不变时，σ_3 越小越易破坏；反之，σ_3 不变时，σ_1 越大越易破坏。

（5）何谓土的极限平衡状态？什么是土的极限平衡条件？

（6）土体中发生剪切破坏的平面是不是切应力最大的平面？在什么情况下剪切破坏面与最大主应力面是一致的？在一般情况下剪切破坏面与最大主应力面成什么角度？

（7）地基的破坏形式有哪些？确定地基承载力特征值在工程上有何意义？其确定方法有哪些？

课题 4　土压力与土坡稳定

1.4.1　学习目标

（1）通过本课题的学习掌握土压力的基本概念，会应用朗肯土压力理论、库仑土压力理论计算简单挡土结构的土压力。

（2）掌握边坡稳定的基本概念及边坡稳定安全系数在工程中的意义。

（3）了解边坡稳定分析的常用方法，会按照边坡坡度允许值确定人工开挖边坡的坡度。

（4）掌握重力式挡土墙的设计方法及一般构造措施。

1.4.2　学习内容

1.4.2.1　土压力的基本概念

土压力是指挡土结构后的土体因自重或自重与外荷载共同作用对挡土结构所产生的侧向压力。基坑开挖或在土坡附近进行工程建设时，为了防止土体滑坡和坍塌，各种类型的挡土结构得以广泛应用。土压力是挡土结构所承受的主要外荷载，确定作用在挡土结构上土压力的分布、大小、方向和作用点是保证挡土结构设计安全可靠、经济合理的前提，也是基础工程得以安全施工的重要保证。作用在挡土结构上的土压力，按挡土结构的位移方向、大小和墙后填土所处的状态，可分为静止土压力、主动土压力和被动土压力三种。

1. 静止土压力

如果挡土结构在土压力作用下不发生任何位移或转动，墙后土体处于平衡状态，这时作用在墙背上的土压力称为静止土压力，用 σ_0 表示，用符号 E_0 表示总静止土压力，如图 1-4-1（a）所示。在填土表面以下任意深度 z 处取一微元体，作用于微元体水平面上的

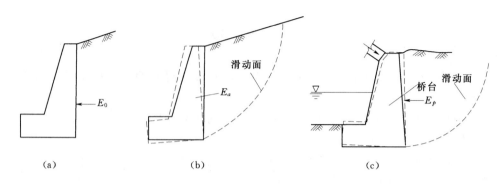

图 1-4-1 挡土墙上的三种土压力
(a) 静止土压力；(b) 主动土压力；(c) 被动土压力

应力为 γz，则该处的静止土压力强度可按式（1-4-1）计算

$$\sigma_0 = K_0 \gamma z \qquad (1-4-1)$$

式中 σ_0——静止土压力强度，kPa；

  K_0——静止土压力系数；

  γ——墙后填土的容重，kN/m³；

  z——计算点的深度，m。

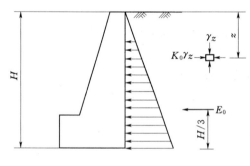

图 1-4-2 静止土压力的分布

静止土压力系数 K_0 与土的性质、密实程度等因素有关，可通过侧限压缩试验测定。对正常固结土，也可按经验公式 $K_0 = 1 - \sin\varphi'$ 计算，式中 φ' 为土的有效内摩擦角，K_0 的经验值范围是：粗粒土 $K_0 = 0.18 \sim 0.43$，细粒土 $K_0 = 0.33 \sim 0.72$。

由式（1-4-1）可知，静止土压力沿墙高呈三角形分布，如图 1-4-2 所示。计算总静止土压力时，取 1m 长的挡土结构物进行计算，则每 1m 宽度挡土墙上作用的总静止土压力为

$$E_0 = \frac{1}{2} \gamma h^2 K_0 \qquad (1-4-2)$$

式中 E_0——每 1m 宽度挡土墙上作用的总静止土压力，kN/m，E_0 的作用点在距墙底 $H/3$ 处，作用方向垂直于挡土墙背；

  h——挡土墙的高度，m；

  其余符号意义同前。

2. 主动土压力

若挡土结构在土压力作用下背离填土方向移动或转动时，随着变形或位移的增大，墙后土压力逐渐减小，当达到某一位移量时，墙后土体将出现滑裂面，处于主动极限平衡状态，这时作用在墙背上的土压力称为主动土压力，用 σ_a 表示主动土压力强度，用符号 E_a 表示总主动土压力，如图 1-4-1（b）所示。

3. 被动土压力

如果挡土墙在外力作用下向填土方向移动或转动时，挡土墙挤压土体，墙后土压力逐渐增大，当达到某一位移量时，土体也将出现滑裂面，墙后土体处于被动极限平衡状态，这时作用在墙背上的土压力称为被动土压力，用 σ_p 表示被动土压力强度，用符号 E_p 表示总被动土压力，如图 1-4-1 (c) 所示。

上述三种土压力的产生条件及其与挡土墙位移的关系如图 1-4-3 所示。试验研究表明，相同条件下，产生被动土压力所需的位移量 Δp 比产生主动土压力所需的位移量 Δa 要大得多。总主动土压力小于总静止土压力，而总静止土压力小于总被动土压力，即：$E_a < E_0 < E_p$。

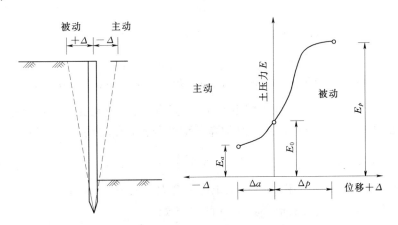

图 1-4-3 墙身位移与土压力的关系

1.4.2.2 朗肯土压力理论

朗肯土压力理论（1857年）假定挡土结构墙背竖直、光滑，其后填土表面水平并无限延伸。因此，填土内任意水平面和墙的背面均为主应力面（即这两个面上的剪应力为零），作用于这些平面上的法向应力均为主应力。

1. 主动土压力

当挡土墙背离填土时［图 1-4-4 (a)］，墙后填土任一深度 z 处的竖向应力 $\sigma_z = \gamma z$ 为大主应力 σ_1 且数值不变，主动土压力强度 σ_a（水平向应力 $\sigma_x = \sigma_a$）为小主应力 σ_3，由土的强度理论可得主动土压力强度计算公式如下。

黏性土 $\qquad \sigma_a = \gamma z \tan^2(45° - \varphi/2) - 2c\tan(45° - \varphi/2)$

或 $\qquad\qquad\qquad\qquad \sigma_a = \gamma z K_a - 2c\sqrt{K_a}$ $\qquad\qquad$ (1-4-3)

无黏性土 $\qquad \sigma_a = \gamma z \tan^2(45° - \varphi/2)$

或 $\qquad\qquad\qquad\qquad \sigma_a = \gamma z K_a$ $\qquad\qquad\qquad$ (1-4-4)

式中　σ_a——主动土压力强度，kPa；

$\qquad K_a$——主动土压力系数，$K_a = \tan^2(45° - \varphi/2)$；

$\qquad c$——填土的黏聚力，kPa；

$\qquad \varphi$——填土的内摩擦角（°）。

49

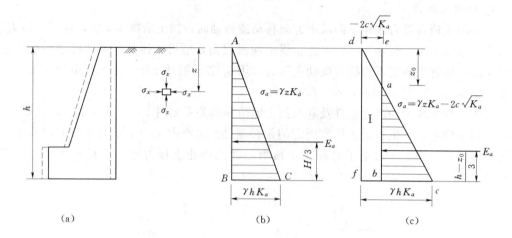

图 1-4-4　主动土压力强度分布图

(a) 主动土压力的计算；(b) 无黏性土压力的分布；(c) 黏性土压力的分布

式 (1-4-4) 表明，无黏性土的主动土压力强度与 z 成正比，沿墙高的土压力呈三角形分布，如图 1-4-4 (b) 所示，如取单位墙长分析，则主动土压力为

$$E_a = \frac{1}{2} \gamma h^2 K_a \qquad (1-4-5)$$

式中　E_a——沿挡土墙每 1m 作用的主动土压力合力的大小，kN/m。

E_a 的作用点通过三角形的形心，距墙底 $H/3$ 处。

由式 (1-4-3) 可知，黏性土的主动土压力强度包括两部分：一部分是由土的自重引起的侧压力；另一部分是由黏聚力 c 引起的负侧向压力，这两部分土压力叠加的结果如图 1-4-4 (c) 所示，其中 $\triangle ade$ 部分为负侧压力，对墙背是拉力，实际上墙与土之间没有拉应力，在计算土压力时，这部分应略去不计，因此黏性土的土压力分布实际上仅是 $\triangle abc$ 部分。

a 点处 $\sigma_a = 0$，a 点离填土表面的深度 z_0 称为临界深度，在填土表面无荷载的条件下，可令式 (1-4-3) 为零确定其值，即

$$z_0 = \frac{2c}{\gamma \sqrt{K_a}} \qquad (1-4-6)$$

若取单位墙长计算，则主动土压力为

$$E_a = \frac{1}{2}(h - z_0)(\gamma h K_a - 2c\sqrt{K_a}) \qquad (1-4-7)$$

将 z_0 代入式 (1-4-7)，得

$$E_a = \frac{1}{2}h^2 K_a - 2ch\sqrt{K_a} + \frac{2c^2}{\gamma} \qquad (1-4-8)$$

主动土压力 E_a 通过三角形压力分布图 $\triangle abc$ 的形心，即作用在离墙底 $(h - z_0)/3$ 处。

2. 被动土压力

当挡土墙在外力作用下推挤土体而出现被动极限状态时，墙背土体中任一点的竖向应力 $\sigma_z = \gamma z$ 保持不变且成为小主应力 σ_3，而水平向的 σ_x 达到最大值，即 σ_p 成为大主应力 σ_1，

可以推出相应的被动土压力强度计算公式，即

黏性土 $\qquad\qquad\sigma_p = \gamma z K_p + 2c\sqrt{K_p}$ $\qquad\qquad$ (1-4-9)

无黏性土 $\qquad\qquad\sigma_p = \gamma z K_p$ $\qquad\qquad$ (1-4-10)

式中 K_p——被动土压力系数，$K_p = \tan^2(45° + \varphi/2)$；

其余符号意义同前。

被动土压力分布如图 1-4-5 (b)、(c) 所示，如取单位墙长计算，则被动土压力为

黏性土 $\qquad\qquad E_p = \dfrac{1}{2}\gamma h^2 K_p + 2ch\sqrt{K_p}$ $\qquad\qquad$ (1-4-11)

无黏性土 $\qquad\qquad E_p = \dfrac{1}{2}\gamma h^2 K_p$ $\qquad\qquad$ (1-4-12)

被动土压力 E_p 合力作用点通过三角形或梯形压力分布图的形心。

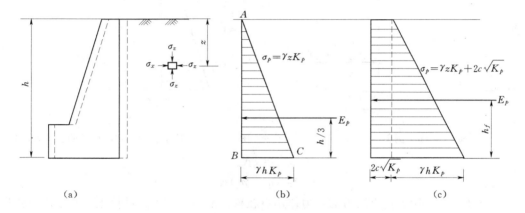

图 1-4-5 被动土压力强度分布图
(a) 被动土压力的计算；(b) 无黏性土压力的分布；(c) 黏性土压力的分布

例 1-4-1 某挡土墙，高 6m，墙背直立、光滑，填土面水平。填土为黏性土，其物理力学性质指标为：$c = 7\text{kPa}$，$\varphi = 22°$，$\gamma = 18.5\text{kN/m}^3$。试求主动土压力及其合力作用点，并绘出主动压力分布图。

解：墙底处的主动土压力强度为

$$\sigma_a = \gamma h \tan^2(45° - \varphi/2) - 2c\tan(45° - \varphi/2)$$

$$= 18.5 \times 6 \times \tan^2(45° - 22°/2) - 2 \times 7 \times \tan(45° - 22°/2)$$

$$= 41.06(\text{kPa})$$

临界深度

$$z_0 = \frac{2c}{\gamma\sqrt{K_a}} = \frac{2 \times 7}{18.5 \times \tan(45° - 22°/2)} = 1.2(\text{m})$$

主动土压力

$$E_a = \frac{1}{2}(h - z_0)(\gamma h K_a - 2c\sqrt{K_a})$$

$$= \frac{1}{2} \times (6 - 1.12) \times 41.06 = 100.19(\text{kN/m})$$

主动土压力距墙底的距离为

$$(h - z_0)/3 = (6 - 1.12)/3 = 1.63(\text{m})$$

主动土压力分布如图 1-4-6 所示。

3. 常见情况下的土压力计算

（1）填土表面作用有均布荷载的情况。当挡土墙后填土面上有连续均布荷载 q 作用时，填土表面下深度 z 处的竖向应力 $\sigma_z = q + \gamma z$。若为无黏性土，则 z 深度处土的主动土压力强度为 $(\gamma z + q) K_a$，从而得出填土表面 A 点和墙底 B 点的主动土压力强度分别为

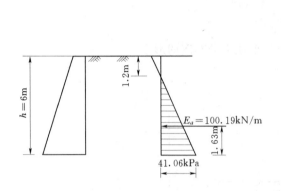

图 1-4-6 例 1-4-1 附图

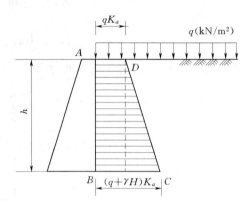

图 1-4-7 填土表面有均布荷载的土压力计算

$$\sigma_{aA} = q K_a$$

$$\sigma_{aB} = (q + \gamma h) K_a$$

如图 1-4-7 所示，土压力的合力作用点在梯形的形心。若为黏性土，其土压力强度应扣减相应的负侧向压力 $2c \sqrt{K_a}$。

（2）成层填土。当挡土墙后填土由几种不同的土层组成时，第 1 层的土压力按朗肯理论计算；计算第 2 层的土压力时，将第 1 层土按容重换算成第 2 层土相同的当量土层，即按第 2 层土顶面有均布荷载作用进行计算；计算第 3 层的土压力时，将第 1 层土、第 2 层土按容重换算成第 3 层土相同的当量土层进行计算；若为更多层时，主动土压力强度计算以此类推。但应注意，由于各层土的性质不同，主动土压力系数 K_a 也不同，因此在土层的分界面上，主动土压力强度会出现两个数值，如图 1-4-8 所示，以无黏性土为例（其中 $\varphi_1 < \varphi_2$，$\varphi_3 < \varphi_2$）。

$$\sigma_{a0} = 0$$

$$\sigma_{a1\text{上}} = \gamma_1 h_1 K_{a1}$$

$$\sigma_{a1\text{下}} = \gamma_1 h_1 K_{a2}$$

$$\sigma_{a2\text{上}} = (\gamma_1 h_1 + \gamma_2 h_2) K_{a2}$$

$$\sigma_{a2\text{下}} = (\gamma_1 h_1 + \gamma_2 h_2) K_{a3}$$

$$\sigma_{a3\text{上}} = (\gamma_1 h_1 + \gamma_2 h_2 + \gamma_3 h_3) K_{a3}$$

（3）墙后填土中有地下水。当墙后填土中有地下水时，作用在墙背上的侧压力由土压力和水压力两部分组成。计算土压力时假设水位以上、水下土的内摩擦角 φ、黏聚力 c 及墙与土之间的摩擦角 δ 相同，地下水位以下土取有效容重进行计算。总侧压力为土压力和

水压力之和。如图 1-4-9 所示 $abdec$ 部分为土压力分布图，cef 部分为水压力分布图。

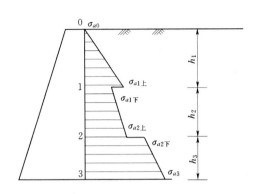

图 1-4-8 成层填土的土压力计算

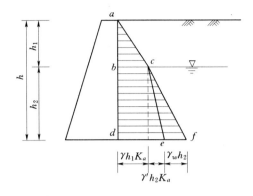

图 1-4-9 填土中有地下水的土压力计算

例 1-4-2 有一挡土墙，高 5m，填土的物理力学性质指标如下：$\varphi=30°$，$c=0$，$\gamma=18.5\text{kN/m}^3$，墙背直立、光滑，填土面水平并有均布荷载 $q=10\text{kPa}$，试求主动土压力 E_a 及其作用点，并绘出土压力强度分布图。

解： 填土表面的主动土压力强度

$$\sigma_{a1}=qK_a=10\times\tan^2(45°-30°/2)=3.33(\text{kPa})$$

墙底处的主动土压力强度

$$\sigma_{a2}=(q+\gamma h)K_a=(10+18.5\times5)\times\tan^2(45°-30°/2)=34.17(\text{kPa})$$

总主动土压力

$$E_a=(\sigma_{a1}+\sigma_{a2})h/2=(3.33+34.17)\times5/2=93.75(\text{kN/m})$$

土压力作用点的位置

$$h_a=\frac{1}{3}h\frac{2\sigma_{a1}+\sigma_{a2}}{\sigma_{a1}+\sigma_{a2}}$$

$$=\frac{5}{3}\times\frac{2\times3.33+34.17}{3.33+34.17}=1.81(\text{m})$$

土压力分布如图 1-4-10 所示。

例 1-4-3 某挡土墙高 $h=5\text{m}$，墙背垂直光滑，墙后填土面水平。填土分 2 层，第 1 层土：$\varphi_1=28°$，$c_1=0$，$\gamma_1=18.5\text{kN/m}^3$，$h_1=3\text{m}$；第 2 层土：$\gamma_{sat}=21\text{kN/m}^3$，$\varphi_2=20°$，$c_2=10\text{kPa}$，$h_2=2\text{m}$。$\gamma_w=10\text{kN/m}^3$，地下水位距地面以下 3m，试求墙背总侧压力 E_a 并绘出侧压力分布图。

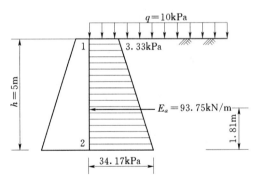

图 1-4-10 例 1-4-2 附图

解： 计算主动土压力系数

$$K_{a1}=\tan^2(45°-\varphi_1/2)=\tan^2(45°-28°/2)=0.36$$

$$K_{a2}=\tan^2(45°-\varphi_2/2)=\tan^2(45°-20°/2)=0.49$$

计算土压力强度分布

第 1 层土顶面处

$$\sigma_{a0}=0$$

第 1 层土底面处

$$\sigma_{a1上} = \gamma_1 h_1 K_{a1} = 18.5 \times 3 \times 0.36 = 19.98(kPa)$$

第 2 层土顶面处

$$\sigma_{a1下} = \gamma_1 h_1 K_{a2} - 2c_2 \sqrt{K_{a2}} = 13.20(kPa)$$

第 2 层土底面处

$$\sigma_{a2} = (\gamma_1 h_1 + \gamma_2 h_2)K_{a2} - 2c_2 \sqrt{K_{a2}}$$
$$= [18.5 \times 3 + (21 - 10) \times 2] \times 0.49 - 2 \times 10 \times \sqrt{0.49} = 23.98(kPa)$$

计算主动土压力

$$E_a = 19.98 \times 3/2 + (13.20 + 23.98) \times 2/2 = 67.15(kN/m)$$

计算静水压力强度

$$\sigma_w = \gamma_w h_2 = 10 \times 2 = 20(kPa)$$

计算静水压力

$$E_w = 20 \times 2/2 = 20(kN/m)$$

计算总侧压力

$$E = E_a + E_w = 67.15 + 20 = 87.15(kN/m)$$

土压力分布如图 1-4-11 所示。

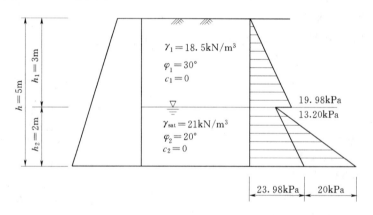

图 1-4-11　例 1-4-3 附图

1.4.2.3　库仑土压力理论

库仑土压力理论（1773 年）是根据墙后土体处于极限平衡状态并形成一滑动楔体时，从楔体的静力平衡条件得出的土压力计算理论。其基本假设是：①墙后填土是理想的散粒体（黏聚力 $c=0$）；②滑动破裂面为通过墙踵的平面。它与朗肯土压力理论的区别是可以解决墙背倾斜、填土表面倾斜的一般土压力问题。

1. 主动土压力

设一挡土墙如图 1-4-12 所示，墙高为 h，墙背俯斜，与垂线的夹角 ε，墙后填土为砂土，填土面与水平面的夹角为 β，墙背与填土间的摩擦角（称为外摩擦角）为 δ。当墙体背离填土方向移动或转动而使墙后土体处于主动极限平衡状态时，墙后填土形成一滑动楔体 ABC，其破裂面为通过墙踵 B 点的平面 BC，破裂面与水平面的夹角为 θ，取 1m 墙

长计算，土楔体 ABC 处于静力平衡状态，由平衡条件可得

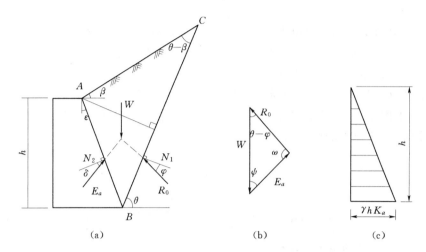

图 1-4-12　库仑主动土压力计算图

(a) 土楔体 ABC 上的作用力；(b) 力矢三角形；(c) 主动土压力分布

$$E_a = \frac{1}{2}\gamma h^2 K_a \tag{1-4-13}$$

其中

$$K_a = \frac{\cos^2(\varphi - \varepsilon)}{\cos^2\varepsilon\cos(\delta + \varepsilon)\left[1 + \sqrt{\dfrac{\sin(\delta + \varphi)\sin(\varphi - \beta)}{\cos(\delta + \varepsilon)\cos(\varepsilon - \beta)}}\right]^2} \tag{1-4-14}$$

式中　E_a——沿挡土墙每 1m 上的主动土压力合力的大小，kN/m；

　　　K_a——库仑主动土压力系数，按式（1-4-14）计算或参考有关书籍查表；

　　　ε——墙背倾斜角（°），俯斜时取正号，仰斜时取负号（墙背的俯斜和仰斜形式见图 1-4-13）；

　　　β——填土面的倾角（°）；

　　　δ——墙背与土体的外摩擦角（°）。

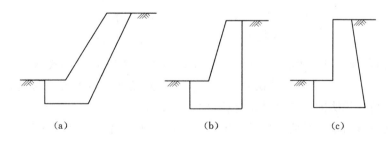

图 1-4-13　重力式挡土墙墙背倾斜形式

(a) 仰斜；(b) 垂直；(c) 俯斜

　　当墙背垂直（$\varepsilon = 0$），光滑（$\delta = 0$），填土面水平（$\beta = 0$）时，式（4-14）变为 $K_a = \tan^2(45° - \varphi/2)$。由此可见在上述条件下，库仑主动土压力公式与朗肯主动土压力公式相同，说明朗肯理论是库仑理论的一个特例。

　　由式（1-4-13）可知，主动土压力强度沿墙高呈三角形分布，主动土压力的合力作

用点在距墙底 $h/3$ 处。

2. 被动土压力

挡土结构在外力作用下向填土方向移动或转动，直至土体沿某一破裂面 BC 破坏时，土楔体 ABC 向上滑动，并处于被动极限平衡状态时，竖向应力保持不变，是小主应力，而水平应力却逐渐增大，直至达到最大值，故水平应力是大主应力，也就是被动土压力强度。此时作用在土楔体 ABC 上仍为 3 个力，即土楔体自重 W，滑裂面的反力 R 和墙背反力 E_p。由于土楔体上滑，故反力 R 和 E_p 的方向分别在 BC 和 AB 法线的上方（图 1-4-14）。按照求主动土压力的原理和方法，可求得被动土压力的计算公式

$$E_p = \frac{1}{2}\gamma h^2 K_p \tag{1-4-15}$$

其中

$$K_p = \frac{\cos^2(\varphi+\varepsilon)}{\cos^2\varepsilon\cos(\varepsilon-\delta)\left[1-\sqrt{\dfrac{\sin(\delta+\varphi)\sin(\varphi+\beta)}{\cos(\varepsilon-\delta)\cos(\varepsilon-\beta)}}\right]^2} \tag{1-4-16}$$

式中 K_p——库仑被动土压力系数；

其他符号意义同前。

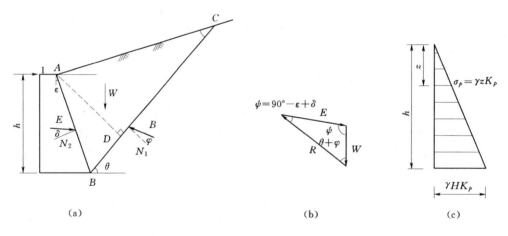

图 1-4-14 库仑被动土压力计算
(a) 土楔 ABC 上的作用力；(b) 力矢三角形；(c) 被动土压力分布图

当墙背垂直（$\varepsilon=0$），光滑（$\delta=0$），填土面水平（$\beta=0$）时，式（1-4-16）变为 $K_p=\tan^2(45°+\varphi/2)$。由此可见在上述条件下，库仑被动土压力公式与朗肯被动土压力公式也相同，再次说明朗肯理论是库仑理论的一个特例。

库仑被动土压力强度沿墙高也呈三角形分布，土压力合力作用点在距离墙底 $h/3$ 处。库仑理论考虑了墙背与填土之间的摩擦力，并可用于填土面倾斜、墙背倾斜的情况。但由于该理论假定填土为理想的散粒体，故不能直接应用库仑公式计算黏性土的土压力。此外，库仑理论假定通过墙踵的破裂面为平面，而实际却为一曲面，试验证明，只有当墙背倾角及墙背与填土间的外摩擦角较小时，主动土压力的破裂面才接近平面，因此计算结果与实际有较大出入。至于被动土压力的计算，库仑理论误差较大，一般不用。

库仑理论适用范围较广，计算主动土压力值接近实际，并略为偏低，因此用来设计无

黏性土重力式挡土墙一般是经济合理的。如果计算悬壁式和扶臂式挡土墙的主动土压力值，则用朗肯理论较方便。

1.4.2.4　边坡稳定的概念

在工程建设中会涉及大量边坡稳定问题，如基坑开挖形成的坑壁的稳定问题。边坡稳定与否关系到工程能否顺利进行和安全使用。是否需要对边坡进行加固，以及采用何种措施，与对边坡的稳定性评价的结果有关，而边坡的稳定安全系数是岩土工程师评价边坡是否稳定的关键依据。

1. 边坡稳定及其主要影响因素

边坡是指具有倾斜坡面的土体或岩体，由于坡面倾斜，在坡体自重及其他外力作用下，整个坡体有从高处向低处滑动的趋势，同时，由于坡体土（岩）自身具有一定的强度和人为的工程措施，它会产生阻止坡体下滑的抵抗力。一般来说，若边坡土体内部某一个面上的滑动力超过了土体抵抗滑动的能力，边坡将产生滑动，即失去稳定；如果滑动力小于抵抗力，则认为边坡是稳定的。

土坡沿着某一滑裂面滑动的安全系数 K 是这样定义的，将土的抗剪强度指标降低为 c'/K 和 $\tan\varphi'/K$，则土体沿着此滑裂面每一点都达到极限平衡，即

$$\tau = c'_e + \sigma'_n \tan\varphi'_e \tag{1-4-17}$$

其中

$$c'_e = \frac{c'}{K}, \tan\varphi'_e = \frac{\tan\varphi'}{K}$$

这种定义安全系数的方法是将材料的强度指标除以 K，在计算中，逐渐增加 K 使其强度降低，直到使土坡失稳为止，相应的 K 就是安全系数。这样求出的 K 具有"材料强度储备系数"的意义，这种将强度指标的储备作为安全系数的方法是工程界广泛承认的做法。

按照上述土坡稳定性的概念，显然，$K>1$，土坡稳定；$K<1$，土坡失稳；$K=1$，土坡处于极限状态。

影响土坡稳定性的因素较多，简单归纳起来有以下几方面的原因。

（1）坡体自身材料的物理力学性质。边坡材料一般为土体、岩石、岩土及其他材料混合堆积或混合填筑体（如工业废渣、城市垃圾等），其材料自身的物理力学性质，如土的抗剪强度、容重等对边坡的稳定性影响很大。

（2）边坡的形状和尺寸。指边坡的断面形状、坡度、高度等。一般地说，边坡越陡，越容易失稳；高度越大，越容易失稳。

（3）边坡的工作条件。指边坡的外部荷载，包括边坡和坡顶上的荷载、坡后传递的荷载，如公路路堤的汽车荷载和水坝后方的水压力等。此外，坡体后方的水流和水位变化是影响边坡稳定的一个重要因素，它除了自身对边坡产生作用外，还影响坡体材料的物理力学指标。

（4）边坡的加固措施。指采取人工措施将边坡的滑动力传递或转移到另一部分稳定体中，使整个坡体达到新的平衡，目前边坡的加固措施多种多样，如各种挡土墙、土钉支护结构等。不同的加固措施对边坡稳定的影响和作用也不相同。

2. 土坡稳定分析方法简介

土坡稳定性分析的方法较多，但总的说来可以分为两大类，即以极限平衡理论为基础的条分法和以弹塑性理论为基础的数值计算方法，如有限单元法。上述两类方法都涉及大量繁琐计算，目前都可以应用专用软件借助计算机进行计算。

条分法由瑞典人彼得森（K. E. Petterson）在 1916 年提出，实际上是一种刚体极限平衡分析方法。其基本思路是：假定土坡的破坏是由于土坡内产生了滑动面，部分坡体沿滑动面滑动造成的。假设滑动面的位置已知，考虑滑动面形成的隔离体的静力平衡，确定沿滑面发生滑动时的破坏荷载，或判断滑体的稳定状态。该滑动面是人为确定的，其形状可以是平面、圆弧面、对数螺旋面或其他不规则曲面。隔离体的静力平衡条件可以是滑动面上力的平衡或力矩平衡。隔离体可以是以整体，也可以人为地划分为若干土条进行分析。由于滑动面是人为假定的，只有通过求出一系列可能的滑动面的安全系数，其中最小的安全系数所对应的滑动面即最危险滑动面。瑞典圆弧法是极限平衡方法中提出最早而又最简单的方法，以下进行简单介绍。

条分法是一种试算法，先将土坡按比例画出，如图 1-4-15（a）所示。然后任选一圆心 O，以 R 为半径做圆弧，此圆弧 AC 为假定的滑动面，将滑动体 ABC 分成若干竖直土条。现取出其中第 i 土条分析其受力状况 [图 1-4-15（b）]，则作用在土条上的力有：土条的自重 W_i，土条两侧作用的法向力 E_{1i}、E_{2i} 和切向力 x_{1i}、x_{2i}，以及滑动面 cd 上的法向压力 N_i 和切向分力 T_i，这一力系是超静定的，为了简化计算，假定 E_{1i} 和 x_{1i} 的合力等于 E_{2i} 和 x_{2i} 的合力且作用方向在同一直线上，作用互相抵消。总抗滑力矩与总滑动力矩之比值称为稳定安全系数 K，由土条的静力平衡条件可得

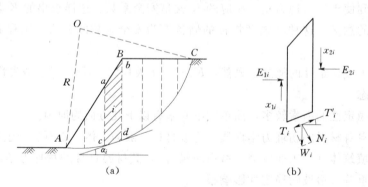

图 1-4-15 土坡稳定分析
（a）土坡剖面；（b）作用于 i 土条上的力

$$K = \frac{M_r}{M_s} = \frac{cl_{AC} + \tan\varphi \sum W_i \cos\alpha_i}{\sum W_i \sin\alpha_i} \qquad (1-4-18)$$

式中　K——土坡稳定安全系数；

　　　φ——土的内摩擦角（°）；

　　　c——土的黏聚力，kPa；

　　　α_i——第 i 土条 cd 弧面的倾角（°）；

　　　l_{AC}——滑弧面 AC 的长度。

由于试算的滑动圆心是任意选定的，因此所选滑弧不一定是真正的最危险滑弧。为了求得最危险滑弧，必须选择若干个滑动圆弧，按上述方法分别算出相应的稳定安全系数 K，其中最小安全系数 K_{min} 相应的滑弧就是最危险滑弧。从理论上说 $K_{min} > 1$ 时土坡是稳定的，工程上要求 K_{min} 应不小于 $1.1 \sim 1.5$。

这种试算计算工作量很大，目前可用电子计算机进行计算。在用计算机编程计算土坡稳定时，可先在坡顶上方根据边坡特点或工程经验，先设定一可能的圆弧滑动面圆心范围，画成正交网格，网格长可根据精度要求确定，网格交点即为可能的圆弧滑动面的圆心，如图 1-4-16 所示。对每个网节点分别采用不同的半径，用式（1-4-18）进行计算，得到对应该圆心的最危险滑动面。比较全部网节点的 K_{min}，最小的 K_{min} 值所对应的圆心和半径所确定的圆弧就是所求的边坡的最危险滑动面。为了更精确计算，可以该圆心为原点，再细分小区域网格，按前述方法再计算，可以找出该小区域网格中最小的 K_{min}。

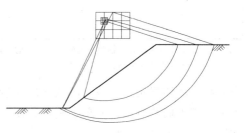

图 1-4-16 最危险滑动面的搜索

3. 人工边坡的确定

工程中，对于相对简单的人工边坡，其坡度的允许值，可按 GB 50007—2002《建筑地基基础设计规范》的有关规定查表确定。

（1）压实填土的边坡允许值。应根据压实填土的厚度、填料的性质等因素，按表 1-4-1 的数值确定。

表 1-4-1 压实填土的边坡允许值

填料类别	压实系数	边坡允许值			
		填 土 厚 度 H（m）			
		$H \leqslant 5$	$5 < H \leqslant 10$	$10 < H \leqslant 15$	$15 < H \leqslant 20$
碎石、卵石碎石	0.904~0.97	1：1.25	1：1.50	1：1.75	1：2.00
砂夹石（其中碎石、卵石占全重30%~50%）		1：1.25	1：1.50	1：1.75	1：2.00
土夹石（其中碎石、卵石占全重30%~50%）		1：1.25	1：1.50	1：1.75	1：2.00
粉质黏土、黏粒含量大于等于10%的粉土		1：1.50	1：1.75	1：2.00	1：2.25

注 当压实土厚度大于20m时，可设计成台阶进行压实填土的施工。

（2）开挖边坡坡度允许值。在山坡整体稳定的条件下，土质边坡的开挖，当土质良好均匀、无不良地质现象、地下水不丰富时，其坡度可按表 1-4-2 确定。

1.4.2.5 挡土墙

1. 挡土墙的类型

挡土墙按其结构型式可分为以下三种主要类型：

（1）重力式挡土墙。这种形式的挡土墙一般由块石和素混凝土砌筑而成。靠自身的重

表 1 - 4 - 2   土质边坡坡度允许值

土的类别	密实度或状态	坡度允许值（高宽比）	
		坡高在 5m 以内	坡高为 5～10m
碎石土	密实	1：0.35～1：0.50	1：0.50～1：0.75
	中密	1：0.50～1：0.70	1：0.75～1：1.00
	稍密	1：0.75～1：1.00	1：1.00～1：1.25
黏性土	坚硬	1：0.75～1：1.00	1：1.00～1：1.25
	硬塑	1：1.00～1：1.25	1：1.25～1：1.50

注 1. 表中碎石土的充填物为坚硬或硬塑状态的黏性土。

     2. 对与砂土或充填物为砂土的碎石土，其边坡坡度允许值均按自然休止角确定。

力来维持墙体稳定，故墙身的截面尺寸较大，墙体的抗拉强度较低，一般用于低挡土墙。重力式挡土墙具有结构简单、施工方便，能够就地取材等优点，因此在工程中应用较广，如图 1 - 4 - 17（a）所示。

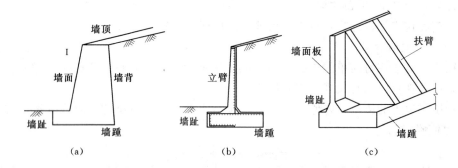

图 1 - 4 - 17   挡土墙的类型

（a）重力式挡土墙；（b）悬臂式挡土墙；（c）扶臂式挡土墙

（2）悬臂式挡土墙。悬臂式挡土墙一般用钢筋混凝土建造，它由三个悬臂板组成，即立臂、墙趾悬臂和墙踵悬臂，如图 1 - 4 - 17（b）所示。墙的稳定主要靠墙踵悬臂上的土重维持，墙体内的拉应力由钢筋承受。这类挡土墙的优点是能充分利用钢筋混凝土的受力特性，墙体截面尺寸较小，在市政工程以及厂矿储库中较常用。

（3）扶臂式挡土墙。当挡土墙较高时，为了增强悬臂式挡土墙中立臂的抗弯性能，常沿墙的纵向每隔一定距离设置一道扶臂，故称之为扶臂式挡土墙，如图 1 - 4 - 17（c）所示。墙体稳定主要靠扶臂间填土重维持。

此外，还有其他形式的挡土墙，如锚杆、锚定板挡土墙、混合式挡土墙、垛式挡土墙、加筋土挡土墙、土工织物挡土墙及板桩墙等。

  2. **重力式挡土墙的计算**

设计挡土墙时，一般先根据挡土墙所处的条件（工件地质、填土性质、荷载情况及建筑材料和施工条件等）凭经验初步拟定截面尺寸，然后进行挡土墙的各种验算。如不满足要求，则应改变截面尺寸或采取其他措施。

挡土墙的计算通常包括稳定性验算（包括抗倾覆稳定性验算和抗滑移稳定性验算）、

地基承载力验算、墙身强度验算。

3. 重力式挡土墙的构造措施

（1）挡土墙截面尺寸及墙背倾斜形式。一般重力式挡土墙的顶宽约为墙高的 1/12，对于块石挡土墙不应小于 0.5m，混凝土墙可缩小为 0.2～0.4m。底宽约为墙高的（1/3～1/2）。挡土墙的埋置深度，一般不应小于 0.5m，对于岩石地基应将基底埋入未风化的岩层内。

墙背的倾斜形式应根据使用要求、地形和施工要求综合考虑确定，从受力情况分析，仰斜墙的主动土压力最小，而俯斜墙的土压力最大。从挖填方角度来看，如果边坡是挖方，墙背采用仰斜较合理，因为仰斜墙背可与边坡紧密贴合；若边坡是填方，则墙背以垂直或俯斜较合理，因仰斜墙背填方的夯实施工比较困难。当墙前地面较陡时，墙面可取 1∶0.05～1∶0.2 仰斜坡度，也可直立。当墙前地形较为平坦时，对于中、高挡土墙，墙面坡度可较缓，但不宜缓于 1∶0.4，以免增高墙身或增加开挖宽度。仰斜墙背坡度越缓，主动土压力越小，但为避免施工困难，仰斜墙背坡度一般不宜缓于 1∶0.25，墙面坡应尽量与墙背坡平行。

为了增强挡土墙的抗滑稳定性，可将基底做成逆坡，如图 1-4-18（a）所示。一般土质地基的基底逆坡不宜大于 0.1∶1，对岩石地基一般不宜大于 0.2∶1。当墙高较大时，为了使基底压力不超过地基承载力设计值，可加设墙趾台阶 [图 1-4-18（b）]，其宽高比可取 $h∶a=2∶1$，a 不得小于 20cm。

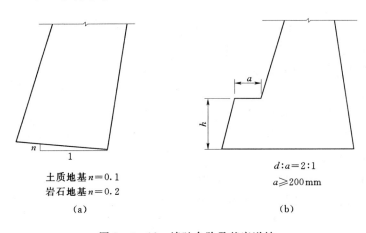

土质地基 $n=0.1$
岩石地基 $n=0.2$
（a）

$d∶a=2∶1$
$a\geqslant200\text{mm}$
（b）

图 1-4-18　墙趾台阶及基底逆坡

（2）墙后排水措施。挡土墙排水不畅可使填土中存在大量积水，使填土容重增加，抗剪强度降低，土压力增大，有时还会受到水的渗透和静水压力的影响，导致挡土墙破坏。因此，挡土墙应设置泄水孔，其间距宜取 2～3m，外斜 5%，孔眼尺寸宜不小于 $\phi100$mm。墙后要做好滤水层和必要的排水盲沟，在墙顶背后的地面铺设防水层。当墙后有山坡时，还应在坡下设置截水沟。图 1-4-19 所示为排水措施的两个工程实例。

（3）填土质量要求。挡土墙填土宜选择透水性较大的土，例如砂土、砾石、碎石等，因为这类土的抗剪强度较稳定，易于排水。不应采用淤泥、耕植土、膨胀黏土等作为填

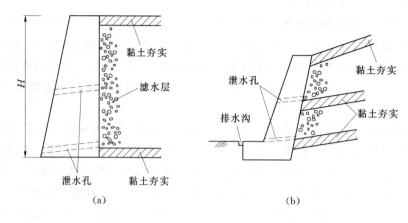

图 1-4-19 挡土墙排水措施
(a) 方案一；(b) 方案二

料，填土料中也不应掺杂大的冻结土块、木块或其他杂物。当采用黏性土作为填料时，宜掺入适量的块石，墙后填土应分层夯实。

挡土墙应每隔 10～20m 设置沉降缝，当地基有变化时，宜加设沉降缝，在拐角处，应适当采取加强的构造措施。

1.4.3 学习情境

1.4.3.1 资讯

在建筑工程中经常会遇到边坡稳定问题，如开挖基坑或基槽时，必须确保坑壁的稳定，否则会影响基础工程的施工安全。

通过本课题的学习，班级可分组完成以下任务之一。

(1) 学习报告。通过图书馆或网络查找关于边坡失稳引起的工程事故案例，并分析讨论事故的原因，用所学的土压力与土坡稳定知识进行解释，小组内也可开展讨论，完成一篇关于边坡稳定问题的学习报告。

(2) 挡土结构设计。根据边坡破坏机理，除以上介绍的各种挡土墙外，还有许多提高边坡稳定性的工程措施，要求各组分别设计一种挡土结构，并画出设计示意图，说明设计原理。

1.4.3.2 下达工作任务

全班按每组 4～6 人分组进行，每组选 1 名组长和 1 名副组长；组长总体负责本组人员的任务分工，要求组员分工协作，完成任务，任务完成时间期限 1 周。

1.4.3.3 制定计划

制定计划见表 1-4-3。

1.4.3.4 实施计划

按照任务分工实施计划，要求每日一次由组长向任课老师汇报任务完成情况，教师进行点评与指导。一周后上交任务成果，教师集中点评，进行作品展示。

表 1 - 4 - 3　　　　　　　　计　划　表

小组号		任务内容	
组长		副组长	
任 务 分 工 安 排			
序号	组员姓名	任 务 分 工	

1.4.3.5　自我评估与评定反馈

1. 展示及讨论

（1）各组展示成果，由小组选出代表陈述成果内容，并回答其他同学提出的质疑。

（2）组织讨论，评选最佳成果，分享学习心得。

2. 学生自我评估

学生自我评估见表 1 - 4 - 4。

表 1 - 4 - 4　　　　　　　　学 生 自 我 评 估 表

任务内容					
小组号		学生姓名		学号	
序号	自检项目	分数权重	评 分 要 求		自评分
1	任务完成情况	40	按要求按时完成任务		
2	成果质量	20	书写规范性、方案合理性		
3	学习纪律	20	服从指挥，无安全事故		
4	团队合作	20	服从组长安排，能配合他人工作		
学习心得与反思：					
小组评分：_____　　　　　组长签名：_____					

3. 教师评定反馈

教师评定反馈见表 1 - 4 - 5。

表 1 - 4 - 5 　　　　　　　　　　　　　教 师 评 定 反 馈 表

任务内容						
小组号			学生姓名		学号	
序号	检 查 项 目	分数权重		扣 分 理 由		得分
1	成果完整性	20				
2	书写规范性	10				
3	学习纪律	10				
4	成果质量	40				
5	团队合作	20				
总得分：				教师签名：		

思 考 题

(1) 什么是静止土压力、主动土压力和被动土压力？各种土压力产生的条件是什么？土压力对基础施工有何影响？

(2) 比较朗肯土压力理论和库仑土压力理论的基本假定和适用条件。

(3) 当填土表面有均布荷载、成层填土、有地下水时，土压力应如何计算？

(4) 挡土墙有哪几种类型？要进行哪些验算？挡土墙的作用是什么，为何要进行这些验算？

(5) 某挡土墙高为 5m，墙背垂直光滑，填土面水平，地下水位距填土表面 3mm，墙后填土为砂土，$\gamma = 18 \text{kN/m}^3$，$\gamma_{sat} = 20 \text{kN/m}^3$，$\varphi = 24°$，试求挡土墙的总侧向压力并绘制出主动土压力强度和静水压分布图。

(6) 挡土墙高 6m，墙背垂直光滑，填土表面水平并作用有均布荷载 $q = 12 \text{kPa}$，各层土的物理力学性质如图 1 - 4 - 20 所示，试求出主动土压力大小并绘出主动土压力强度分布图。

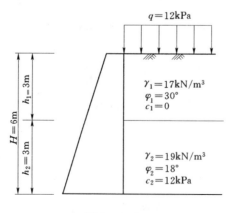

图 1 - 4 - 20

(7) 某工程压实填土边坡高度 $h = 8.6 \text{m}$，填料类别为砂夹石 (其中碎石占全重的 45%)，压实系数为 $\lambda_c = 0.93$，试确定该压实填土的土坡允许值。

模块 2 土石方工程与基坑施工

课题 1 土方工程量的计算与调配

2.1.1 学习目标

（1）通过本课题的学习知道土的工程性质，掌握场地平整的目的及场地设计标高的确定方法。

（2）会用方格网法计算场地平整土方工程量。

（3）会进行土方的调配。

（4）会计算基坑、基槽的土方量。

2.1.2 学习内容

场地平整是将建设范围内的自然地面通过人工或机械整平，改造成为设计所需的平面，以利于现场平面布置和文明施工。一般场地的自然地貌不能满足建设需要，因此要对场地进行平整，即进行土方的调配，高挖低填。土方工程的施工，首先必须计算土方工程量，然后选择土方施工机械，拟定施工方案，组织土方工程施工。

2.1.2.1 场地平整与土方工程量计算

2.1.2.1.1 土的工程性质

1. 土的可松性

土的可松性是指自然状态下的土开挖后，体积因土体松散而增大，后虽经回填夯压仍不能恢复原状的性质。土的可松性以可松性系数表示为

$$K_s = \frac{V_2}{V_1}, K_s' = \frac{V_3}{V_1} \qquad (2-1-1)$$

式中 V_1——开挖前土的自然体积；

V_2——开挖后土的松散体积；

V_3——土经回填压实后的体积；

K_s——最初可松性系数；

K_s'——最终可松性系数。

有关土的可松性系数可参照表 1-1-10。

2. 土的压缩性

土经挖运、填压以后，都有压缩，在核实土方量时，可按填方断面增加 $10\% \sim 20\%$ 的方数考虑，一般土的压缩率见表 2-1-1。

用原状土和压缩后干土质量密度计算压缩率为

$$土的压缩率 = \frac{\rho - \rho_d}{\rho_d} \times 100\% \qquad (2-1-2)$$

式中 ρ——压实后的干土质量密度，g/cm³；

ρ_d——原状土的干土质量密度，g/cm³。

表 2-1-1   土 压 缩 率 参 考 表

土 的 类 别		土的压缩率（%）	每 1m³ 松散土压实后的体积（m³）
一、二类土	种植土	20	0.8
	一般土	10	0.9
	砂土	5	0.95
三类土	天然湿度黄土	12～17	0.85
	一般土	5	0.95
	干燥坚实黄土	5～7	0.94

注 1. 深层埋藏的湿土，开挖暴露后水分散失，碎裂成 2～5cm 的小块，不易压碎，填筑压实后，有 5% 的胀余。
     2. 胶结密实砂砾土及含有石量接近 20% 的坚实粉质黏土或粉质砂土有 3%～5% 的胀余。

3. 原地面经机械压实后的沉陷量

原地面经机械往返运行，或采用其他压实措施，其沉陷量（h）通常在 3～30cm 之间，视不同土质而变化，一般可用式（2-1-3）计算其沉降量

$$h = \frac{P}{C} \tag{2-1-3}$$

式中 h——原地面经机械往返运行后的沉降量，cm；

P——有效作用力。铲运机（容量 6～8m³）施工按 0.6MPa 计算，推土机 73.5kW 施工按 0.4MPa 计算；

C——土的抗陷系数，MPa，见表 2-1-2。

表 2-1-2   各种不同原状土 C 值参考表

原状土质	C（MPa）	原状土质	C（MPa）
沼泽土	0.010～0.015	大块胶结的砂、潮湿黏土	0.035～0.060
凝滞的土，细砂	0.018～0.025	坚实的黏土	0.100～0.102
松砂、松湿黏土、耕土	0.025～0.035	泥灰石	0.130～0.180

2.1.2.1.2 场地平整

场地平整的一般施工工序为：现场勘察→清除地面障碍物→标定平整范围→设置水准基点→设置方格网、测量标高→计算土方挖填工程量→平整土方→场地碾压→验收。

平整前必须把场地平整范围内的障碍物如树木、电杆、地下管道等清理干净，然后根据总图要求的标高，从水准基点引进基准标高作为确定土方量计算的基点。

1. 场地平整的一般要求

（1）应做好地面排水，平整后场地的表面坡度应符合设计要求；如设计无要求时，一般应向排水沟方向做成不小于 0.2% 的坡度。

（2）平整后的场地表面应逐点检查标高，检查点为 100～400m² 取一点，但不少于 10 点，长度、宽度方向和边坡上均为 20m 取一点，每边不少于 1 点。

（3）场地平整时，应经常测量和校核平面位置、水平标高和边坡坡度是否符合设计要

求；平面控制桩和水准控制点应采取可靠措施加以保护，定期复测和检查，弃土不应堆在边坡边缘。

2. 场地设计标高的确定

（1）场地设计标高的初步确定。小型场地平整且对场地标高无特殊要求时，一般可以根据平整前后土方量相等的原则求得设计标高。计算前，先将场地平面规划成方格网，并根据地形图将各个方格的角点标高标到图上，如图 2-1-1 所示。

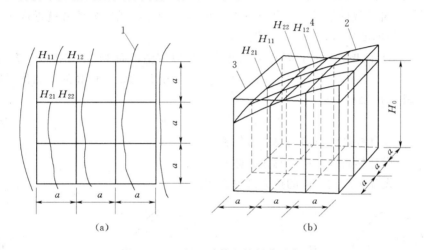

图 2-1-1 场地计算方格划分示意图

（a）地形图上划分方格；（b）设计标高示意图

1—等高线；2—自然地坪；3—设计标高平面；4—自然地面与设计标高平面的交线（零线）

若使平整前后土方量相等，则有

$$H_0 n a^2 = \sum \left(a^2 \frac{H_{i1} + H_{i2} + H_{i3} + H_{i4}}{4} \right) \quad i = 1, 2, \cdots, n \qquad (2-1-4)$$

$$H_0 = \sum \left(\frac{H_{i1} + H_{i2} + H_{i3} + H_{i4}}{4n} \right) \quad i = 1, 2, \cdots, n \qquad (2-1-5)$$

式中　　　　　H_0——所计算场地的设计标高，m；

　　　　　　　a——方格边长，m；

　　　　　　　n——方格数，个；

H_{i1}、H_{i2}、H_{i3}、H_{i4}——任一方格的四个角点的标高，m。

由于相邻方格具有公共的角点标高，在一个方格网中，某些角点为四个相邻方格的公共角点，其标高需加四次；某些角点系三个相邻方格的公共角点，其标高需加三次；而某些角点标高仅需加两次，方格网四角的角点标高仅需加一次。因此式（2-1-5）可改写成

$$H_0 = \frac{\sum H_1 + 2\sum H_2 + 3\sum H_3 + 4\sum H_4}{4n} \qquad (2-1-6)$$

式中　　H_1——一个方格仅有的角点标高，m；

　　　　H_2——两个方格共有的角点标高，m；

　　　　H_3——三个方格共有的角点标高，m；

　　　　H_4——四个方格共有的角点标高，m。

（2）设计标高的调整。根据上述公式算出的设计标高为一理论值，实际上还需要考虑下述因素进行调整。

1）由于土壤具有可松性，即挖方部分土方开挖后体积会增大，为此需相应地提高设计标高，以达到土方量的实际平衡。

2）由于设计标高以上的各种填方工程（如场区修筑路堤）而使得设计标高降低，或者由于设计标高以下的各种挖方工程而使设计标高提高（如开挖河道、水池、基坑等）。

3）根据经济比较的结果，将部分挖方就近弃于场外，或部分填方就近取于场外而引起挖、填土方量的变化后，需增、减设计标高。

上述 2）、3）两项，可根据具体情况计算后加以调整，而 1）项则按以下方法计算。

如图 2-1-2 所示，设 Δh 为因考虑土的可松性引起的设计标高的增加值，则总挖方体积 V_w 应减少 $F_w \Delta h$，即

$$V'_w = V_w - F_w \Delta h \tag{2-1-7}$$

式中 V_w——设计标高调整前的总挖方体积；

V'_w——设计标高调整后的总挖方体积；

F_w——设计标高调整前的挖方区总面积。

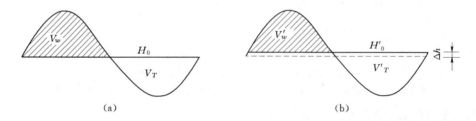

图 2-1-2   设计标高的调整计算示意图
(a) 理论设计标高；(b) 调整设计标高

计标高调整后，总填方体积则变为

$$V'_T = V'_w K'_S = (V_w - F_w \Delta h) K'_S \tag{2-1-8}$$

式中 V'_T——设计标高调整后的总填方体积；

K'_S——土的最后可松性系数。

此时，填方区的标高也与挖方区的标高一样提高 Δh，即

$$\Delta h = \frac{V'_T - V_T}{F_T} = \frac{(V_w - F_w \Delta h) K'_S - V_T}{F_T} \tag{2-1-9}$$

式中 F_T——设计标高调整前的填方区总面积。

移项整理后得

$$\Delta h = \frac{V_w (K'_S - 1)}{F_T + F_w K'_S} \tag{2-1-10}$$

故考虑土的可松性后，场区的设计标高经调整后改为

$$H'_0 = H_0 + \Delta h \tag{2-1-11}$$

4）考虑排水坡度对设计标高的影响。前面的计算均未考虑场地的排水要求，实际场地应有一定排水坡度。如场地面积较大，应有 2‰ 以上排水坡度，尚应考虑排水坡度对设

计标高的影响。故场地内任一点实际施工时所采用的设计标高（m）可由式（2-1-12）和式（2-1-13）计算：

单向排水时 ［图2-1-3（a）］ $H_i = H_0 \pm l_i$ (2-1-12)

双向排水时 ［图2-1-3（b）］ $H_i = H_0 \pm l_x i_x \pm l_y i_y$ (2-1-13)

式中 H_i——调整后的设计标高；

H_0——调整前的设计标高；

l、l_x、l_y——任一点排水方向距离场地中心线的距离，x、y方向距离场地中心线的距离；

i、i_x、i_y——排水坡度、x、y方向的排水坡度。

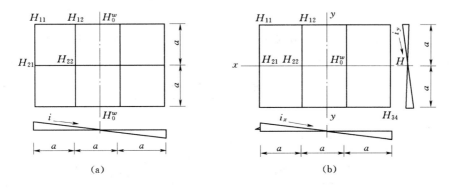

图2-1-3 考虑排水坡度对设计标高的影响示意图
（a）单向排水；（b）双向排水

2.1.2.1.3 土方工程量计算

1. 场地土方量计算

土方工程量的计算方法有方格网法和横断面法两种。方格网法用于地形较平缓的地段，计算方法较为复杂，但精度较高；横截面法适用于地形起伏变化较大地区，或者地形狭长、挖填深度较大又不规则的地区采用，计算方法较为简单方便，但精度较低。这里仅介绍方格网法，其计算步骤和方法如下。

（1）划分方格网。根据已有地形图（一般用1：500的地形图）将场地划分成若干个方格网，尽量与测量的纵、横坐标网对应。方格一般采用20m×20m或40m×40m，将相应设计标高和自然地面标高分别标注在方格点的右上角和右下角。将设计地面标高与自然地面标高的差值，即各角点的施工高度h（挖或填），填在方格网的左上角，挖方为"—"，填方为"＋"。

（2）计算零点位置。在一个方格网内同时有填方或挖方时，应先算出方格网边上的零点的位置，并标注于格网线上，连接零点即得填方区与挖方区的分界线（即零线）。零点的位置按式（2-1-14）计算（图2-1-4）。

$$x_1 = \frac{h_1}{h_1 + h_2} a, x_2 = \frac{h_2}{h_1 + h_2} a$$ (2-1-14)

确定零点的办法也可以用图解法，如图2-1-5所示。方法是用尺在各角点上标出挖填施工高度相应比例，用尺相连，与方格相交点即为零点位置。将相邻的零点连接起来，即为零线。它是确定方格中挖方与填方的分界线。

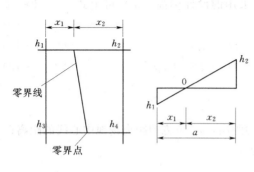

图 2-1-4 零点位置计算示意图

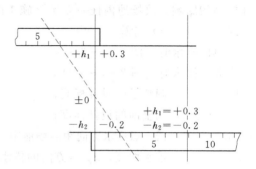

图 2-1-5 图解法零点位置计算示意图

（3）计算土方工程量。按方格网底面积图形和表2-1-3所列体积计算公式，计算每个方格内的挖方或填方量，有关计算公式见表2-1-3。

表 2-1-3　　　　　　　　　　　　常用方格网点计算公式

项　目	图　式	计　算　公　式
一点填方或挖方（三角形）		$V = \dfrac{1}{2}bc\dfrac{\sum h}{3} = \dfrac{bch_3}{6}$ 当 $b = a = c$ 时，$V = \dfrac{a^2 h_3}{6}$
两点填方或挖方（梯形）		$V_+ = \dfrac{b+c}{2}a\dfrac{\sum h}{4} = \dfrac{a}{8}(b+c)(h_1 + h_3)$ $V_- = \dfrac{d+e}{2}a\dfrac{\sum h}{4} = \dfrac{a}{8}(d+e)(h_2 + h_4)$
三点填方或挖方（五角形）		$V = \left(a^2 - \dfrac{bc}{2}\right)\dfrac{\sum h}{5}$ $= \left(a^2 - \dfrac{bc}{2}\right)\dfrac{h_1 + h_2 + h_3}{5}$
四点填方或挖方（正方形）		$V = \dfrac{a^2}{4}(h_1 + h_2 + h_3 + h_4)$

（4）边坡土方量计算。部分场地的挖方区和填方区的边沿可能需要做成边坡，以保证挖方土壁和填方区的稳定。边坡的土方量可以划分成两种近似的几何形体进行计算，一种为三棱锥体（图2-1-6中①～③、⑤～⑪）；另一种为三棱柱体（图2-1-6中④）。

三棱锥体①边坡体积可按式（2-1-15）计算

$$V_1 = \frac{1}{3}A_1 l_1 \tag{2-1-15}$$

式中　l_1——边坡①的长度；

　　　A_1——边坡①三棱锥体的底面积，$A_1 = \dfrac{1}{2}mh_2^2$；

70

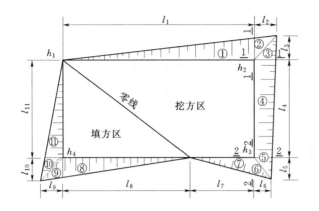

图 2-1-6 边坡土方量计算示意图

h_2——角点的挖土高度；

m——边坡的坡度系数，$m=$ 宽/高。

三棱柱体④边坡体积可按式（2-1-16）计算

$$V_4 = \frac{A_1 + A_2}{2} l_4 \qquad (2-1-16)$$

两端横断面面积相差很大的情况下，边坡体积为

$$V_4 = \frac{l_4}{6} (A_1 + 4A_0 + A_2) \qquad (2-1-17)$$

式中　　l_4——边坡④的长度；

A_1、A_2、A_0——边坡④两端及中部横断面面积。

（5）计算土方总量。将挖方区（或填方区）所有方格计算土方量汇总，即得该场地挖方和填方的总土方量。

例 2-1-1　某场地平整，部分方格网如图 2-1-7 所示，方格边长为 $20\text{m} \times 20\text{m}$，试计算挖填总土方工程量。

解：（1）划分方格网、标注高程。根据图 2-1-7（a）方格各角点的设计标高和自然地面标高，计算方格各点的施工高度，标注于图 2-1-7（b）中各点的左上角，挖方为"一"，填方为"十"。

（2）计算零点位置。从图 2-1-7（b）中可看出 1~2、2~7、3~8 方格边线，两端角点的施工高度符号不同，表明此方格边线上有零点存在，由式（2-1-14）逐点求出零点位置。

1~2 线：$x_1 = \dfrac{0.1 \times 20}{0.1 + 0.13} = 8.70$（m），$x_2 = 20 - 8.70 = 11.30$（m）

2~7 线：$x_1 = \dfrac{0.13 \times 20}{0.13 + 0.41} = 4.81$（m），$x_2 = 20 - 4.81 = 15.19$（m）

3~8 线：$x_1 = \dfrac{0.15 \times 20}{0.15 + 0.21} = 8.33$（m），$x_2 = 20 - 8.33 = 11.67$（m）

将各零点标注于图 2-1-4（b），并将零点线连接起来。

（3）计算土方工程量。

71

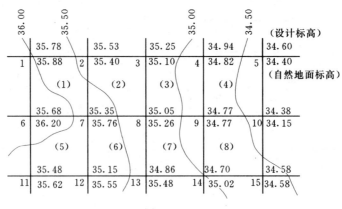

(a)

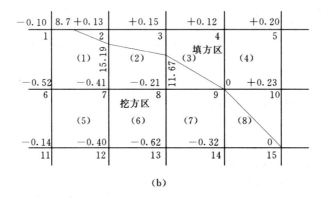

(b)

图 2-1-7 例 2-1-1 图

方格（1）底面为三角形和五边形，由表 2-1-3 第 1、3 项公式

三角形（填方）土方量

$$V_+ = \frac{11.3 \times 4.81 \times 0.13}{6} = 1.18(m)^3$$

五边形（挖方）土方量

$$V_- = -\left(20^2 - \frac{11.3 \times 4.81}{2}\right) \times \frac{0.1 + 0.52 + 0.41}{5} = -76.8(m^3)$$

其他各方格网的土方工程量均可利用表 2-1-3 各项公式计算出。

方格（2）底面为两个梯形，由表 2-1-3 第 2 项公式

$$V_+ = 9.2 m^3, V_- = -41.63 m^3$$

方格（3）底面为一个梯形和一个三角形，由表 2-1-3 第 1、2 项公式

$$V_+ = 19.12 m^3, V_- = -8.17 m^3$$

方格（4）底面为正方形，由表 2-1-3 第 4 项公式

$$V_+ = 55.0 m^3$$

方格（5）底面为正方形，由表 2-1-3 第 4 项公式

$$V_- = -147.0 m^3$$

方格（6）底面为正方形，由表 2-1-3 第 4 项公式

$$V_- = -164.0 \text{m}^3$$

方格（7）底面为正方形，由表 2-1-3 第 4 项公式

$$V_- = -115.0 \text{m}^3$$

方格（8）底面为二个三角形，由表 2-1-3 第 1 项公式：

$$V_+ = 15.33 \text{m}^3, V_- = -21.33 \text{m}^3$$

（4）汇总全部土方工程量。

全部挖方量

$$\sum V_- = -76.80 - 41.63 - 8.17 - 147 - 164 - 115 - 21.33 = -573.93(\text{m}^3)$$

全部填方量

$$\sum V_+ = 1.18 + 9.20 + 19.12 + 55.0 + 15.33 = 99.83(\text{m}^3)$$

2. 基坑、基槽土方量计算

基坑土方量可按照立体几何中的拟柱体（由两个平行平面做上下底的多面体）体积（图 2-1-8），按式（2-1-18）计算

$$V = \frac{h}{6}(A_1 + 4A_0 + A_2) \qquad (2-1-18)$$

式中 A_1、A_2——基坑上下底面积，m^2；

　　　　A_0——基坑中部截面面积，m^2；

　　　　h——基坑开挖深度，m。

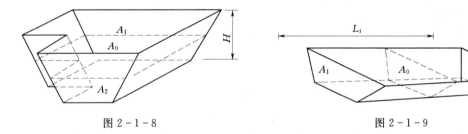

图 2-1-8　　　　　　　　　　　　　　　图 2-1-9

基槽（图 2-1-9）土方量，可以沿着长度方向分段，用式（2-1-19）逐段计算

$$V_i = \frac{L_i}{6}(A_1 + 4A_0 + A_2) \qquad (2-1-19)$$

式中 V_i——第 i 段的土方量，m^3；

　　　　A_0——第 i 段的中部面积，m^2；

　　A_1、A_2——第 i 段的两端面积，m^2；

　　　　L_i——第 i 段的长度，m。

将各段土方量相加，即可得总土方量。即

$$V = \sum_i^n V_i \qquad (2-1-20)$$

在计算基槽截面积时，需要正确确定基槽开挖宽度，考虑是否需要放坡，或为安装基础模板增加工作面。如不放坡，但要留工作面时，基槽宽度按式（2-1-21）计算（图 2-1-10）：

$$d = a + 2c \qquad (2-1-21)$$

不放坡，留设工作面并加支撑时

$$d = a + 2c + 2 \times 100 \tag{2-1-22}$$

放坡但不加支撑时（图 2-1-11）

$$d = a + 2c + 2b \tag{2-1-23}$$

式中 d——基槽开挖宽度，mm；

　　　a——基底设计宽度，mm；

　　　c——工作面宽，一般取 300mm；

　　　b——放坡引起的基槽上口增加宽度。

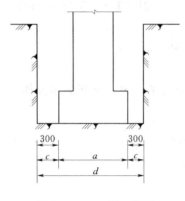

图 2-1-10   留工作面

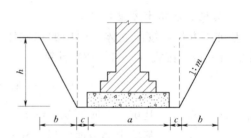

图 2-1-11   放坡不加支撑

2.1.2.2   土方调配

1. 土方调配原则

土方工程量计算完成后，即可着手对土方进行平衡与调配。土方的平衡与调配是土方施工方案的一项重要内容，主要考虑挖土的利用、堆弃和填土的取得这三者之间的关系，进行综合平衡处理，达到使土方运输费用最小而又能方便施工的目的。土方调配原则主要包括以下几点。

（1）应力求达到挖填平衡和运输量最小的原则。需根据场地和其周围地形条件综合考虑，必要时可在填方区周围就近借土，或在挖方区周围就近弃土，不是仅局限于场地以内的挖填平衡，这样才能做到经济合理。

（2）应考虑近期施工与后期利用相结合的原则。当工程分期分批施工时，先期工程的土方余额应结合后期工程的需要，考虑后期利用数量与堆放位置，以便就近调配。堆放位置的选择应为后期工程创造良好的工作面和施工条件，力求避免重复挖运。

（3）尽可能与大型地下建筑物的施工相结合。当大型建筑物位于填土区而其基坑开挖的土方量又较大时，为了避免土方的重复挖方、填方和运输，该填土区暂时不予填土，待地下建筑施工完成之后再行填土。为此，在填方保留区附近应有相应的挖方保留区，或将附近挖方工程的余土按需要合理堆放，以便就近调配。

（4）调配区大小的划分，应满足主要土方施工机械工作面大小（如铲运机铲土长度）的要求，使土方机械和运输车辆的效率能得到充分发挥。

总之，进行土方调配，必须根据现场的具体情况、有关技术资料、工期要求、土方机械与施工方法，结合上述原则，予以综合考虑，从而做出经济合理的调配方案。

2. 土方调配区的划分

场地土方平衡与调配，需编制相应的土方调配图表，以便施工中使用。划分调配区的方法如下：

（1）在场地平面图上先划出挖、填区的分界线（零线），然后在挖方区和填方区适当地分别划出若干个调配区。划分时应注意以下几点。

1）划分应与建筑物的平面位置相协调，并考虑开工顺序。

2）调配区的大小应满足土方机械的施工要求。

3）调配区范围应与场地土方量计算的方格网相协调，一般可由若干个方格组成一个调配区。

4）当土方运距较大或场地范围内土方调配不能达到平衡时，可考虑就近借土或弃土，一个借土区或一个弃土区可作为一个独立的调配区。

（2）计算各调配区的土方量及运距，并将它标注于图上。

所有填挖方调配区之间的平均运距均需一一计算，并将计算结果列于土方平衡与运距表内。当填、挖方调配区之间的距离较远，采用自行式铲运机或其他运土工具，沿现场道路或规定路线运土时，其运距应按实际情况进行计算。

2.1.3　学习情境

土方工程是建筑工程施工过程中的第一道工序，是建筑工程施工中主要分部工程之一。土方工程的施工涉及土方工程量的计算与调配；在场地平整工作中，场地标高的确定与调整及土方工程量计算也是非常重要的工作内容，应掌握土方工程量的计算方法。

2.1.3.1　资讯

通过本课题的学习，要求学生掌握土方工程量计算方法，如用网格法计算场地平整土方量，为土方调配做好准备。班级可分组完成以下任务：借助地形图，假定一个设计标高，要求用方格网法计算土方工程量。

某建筑场地的地形图和部分方格网如图 2-1-12 所示，该场地为粉质黏土，方格边长为 $20m \times 20m$。已知角点 1 的设计标高为 h_1、地面设计泄水坡度为 i_x、i_y，见表 2-1-4。

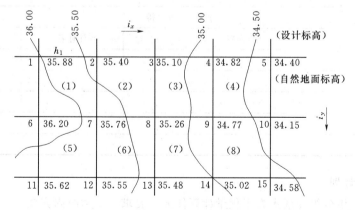

图 2-1-12　场地平面图

试计算其余各角点的设计标高，以及（1）～（8）方格网内的挖填总土方工程量。

表 2-1-4　　　　　　　　　　　场 地 设 计 参 数

组别	脚点 1 的设计标高（m）	i_x（‰）	i_y（‰）	组别	脚点 1 的设计标高（m）	i_x（‰）	i_y（‰）
第 1 组	35.50	3	2	第 6 组	35.50	2	3
第 2 组	35.55	3	2	第 7 组	35.55	2	3
第 3 组	35.60	3	2	第 8 组	35.60	2	3
第 4 组	35.65	3	2	第 9 组	35.65	2	3
第 5 组	35.70	3	2	第 10 组	35.70	2	3

2.1.3.2　下达工作任务

工作任务见表 2-1-5。

表 2-1-5　　　　　　　　　　　工 作 任 务 表

任务内容：土方工程量计算				
小组号：	小组成员		场地号	
任务要求： 　　按照所在组号，完成土方工程量计算	工具、仪器设备： 1. 计算器每人 1 个； 2. 计算用纸若干或练习本 1 本		组织： 　　全班按每组 4～6 人分组进行，每组选 1 名组长	
组长：＿＿＿＿＿　副组长：＿＿＿＿＿			＿＿年＿＿月＿＿日	

2.1.3.3　制定计划

制定计划见表 2-1-6。

表 2-1-6　　　　　　　　　　　计 划 表

小组号		场地号	
组长		副组长	
仪器、设备/数量			
分 工 安 排			
组员	任务内容	计算者	复核者

2.1.3.4　实施计划

教师组织学生分组完成土方工程量计算任务，要求在 2 学时内完成，也可要求每位同学独立完成本组任务，在组内比较计算结果，进行相互校核。

最后可汇总各组的计算结果，组织讨论：设计标高对挖、填工程量的影响，哪一组的设计标高从挖填平衡角度看最为合理？

2.1.3.5　自我评估与评定反馈

通过工程量计算，学生可以反馈对知识的掌握情况，教师也可以结合学生任务完成情况进行查漏补缺及成绩评定。

1. 学生自我评估

学生自我评估见表 2-1-7。

表 2-1-7　　　　　　　　　　学 生 自 我 评 估 表

任务			土 方 工 程 量 计 算		
小组号			学生姓名	学号	
序号	自 检 项 目	分数权重	评 分 要 求		自评分
1	任务完成情况	40	按要求按时完成任务		
2	计算成果	20	书写工整、计算规范		
3	学习纪律	20	按照课堂表现		
4	团队合作	20	服从组长安排，能配合他人工作		
学习心得与反思：					
小组评分：＿＿＿＿＿＿　　　组长：＿＿＿＿＿＿　　　时间：＿＿＿＿＿＿					

2. 教师评定反馈

教师评定反馈见表 2-1-8。

表 2-1-8　　　　　　　　　　教 师 评 定 反 馈 表

任务			土 方 工 程 量 计 算		
小组号			学生姓名	学号	
序号	检 查 项 目	分数权重	评 分 要 求		自评分
1	任务完成速度	20	按要求按时完成任务		
2	学习纪律	10	按照课堂表现		
3	成果质量	50	书写工整、计算规范		
4	团队合作	20	服从组长安排，能配合他人工作		
存在问题：					
教师评分：＿＿＿＿＿＿　　　教师：＿＿＿＿＿＿　　　时间：＿＿＿＿＿＿					

思 考 题

（1）土的可松性对土方工程施工有何影响？

（2）场地平整的一般要求有哪些？

（3）确定场地的设计标高要考虑哪些因素？

（4）用方格网法计算场地平整土方工程量时，确定零点的方法有哪几种？

（5）简述土方调配的原则。土方调配区应如何划分？

课题 2   基坑排水与降水施工

2.2.1   学习目标

（1）通过本课题的学习了解地下水对基础工程施工的影响，会结合具体工程情况采取正确的排水、降水方案。

（2）掌握集水井排水法的使用要点，会正确布置集水井及选择排水设备。

（3）掌握井点降水系统的分类，以及各种井点的施工工艺，会正确布设井点。

（4）掌握井点降水操作要点，会正确判断井点降水系统是否正常工作，会排除因堵管引起的系统故障。

2.2.2   学习内容

基础施工时要具备以下必要条件：首先要保持基坑处于干燥状态，创造有利于施工的环境；其次是确保基坑边坡稳定，做到安全施工。在基础施工过程中，经常会受到地表水和地下水的干扰。在基坑开挖过程中，当基坑底面低于地下水位时，由于土的含水层被切断，地下水会不断渗入坑内。雨季施工时，地面水也会不断流入坑内，使施工条件恶化。为保证在正常的环境下施工，就必须做好施工排水和降水工作。降低地下水位方法包括集水明排法及井点降水法，井点降水法包括电渗井点、轻型井点、喷射井点、管井、渗井等。

2.2.2.1   基坑排水

1. 地下水对基础工程施工的影响

土层或岩层中的水统称为地下水。地下水按照其埋藏条件可分为上层滞水、潜水和承压水；按照含水介质类型可分为孔隙水、裂隙水、岩溶水。

地下水对岩土力学性质的影响，主要体现在三个方面：①地下水通过物理、化学作用改变岩土体的结构，从而改变岩土体强度指标，如 c、φ 值的大小；②地下水通过孔隙静水压力作用，影响岩土体中的有效应力；③由于地下水的流动，在岩土体中产生渗流，对岩土体产生剪应力，从而降低岩土体的抗剪强度。

地下水对基础工程施工具有重要的影响，尤其是对基坑边坡的稳定有不利作用。地下水在边坡中渗流时由于水力梯度作用，会对边坡产生动水压力，指向临空面，对边坡稳定不利。为保证基坑施工过程处于疏干的工作条件，必须要进行基坑排水或降水。基坑内外会产生水头差，导致地下水产生渗流。渗流除了影响土的力学性状外，还会对土产生静力和动力作用，削弱基坑的稳定性。

基坑开挖后，不同位置的土体受力状态不同。当水在土中从上向下流动时，流线向下，动水压力与土所受重力的作用方向一致，土粒趋于稳定状态。当水流方向从下向上时，其动水压力随水流向上，与土体重力方向相反，动水压力减小了土颗粒间的压力。土颗粒除受水的浮力外，还受到向上的动水压力，动水压力起不利作用。当动水压力大于土颗粒的有效容重时，土颗粒即流入基坑内，若是厚砂层即产生流砂；若是黏性土中有细砂夹层或淤泥，则会产生管涌。渗流使土体失稳，导致坑底隆起、坑壁位移，周边建筑下沉、开裂等，并危及基坑内的施工安全。

2. 集水井排水法

对于弱透水地层中的浅基础，当基坑环境简单、含水层较薄、降水深度较小时，可考虑采用集水明排。在其他情况下宜采用井点降水、隔水措施或隔水、降水综合措施。

集水明排是在基坑内设置排水沟和集水井，用抽水设备将基坑中的水从集水井排出，达到疏干基坑内积水的目的。在采用井点降水方案时，也会将集水明排法列入方案之中，将坑内雨水等地表水流入排水沟中，并将其集中排出坑外。在基坑边缘自然地面，也常设截水沟排水，以免地面水流入基坑之内。

集水井排水法是在基坑开挖过程中，在坑底设置集水井，并沿坑底的周边或中央开挖排水沟，排水沟深度 0.4～0.6m，设有 0.2%～0.5%的排水坡度，使水流入集水坑中，然后用水泵抽水，如图 2-2-1 所示，集水坑设置在基础范围以外。根据地下水量大小、基坑平面形状及水泵能力，每隔 20～40m 设置一个集水井。集水井的直径或宽度一般为 0.6～0.8m，深度随着挖土的加深而加深，要保持低于挖土面 0.7～1.0m，井壁可用竹、木等简

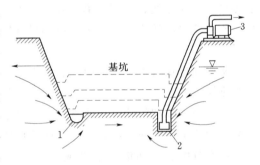

图 2-2-1　集水井排水示意图
1—排水沟；2—集水井；3—水泵

易加固。当基坑挖至设计标高后，井底应保持低于坑底 1～2m，并铺设 0.3m 厚左右的碎石反滤层，以免抽水时间较长时将泥沙抽出，同时防止井底的土被扰动。

采用集水井排水时，应根据现场土质条件保持开挖边坡的稳定。边坡坡面如有局部渗出地下水时，应在渗水处设置过滤层，防止土粒流失，并设置排水沟，将水引出坡面。

集水井内的水通过水泵排出，建筑工程中用于排水的水泵主要有离心泵、潜水泵和泥浆泵等。水泵容量的大小和数量根据涌水量而定，一般为基坑总涌水量的 1.5～2.0 倍，可参考表 2-2-1。

（1）离心泵。离心泵由泵壳、泵轴及叶轮等主要部件组成，其管路系统包括滤网与底阀、吸水管和出水管等。水泵的主要性能指标包括流量、总扬程、吸水扬程和功率等。流量是指水泵单位时间内的出水量；扬程是指水泵能扬水的高度，也称水头；总扬程包括吸水扬程和出水扬程两部分。

选择离心泵主要的依据是需要的流量与扬程。离心泵的抽水能力大，适用于地下水量

较大的基坑。对基坑排水来说，离心泵的流量应大于基坑的涌水量，一般选用吸水口径 50～100mm 的离心泵。离心泵在满足扬程的前提下，主要是考虑吸水扬程是否能满足降水深度要求。如果不够，则需要另选水泵或将水泵降低至坑壁台阶或坑底。安装离心泵时，要保证吸水管接头不漏气，及吸水口在水面以下 0.5m，以免吸入空气，影响水泵正常运行。使用离心泵时，要先向泵体与吸水管内灌水，排除空气，然后开泵抽水。离心泵在使用时要防止漏气和堵塞。

表 2-2-1　　　　　　　　　　　　涌水量与水泵选用

涌水量（m³/h）	水泵类型	备注
$Q<20$	隔膜式水泵、潜水泵	
$20<Q<60$	隔膜式或离心式水泵、潜水泵	隔膜式水泵可排除泥浆水
$Q>60$	离心式水泵	

（2）潜水泵。潜水泵由立式水泵和电动机组合而成，水泵装在电动机上端，叶轮有离心式或螺旋桨式，电动机设有密封装置，潜水泵工作时完全浸入水中。

常用的潜水泵出水口径有 40mm、50mm、100mm、125mm，流量相应为 15m³/h、25m³/h、65m³/h、100m³/h，扬程相应为 25m、15m、7m、3.5m。潜水泵具有体积小、质量轻、移动方便、安装简单和开泵时不需灌水等优点。使用潜水泵时，为了防止电机烧坏，不得脱水运转或陷入泥中，也不得排灌含泥量较高的水或泥浆水，以免泵叶轮被杂物堵塞。

集水井排水法由于设备简单和排水方便，采用较为普遍，宜用于粗粒土层和渗水量小的黏土层。

当土为细砂和粉砂时，地下水渗流会带出细粒，发生流砂现象，导致边坡坍塌、坑底凸起，给施工造成困难，此时应采用井点降水法。当基坑挖到地下水位以下，采用坑内抽水时，有时坑底下面的土会形成流动状态，随地下水一起涌进基境内，这种现象称为流砂。

流砂现象会导致土体失去承载力，土边挖边冒，严重影响基坑边坡稳定，容易引起边坡塌方和位移，造成安全事故。若基坑附近有建筑物，就会因地基被掏空而使建筑物下沉、倾斜，甚至倒塌。根据水在土中渗流的分析和实践经验可知，流砂的产生与动水压力的大小和方向有关。因此在基坑开挖过程中，防治流砂的途径有三种：①减小或平衡动水压力；②设法使动水压力方向向下；③截断地下水流。防治流砂可采取以下措施。

（1）安排在枯水期施工。因枯水期地下水位低，坑内外水位差小，动水压力不大，不易引起流砂。

（2）抛大石块法。即向基坑内抛大石块，增加土的压重，以平衡动水压力。采用此法时，应组织分段抢挖。使挖土速度超过流砂速度，挖至设计标高后，即铺设芦席，并抛填大石块把流砂压住。此法对于解决局部或轻微的流砂现象有效。

（3）打钢板桩法。将钢板桩打入坑底下面一定深度，增加地下水从坑外流到坑内的渗流路径，减小水力梯度，减小动水压力，防止流砂现象。

（4）人工降低地下水位法，如采用轻型井点、喷射井点及管井井点等，使动水压力的方向向下，增大土粒间的压力，有效地阻止流砂现象，此法采用较广也较可靠。

（5）地下连续墙。即沿基坑周边筑起一道连续的钢筋混凝土墙，阻止地下水流入基坑内。

2.2.2.2　基坑井点降水

井点降水是对基坑内的地下水或基坑底板以下的承压水进行疏干或减压，便于基坑内土方开挖和地下结构施工。井点降水方案设计，要从水文地质报告中查阅含水层的水文地质参数、工程地质参数，包括土的渗透系数、压缩模量、孔隙比等。基坑地下水的控制方案设计，事先需仔细调查邻近地下管线的渗漏情况及地表水源的补给情况，并宜根据当地地层特点及施工经验确定。

1. 井点降水的分类

根据不同的土质和降水深度，应采用不同的井点降水形式，常用的降水形式可参照表2-2-2。

表 2-2-2　　　　　　　　降水类型及适用条件

降水类型 ＼ 适合条件	渗透系数（cm/s）	可能降低的水位深度（m）
轻型井点 多级轻型井点	$10^{-2} \sim 10^{-5}$	3～6 6～12
喷射井点	$10^{-3} \sim 10^{-6}$	8～20
电渗井点	$< 10^{-6}$	宜配合其他形式降水使用
深井井点	$\geqslant 10^{-5}$	＞10

（1）轻型井点。轻型井点是沿基坑四周每隔一定距离埋入井点管（直径38～51mm，长5～7m的钢管）至蓄水层内，利用抽水设备将地下水从井点管内不停抽出，使原有地下水降至坑底以下。在施工过程中要不断的抽水，直至施工完毕。

（2）喷射井点。在井点管内部装设特制的喷射器，用高压水泵或空气压缩机通过井点管中的内管向喷射器输入高压水（喷水井点）或压缩空气（喷气井点）形成水气射流，将地下水经井点外管与内管之间的缝隙抽出排走，降水深度可达8～20m。喷射井点设备，主要由喷射井管、高压水泵和管路系统组成。适合于基坑开挖较深、降水深度大于6m、土渗透系数为0.1～200.0m/d的基坑降水。

（3）电渗井点。电渗井点是井点管作阴极，在其内侧相应地插入钢筋或钢管做阳极，通入直流电后，在电场的作用下，使土中的水流加速向阴极渗透，流向井点管。这种方法耗电多，只在土的渗透系数小于0.1m/d时使用。

（4）管井井点。管井井点是沿基坑每隔一定距离设置一个管井，每个管井单独用一台水泵不断抽水来降低水位，在地下水量大的情况下比较适用。

（5）深井井点。当降水深度超过15m时，管井井点采用一般的潜水泵和离心泵满足不了降水的要求时，可加大管井深度，改用深井泵即深井井点来解决。深井井点一般可降低水位30～40m，有的甚至可以达到100m以上。

2．井点降水工艺

（1）轻型井点、喷射井点：施工准备→井点管布置→井点管埋设→井点管系统运行→井点管拆除。

（2）管井井点：施工准备→井点管布置→井点管埋设→水泵设置→井点管系统运行→井点管拆除。

（3）深井井点：施工准备→做井口、安护筒→钻机就位、钻孔→填井底砂石垫层→吊放井管→回填管壁与井壁间砂滤层→安装抽水控制电器→试抽→正常降水运行→拆除。

（4）电渗井点：施工准备→阴极井点埋设→阳极埋设→接通电路→正常降水运行→拆除。

3．轻型井点降水施工

首先要了解井点设备、井点布置方案等。井点系统布置应根据水文地质资料、工程要求和设备条件等确定。一般要求掌握的水文地质资料有：地下水含水层厚度、承压或非承压水及地下水变化情况、土质、土的渗透系数、不透水层位置等。要求了解的工程特点主要有：基坑（槽）形状、大小及深度，此外尚应了解设备条件，如井管长度，泵的抽吸能力等。

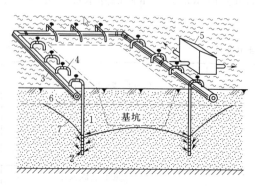

图 2-2-2　轻型井点设备
1—井点管；2—滤管；3—总管；4—弯联管；5—水泵房；6—原有地下水位线；7—降低后地下水位线

轻型井点设备由管路系统和抽水设备组成（图 2-2-2）。管路系统包括滤管、井点管、弯联管及总管等。抽水设备可以选择干式真空泵、射流泵和隔膜泵等，抽水设备的功率和能负担的总管长度见表 2-2-3。

表 2-2-3　　　　各种轻型井点的配用功率和井点根数与总管长度

轻型井点类别	配用功率（kW）	井点根数（根）	总管长度（m）
干式真空泵井点	18.5～22	70～100	80～120
射流泵井点	7.5	25～40	30～50
隔膜泵井点	3	30～50	40～60

轻型井点布置包括高程布置与平面布置。平面布置即确定井点布置的形式、总管长度、井点管数量、水泵数量及位置等。高程布置则确定井点管的埋置深度。

（1）平面布置。根据基坑（槽）形状，轻型井点可采用单排布置，如图 2-2-3（a）所示；双排布置，如图 2-2-3（b）所示；环形布置，如图 2-2-3（c）所示；当土方施工机械需进出基坑时，也可采用 U 形布置，见图 2-2-3（d）。

单排布置适用于基坑、槽宽度小于 6m，且降水深度不超过 5m 的情况，井点管应布置在地下水的上游一侧，两端延伸长度不宜小于坑、槽的宽度。

双排布置适用于基坑宽度大于 6m 或土质不良的情况。

环形布置适用于大面积基坑。如采用 U 形布置，则井点管不封闭的一段应设在地下水的下游方向。

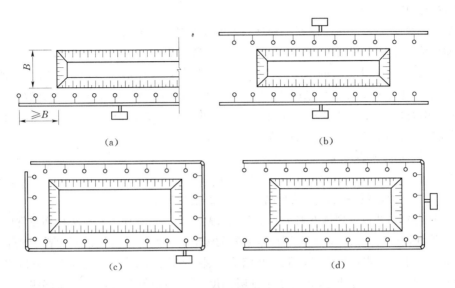

图 2-2-3　轻型井点的平面布置

(a) 单排布置；(b) 双排布置；(c) 环形布置；(d) U 形布置

（2）高程布置。高程布置主要确定井点管埋设深度，即滤管上口至总管埋设面的距离（图 2-2-4），可按式（2-2-1）计算：

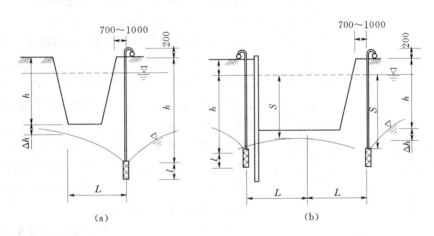

图 2-2-4　高程布置计算

(a) 单排井点；(b) 双排 U 形或环形布置

$$h \geqslant h_1 + \Delta h + iL \qquad (2-2-1)$$

式中　h——井点管埋深，m；

　　　h_1——总管埋设面至基底的距离，m；

　　　Δh——基底至降低后的地下水位线的距离，m；

　　　i——水力坡度；

　　　L——井点管至水井中心的水平距离，当井点管为单排布置时为井点管至对边坡脚的水平距离，m。

上述公式中有关数据取值如下：

Δh 一般取 0.5～1.0m，根据工程性质和水文地质状况确定。

i 的取值：单排布置时 $i=1/4$～$1/5$；双排布置时 $i=1/7$；环形布置时 $i=1/10$。

L 为井点管至水井中心的水平距离，当基坑井点管为环形布置时，L 取短边的长度，这是由于沿长边布置的井点管的降水效应，比沿短边方向布置的井点管强的缘故。当基坑（槽）两侧对称时，则 L 就是井点管至基坑中心的水平距离，如坑（槽）两侧不对称（如一边打板桩、一边放坡），则不能从基坑中心计算。

计算结果尚应满足式（2-2-2）

$$h \leqslant h_{p_{\max}} \tag{2-2-2}$$

式中　　$h_{p_{\max}}$——抽水设备的最大抽吸高度，一般轻型井点 6～7m。

当计算得到的井点管埋深 h 略大于水泵抽吸高度 $h_{p_{\max}}$，且地下水位离地面较深时，可采用降低总管埋设面的方法，以充分利用水泵的抽吸能力，此时总管埋设面可置于地下水位线以上，如略低于地下水位线也可，但在开挖第一层土方埋设总管时，应设集水井降水。

当计算得到的井点管埋深 h 与水泵抽吸高度 $h_{p_{\max}}$ 相差很多时，则可用多级井点。

任何情况下，滤管必须埋设在含水层内。

井点管布置应离坑边有一定距离（0.7～1.0m），以防止边坡塌土而引起局部漏气。

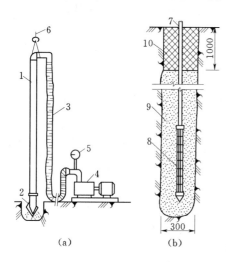

图 2-2-5　井点管埋设示意图
（a）冲孔；（b）埋管
1—冲管；2—冲嘴；3—胶皮管；4—高压水泵；
5—压力表；6—起重机吊钩；7—井点管；
8—滤管；9—填砂；10—黏土封口

轻型井点的安装程序：总管→井点管→弯联管→抽水设备。井点管的埋设工艺（图 2-2-5）包括冲孔、钻孔、水冲法及振动水冲法。

轻型井点使用时，一般应连续抽水。正常的出水规律是"先大后小，先浑后清"。真空度是判断井点系统工作情况是否良好的尺度。在抽水过程中，还应检查有无堵塞"死井"现象。工作正常的井管，用手触摸时，应有冬暖夏凉的感觉，也可从弯联管上的透明阀门观察水流状况。如死井太多，严重影响降水效果时，应逐个用高压水冲洗或拔出重埋。为观察地下水位的变化，可在影响半径内设观察孔，具体施工时要注意以下要点。

（1）冲孔时，先用起重设备将冲管吊起并插在井点的位置上，然后开动高压水泵，将土冲松，冲管则边冲边沉。冲孔直径一般为 300mm，以保证井管四周有一定厚度的砂滤层，冲孔深度宜比滤管底深 0.5m 左右，以防冲管拔出时，部分土颗粒沉于底部而触及滤管底部。

（2）井孔冲成后，立即拔出冲管，插入井点管，并在井点管与孔壁之间迅速填灌砂滤层，以防孔壁塌土。砂滤层的填灌质量是保证轻型井点顺利抽水的关键。一般宜选用干净粗砂，填灌均匀，并填至滤管顶上 1～1.5m，以保证水流畅通。

（3）井点填砂后，须用黏土封口，以防漏气。

（4）井点系统全部安装完毕后，需进行试抽，以检查有无漏气现象。开始抽水后一般不能停抽。时抽时止，滤网易堵塞，也容易抽出土粒，使水浑浊，引起附近建筑物由于土粒流失而沉降开裂。正常的排水是细水长流，出水澄清。

（5）抽水时需要经常检查井点系统工作是否正常，以及检查观测井中水位下降情况，如果有较多井点管发生堵塞，影响降水效果时，应逐根用高压水反向冲洗或拔出重埋。

2.2.3　学习情境

2.2.3.1　资讯

通过本课题的学习，要求学生掌握集水井排水法和井点降水工艺。班级可分组完成以下任务：分析下述工程案例，并讨论回答相关问题。

某地下车库基坑工程，基坑开挖面积为 $4500m^2$ 左右，场地原先为老住宅和部分农田。根据本地区土层的普遍情况分析，土层的含水量较高。基坑的开挖深度在自然地坪以下 $5.5m$ 左右，基底的土层为②₃层土，该土层的含水量 $w=40\%$ 左右，孔隙比 e 为 1.2。工程前期地勘时曾做过抽水实验，抽水试验表明该土层渗透系数 $K=2.8\times10^{-4}cm/s$，具有中等透水性，基坑日涌水量约在 $250\sim350m^3/d$，坑底以上部分的土层含水量较高，可能有流砂现象的产生。根据本基坑的特点，考虑采用轻型井点系统的降水方案，为了能保证基坑内的干燥度，及土体的稳定性，必须合理布置好基坑内外降水井点，给开挖工程创造有利条件。

结合案例请回答以下问题：

（1）本工程能否采用集水井明排法？针对可能出现的流砂现象，应采取哪些措施？

（2）轻型井点降水的设备选择主要考虑哪些技术参数？

（3）轻型井点降水施工有哪些注意事项？如何检查井点是否正常工作？如果发现堵管现象应如何处理？

（4）试编写该工程的井点降水施工方案（提示：主要内容包括：工程概况、施工方案、技术措施、机械设备、人员配置、安全措施）。

2.2.3.2　下达工作任务

工作任务见表 2-2-4。

表 2-2-4

工 作 任 务 表

任务内容：基坑降水施工方案编写			
小组号：	小组成员		
任务要求： 　1. 按照所在组号，回答指定问题，并编制基坑降水方案； 　2. 各组只需上交一份书面材料，要求交打印稿（包括封面、目录、正文），小组成员共同署名	备注： 　1. 可到图书馆查阅相关工程资料； 　2. 利用互联网络查阅相关工程案例		组织： 　全班按每组 4～6 人分组进行，每组选 1 名组长负责协调工作
组长：＿＿＿＿＿＿			＿＿年＿＿月＿＿日

2.2.3.3　制定计划

制定计划见表 2-2-5。

表 2-2-5　　　　　　　　　　计　划　表

小组号		成员		组长	
分　工　安　排					
组员	任　务　内　容				

2.2.3.4　实施计划

教师组织学生分组完成基坑降水施工方案编写任务，其中学习内容及咨询要求在 2 学时内完成，任务成果要求在完成任务咨询后 2 周内上交，期间指导学生查阅资料，整理文档，并进行相关答疑。

最后可汇总各组的结果，组织讨论方案的规范性、合理性，结合成果质量及学生讨论表现评定成绩。

2.2.3.5　自我评估与评定反馈

通过方案编制，学生可以反馈对知识的掌握情况，教师也可以结合学生任务完成情况进行查漏补缺及成绩评定。

1. 学生自我评估

学生自我评估见表 2-2-6。

表 2-2-6　　　　　　　　学　生　自　我　评　估

任务		基坑降水施工方案编写			
小组号		学生姓名		学号	
序号	自检项目	分数权重	评　分　要　求		自评分
1	任务完成情况	40	按要求按时完成任务		
2	成果质量	20	文本规范、内容合理		
3	学习纪律	20	按照平时表现		
4	团队合作	20	服从组长安排，能配合他人工作		
学习心得与反思：					

小组评分：_____　　组长：_____　　时间：_____

2. 教师评定反馈

教师评定反馈见表2-2-7。

表2-2-7 教师评定反馈表

任务			基坑降水施工方案编写		
小组号			学生姓名		学号
序号	检查项目	分数权重	评分要求		自评分
1	任务完成速度	20	按要求按时完成任务		
2	学习纪律	10	按照平时表现		
3	成果质量	50	文本规范、内容合理		
4	团队合作	20	服从组长安排，能配合他人工作		
存在问题：					

教师评分：_____ 教师：_____ 时间：_____

思 考 题

（1）地下水对基础工程施工有哪些影响？如果不采取正确的排水措施对工程有哪些影响？

（2）集水井排水法适用于哪些情况？选择排水设备时主要考虑哪些问题？

（3）简述井点降水系统的分类及各种井点的施工工艺。

（4）简述井点降水操作要点，如何判断井点降水系统是否正常工作，及排除因堵管引起的系统故障？

课题3 基坑支护施工

2.3.1 学习目标

（1）通过本课题的学习，了解基坑支护的原理及重要性，知道基坑支护设计的基本规定，会应用基坑支护设计文件。

（2）知道基坑支护的类型及各类支护类型的施工要求。

（3）了解各类基坑支护结构的工艺流程，会制定基坑支护施工专项方案。

2.3.2 学习内容

一般地质条件下的建筑物和一般构筑物的基坑工程勘察、支护设计、施工、检测及基坑开挖与监控应符合JGJ 120—99《建筑基坑支护技术规程》的规定。在建筑基坑支护设计与施工中应做到技术先进、经济合理，确保基坑边坡稳定、基坑周围建筑物、道路及地下设施安全。基坑支护设计与施工，应综合考虑工程地质与水文地质条件、基础类型、基坑开挖深度、降排水条件、周边环境对基坑侧壁位移的要求、基坑周边荷载、施工季节、支护结构使用期限等因素，做到因地制宜，因时制宜，合理设计，精心施工，严格监控。

2.3.2.1 支护结构的破坏形式

深基坑支护结构可分为非重力式支护结构（柔性支护结构）和重力式支护结构（刚性支护结构）。非重力式支护结构包括钢板桩、钢筋混凝土板桩和钻孔灌注桩、地下连续墙等；重力式支护结构包括深层搅拌水泥土挡墙和旋喷帷幕墙等。

非重力式支护结构的破坏包括强度破坏（图 2-3-1）和稳定性破坏（图 2-3-2）。强度破坏包括：支护结构倾覆破坏，破坏的原因是存在过大的地面荷载，或土压力过大引起拉杆断裂，或锚固部分失效；当支护结构入土深度不够，或挖土超深，水的冲刷等都可能产生支护结构底部向外移动；当选用的支护结构截面不恰当或对土压力估计不足时，容易出现支护结构受弯破坏。

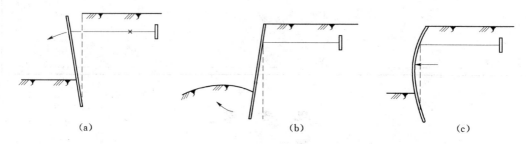

图 2-3-1 非重力式支护结构强度破坏形式
(a) 倾覆破坏；(b) 底部向外移动；(c) 受弯破坏

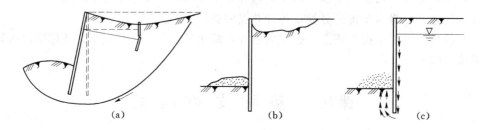

图 2-3-2 非重力式支护结构的稳定性破坏
(a) 墙后土体整体滑动失稳；(b) 坑底隆起；(c) 管涌或流砂

稳定性破坏包括以下情况：

(1) 墙后土体整体滑动失稳。破坏原因包括：①开挖深度很大，地基土软弱；②地面大量堆载；③锚杆长度不足。

(2) 坑底隆起。当地基土软弱、挖土深度过大或地面存在超载时容易出现这种破坏。

(3) 管涌或流砂。当坑底土层为无黏性的细颗粒土，如粉土或粉细砂，且基坑内外存在较大水位差时，易出现这种破坏。

重力式支护结构的破坏也包括强度破坏和稳定性破坏两个方面。强度破坏只有当水泥土抗剪强度不足时，会产生剪切破坏，为此需验算最大剪应力处的墙身应力。稳定性破坏包括以下情况：若水泥土挡墙截面、质量不够大，支护结构在土压力作用下产生整体倾覆；若水泥土挡墙与土之间的抗滑力不足以抵抗墙后的推力，会产生整体滑动破坏。

其他破坏形式如土体整体滑动失稳、坑底隆起和管涌或流砂与非重力式支护结构相似。

2.3.2.2　基坑支护基本规定

基坑支护结构应采用以分项系数表示的极限状态设计表达式进行设计，基坑支护结构极限状态包括：承载能力极限状态，对应于支护结构达到最大承载能力或土体失稳、过大变形导致支护结构或基坑周边环境破坏；正常使用极限状态，对应于支护结构的变形已妨碍地下结构施工或影响基坑周边环境的正常使用功能。基坑支护设计内容应包括对支护结构计算和验算，质量检测及施工监控的要求。当有条件时基坑应采用局部或全部放坡开挖，坡度应满足稳定性要求。

1.支护结构的类型

支护结构可根据基坑周边环境、开挖深度、工程地质与水文地质、施工作业设备和施工季节等条件，按表2-3-1选用排桩、地下连续墙、水泥土墙、逆作拱墙、土钉墙、原状土放坡或采用上述型式的组合。

表2-3-1　　　　　　　　　　　支护结构选型表

结构型式	适　用　条　件
排桩或地下连续墙	（1）适于基坑侧壁安全等级一、二、三级； （2）悬臂式结构在软土场地中宜不大于5m； （3）当地下水位高于基坑底面时宜采用降水排桩加截水帷幕或地下连续墙
水泥土墙	（1）基坑侧壁安全等级宜为二、三级； （2）水泥土桩施工范围内地基土承载力宜不大于150kPa； （3）基坑深度宜不大于6m
土钉墙	（1）基坑侧壁安全等级宜为二、三级的非软土场地； （2）基坑深度宜不大于12m； （3）当地下水位高于基坑底面时，应采取降水或截水措施
逆作拱墙	（1）基坑侧壁安全等级宜为二、三级； （2）淤泥和淤泥质土场地不宜采用； （3）拱墙轴线的矢跨比宜不小于1/8； （4）基坑深度宜不大于12m； （5）地下水位高于基坑底面时，应采取降水或截水措施
放坡	（1）基坑侧壁安全等级宜为三级； （2）施工场地应满足放坡条件； （3）可独立或与上述其他结构结合使用； （4）当地下水位高于坡脚时应采取降水措施

支护结构选型应考虑结构的空间效应和受力特点，采用有利支护结构材料受力性状的型式，软土场地可采用深层搅拌、注浆、间隔或全部加固等方法。对局部或整个基坑底土进行加固或采用降水措施提高基坑内侧被动抗力。

2. 质量检测

支护结构施工及使用的原材料及半成品应遵照有关施工验收标准进行检验。对基坑侧壁安全等级为一级或对构件质量有怀疑的安全等级为二级和三级的支护结构应进行质量检测。检测工作结束后应提交质量检测报告。

3. 基坑开挖

基坑开挖应根据支护结构设计、降排水要求，确定开挖方案。基坑边界周围地面应设排水沟，且应避免漏水、渗水进入坑内；放坡开挖时，应对坡顶、坡面、坡脚采取降排水措施。基坑周边严禁超堆荷载。软土基坑必须分层均衡开挖，层高不宜超过 1m。基坑开挖过程中，应采取措施防止碰撞支护结构、工程桩或扰动基底原状土。发生异常情况时，应立即停止挖土，并应立即查清原因和采取措施，方能继续挖土。

4. 开挖监控

基坑开挖前应做出系统的开挖监控方案，监控方案应包括监控目的、监测项目、监控报警值、监测方法及精度要求、监测点的布置、监测周期、工序管理、记录制度及信息反馈系统等。监测点的布置应满足监控要求，从基坑边缘以外 1～2 倍开挖深度范围内的需要保护物体均应作为监控对象。位移观测基准点数量不少于两点，且应设在影响范围以外。各项监测的时间间隔可根据施工进程确定。当变形超过有关标准或监测结果变化速率较大时，应加密观测次数。当有事故征兆时，应连续监测。基坑开挖监测过程中，应根据设计要求提交阶段性监测结果报告；工程结束时应提交完整的监测报告。

2.3.2.3　典型支护结构

2.3.2.3.1　排桩支护结构

排桩支护结构是以单排或双排钢筋混凝土灌注桩作为边坡支护结构。利用钢筋混凝土桩身的抗弯、抗剪能力承受桩后土体压力。当基坑深度较大或坑顶荷载较大时，可与预应力锚杆一起形成支护体系。排桩式支护结构可分为悬臂式、内支撑式、锚拉式，还可以分为单排、双排、锚拉桩形式（图 2-3-3）。

排桩结构是深基坑支护结构中常见的形式之一，排桩结构占用场地面积小，尤其在施工现场受到限制较为适用。排桩支护结构必须经过设计及承载力验算后方可采用。排桩之间往往有一定间距，需要采用辅助的技术方法达到隔离地下水的作用。

排桩的施工应符合以下要求。

（1）排桩桩位施工偏差宜不大于 50mm，桩的垂直度偏差宜不大于 1.0%，并且不应影响地下结构的施工。

（2）当排桩不承受垂直荷载时，钻孔灌注桩桩底沉渣不宜超过 200mm。当兼作承重结构时，桩底沉渣按 JGJ 94—2008《建筑桩基技术规范》的有关要求执行。

（3）采用灌注桩工艺的排桩宜采取隔桩施工的成桩顺序，并应在灌注混凝土 24h 后进行邻桩成孔施工。

（4）沿周边非均匀配置纵向钢筋的排桩，钢筋笼在绑扎、吊装和安放时，钢筋笼纵向钢筋的平面角度误差不应大于 10°。

（5）排桩施工的其他要求应按 JGJ 94—2008《建筑桩基技术规范》执行。

（6）对排桩施工有特殊要求时，应按其特殊要求执行。

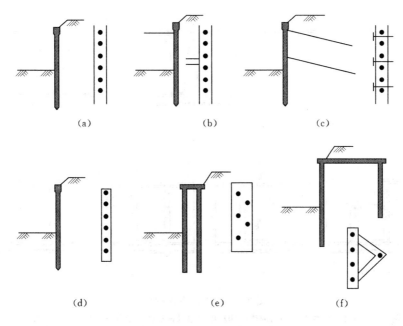

图 2-3-3 排桩支护结构

（a）悬臂式；（b）内支撑式；（c）锚拉式；（d）单排式；（e）双排式；（f）锚拉桩

（7）排桩的检测应符合下列要求：宜采用低应变动测法检测桩身完整性，检测数量宜不少于总桩数的 10%，且不得少于 5 根；当根据低应变动测法判定的桩身缺陷可能影响桩的水平承载力时，应采用钻芯法补充检测，检测数量不宜少于总桩数的 2%，且不得少于 3 根。

2.3.2.3.2　地下连续墙支护结构

地下连续墙开挖技术起源于欧洲。它是根据打井和石油钻井使用泥浆和水下浇注混凝土的方法而发展起来的，1950 年在意大利米兰首先采用了泥浆护壁地下连续墙施工。20 世纪 50～60 年代该项技术在西方发达国家及前苏联得到推广，成为地下工程和深基础施工中有效的技术。地下连续墙支护结构与钻孔灌注桩支护结构型式基本相同，其特殊功能在于可以既挡土又挡水，同时可以兼作主体结构一部分，从软土地基到坚硬地基均可采用。

1. 地下连续墙的分类

一般地下连续墙可以定义为：利用各种挖槽机械，借助泥浆的护壁作用，在地下挖出窄而深的沟槽，并在其内浇注适当的材料而形成一道具有防渗（水）、挡土和承重功能的连续的地下墙体（图 2-3-4）。

（1）按成墙方式可分为：①桩排式；②槽板式；③组合式。

（2）按墙的用途可分为：①防渗墙；②临时挡土墙；③永久挡土（承重）墙；④作为基础用的地下连续墙。

（3）按墙体材料可分为：①钢筋混凝土墙；②塑性混凝土墙；③固化灰浆墙；④自硬泥浆墙；⑤预制墙；⑥泥浆槽墙（回填砾石、黏土和水泥三合土）；⑦后张预应力地下连续墙；⑧钢制地下连续墙。

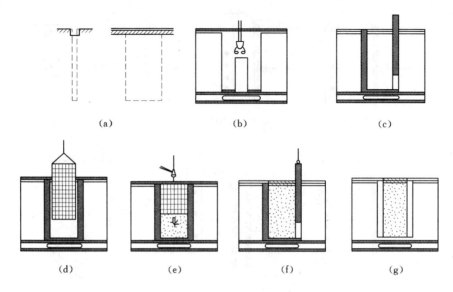

(a)　　　　　　　　　　(b)　　　　　　　　　　(c)

(d)　　　　　(e)　　　　　(f)　　　　　(g)

图 2-3-4　地下连续墙

(a) 准备开挖的地下连续墙沟槽；(b) 用专用机械进行沟槽开挖；(c) 安放接头管；
(d) 安放钢筋笼；(e) 水下混凝土灌筑；(f) 拔除接头管；(g) 已完工的槽段

（4）按开挖情况可分为：①地下连续墙（开挖）；②地下防渗墙（不开挖）。

2. 施工工艺及特点

（1）施工工艺。在挖基槽前先作保护基槽上口的导墙，用泥浆护壁；按设计的墙宽与墙深分段挖槽，放置钢筋骨架，用导管灌注混凝土置换出护壁泥浆，形成一段钢筋混凝土墙。逐段连续施工成为连续墙。施工主要工艺为导墙、泥浆护壁、成槽施工、水下灌注混凝土、墙段接头处理等。

1）导墙。导墙通常为就地灌注的钢筋混凝土结构。主要作用是：保证地下连续墙设计的几何尺寸和形状；容蓄部分泥浆，保证成槽施工时液面稳定；承受挖槽机械的荷载，保护槽口土壁不破坏，并作为安装钢筋骨架的基准。导墙深度一般为 1.2～1.5m。墙顶高出地面 10～15cm，以防地表水流入而影响泥浆质量。导墙底不能设在松散的土层或地下水位波动的部位。

2）泥浆护壁。通过泥浆对槽壁施加压力以保护挖成的深槽形状不变，灌注混凝土时把泥浆置换出来。泥浆材料通常由膨润土、水、化学处理剂和一些惰性物质组成。泥浆的作用是在槽壁上形成不透水的泥皮，从而使泥浆的静水压力有效地作用在槽壁上，防止渗水和槽壁土剥落，保持壁面的稳定。同时，泥浆还有悬浮土渣和将土渣携带出地面的功能。

在砂砾层中成槽，必要时可采用木屑、蛭石等挤塞剂防止漏浆。泥浆使用方法分静止式和循环式两种。泥浆循环使用时，应用振动筛、旋流器等净化装置处理。在指标恶化后要考虑采用化学方法处理或废弃旧浆，换用新浆。

3）成槽施工。成槽的专用机械有旋转切削多头钻、导板抓斗、冲击钻等。施工时应视地质条件和筑墙深度选用。一般土质较软，深度在 15m 左右时，可选用普通导板抓斗；对密实的砂层或含砾土层可选用多头钻或加重型液压导板抓斗；在含有大颗粒卵砾石或岩基中成槽，以选用冲击钻为宜。槽段的单元长度一般为6～8m，通常结合土质情况、钢筋骨架重量及结构尺寸、划分段落等决定。成槽后需静置4h，并使槽内泥浆比重小于1.3。

4）水下灌注混凝土。采用导管法按水下混凝土灌注法进行，但在用导管开始灌注混凝土前为防止泥浆混入混凝土，可在导管内吊放一管塞，依靠灌入的混凝土压力将管内泥浆挤出。混凝土要连续灌注并测量混凝土灌注量及上升高度。所溢出的泥浆送回泥浆沉淀池。

5）墙段接头处理。地下连续墙是由许多墙段拼组而成，为保持墙段之间连续，接头采用锁口管工艺，即在灌注槽段混凝土前，在槽段的端部预插一根直径和槽宽相等的钢管（即锁口管），待混凝土初凝后将钢管徐徐拔出，使端部形成半凹榫状。也有根据墙体结构受力需要而设置刚性接头的，以使先后两个墙段连成整体。

（2）工艺特点。地下连续墙施工震动小、噪声低，墙体刚度大，防渗性能好，对周围地基无扰动，可以组成具有很大承载力的任意多边形连续墙代替桩基础、沉井基础或沉箱基础。对土壤的适应范围很广，在软弱的冲积层、中硬地层、密实的砂砾层及岩石地基中都可施工。但墙板之间的接缝技术是地下连续墙封水防渗的关键。地下连续墙有以下特点：

1）墙体刚度大，用于基坑开挖时，可承受很大的土压力，可以有效防止由于基坑开挖过程中可能造成周边建（构）筑物的倾斜、沉降。

2）适用于多种地基条件。地下连续墙对地基的适用范围很广，从软弱的冲积地层到中硬的地层、密实的砂砾层，各种软岩和硬岩等所有的地基都可以建造地下连续墙。

3）可用作刚性基础，并兼作主体结构地下室外墙，可降低主体结构造价。

4）可用作承重基础，替代边墙桩基，防渗性能好，由于墙体接头形式和施工方法的改进，使地下连续墙几乎不透水，还可用作防渗结构和隔振结构。

5）地下连续墙最深可达120m，一般可达50～60m，是其他方法难以实现的。

6）占地少、噪音低、震动小，适用于城市中的深基坑工程。

3. 施工要求

地下连续墙的施工应符合以下要求。

（1）施工前宜进行地下连续墙成槽试验，并根据试验结果确定施工工艺和技术参数。

（2）槽段的长度、厚度、深度、倾斜度偏差应符合以下要求。

1）槽段长度（沿轴线方面）允许偏差为±50mm。

2）槽段厚度允许偏差为±10mm。

3）槽段倾斜度不大于1/150。

（3）地下连续墙施工的其他要求应符合 GB 50202—2002《建筑地基基础工程施工质量验收规范》的有关规定。

（4）对地下连续墙施工有特殊要求时，应按其特殊要求执行。

地下连续墙宜采用声波透射法检测墙身结构质量，检测槽段数应不少于总槽段数的20%，且不应少于3个槽段。

2.3.2.3.3　土钉墙支护结构

土钉墙（图 2-3-5）又称为土钉支护技术，它是在原位土中敷设较为密集的土钉，并在土边坡表面构筑钢丝网喷射混凝土面层，通过土钉、面层和原位土体三者的共同作用来支护坑壁。土钉支护技术具有施工简便、快速及时，机动灵活、适用性强、随挖随支、安全经济等特点。

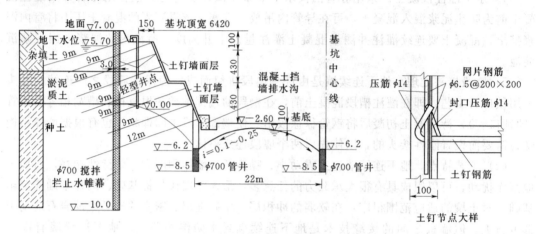

图 2-3-5　土钉墙（单位：cm）

土钉支护法以尽可能保持并最大限度地利用基坑边壁土体固有力学强度，变土体荷载为支护结构体系一部分。喷射混凝土在高压气流的作用下高速喷向土层表面，在喷射层与土层间产生"嵌固效应"，并随开挖逐步形成全封闭支护系统，喷射层与嵌固层具有保护和加固表层土，使之避免风化和雨水冲刷、浅层坍塌、局部剥落，以及隔水防渗作用。

土钉的高压注浆可使土体物理力学性能得到改善，其内固段深固于滑移面之外的土体内部，外固端同喷网面层联为一体，可把边壁不稳定的倾向转移到内固段及其附近并消除。钢筋网可使喷射层具有更好的整体性和柔性，能有效地调整喷射层与土钉内应力分布。土钉支护通常还采用一些其他辅助支护措施，能有效地用于支护流砂、淤泥、复杂填土、饱和土、软土等不良地质条件下的深基坑。

土钉墙施工是由上而下分步修建的过程，可按以下顺序进行：按设计要求开挖工作面，修整边坡，埋设喷射混凝土厚度控制标志；喷射第一层混凝土；钻孔安设土钉、注浆、安设连接件；绑扎钢筋网，喷射第二层混凝土；设置坡顶、坡面和坡脚的排水系统。

基坑开挖和土钉墙施工应按设计要求自上而下分段分层进行，在上层土钉注浆体及喷射混凝土面层达到设计强度的 70% 后方可开挖下层土方。在机械进行土方作业时，严禁坡壁出现超挖或松动坡壁土体。坡壁宜采用小型机具辅以人工修整，坡面平整度的允许偏差宜为 ±20mm，在坡面喷射混凝土支护前，应清除坡面虚土。

土钉施工宜符合以下规定。

（1）土钉原材料应符合下列规定：土钉钢筋使用前应调直、除锈、除油；注浆材料宜用水泥浆或水泥砂浆，水泥浆水灰比宜为 0.5，水泥砂浆配合比宜为 1:1~1:2（重量比），水灰比宜为 0.38~0.45；水泥砂浆应拌和均匀，随拌随用，一次拌和的砂浆应在初凝前用完。

（2）土钉成孔应符合下列规定：孔深允许偏差为±50mm；孔径允许偏差为±5mm；土钉孔位允许偏差为±100mm；成孔倾角偏差为±3°。

（3）注浆作业应遵守下列规定：注浆前，应将孔内残留及松动的废土清除干净；注浆开始或中途停止超过 30min 时，应用水或稀水泥浆润滑注浆泵及其管路；注浆时，注浆管应插至距孔底 250～500mm 处，在孔口部位宜设置止浆塞及排气管，并应及时补浆；土钉钢筋应在孔内居中设置，定位器间距不应大于 2m。

（4）土钉墙应按下列规定进行质量检测：土钉采用抗拉试验检测承载力，同一条件下，试验数量不宜少于土钉总数的 1%，且不宜少于 3 根，土钉验收合格标准为：土钉抗拉极限承载力平均值应不小于设计采用值，最小值应大于设计采用值的 0.9 倍；喷射混凝土厚度检查应符合下列规定：厚度可采用钻孔法或其他方法检查；检查数量宜为每 100m² 取一组，每组不少于 3 个点；合格条件为，全部检查孔处厚度的平均值应大于设计厚度，最小厚度不小于设计厚度的 80%，并不应小于 50mm。

2.3.2.3.4　其他支挡结构

其他支挡结构的形式还有许多，如各种复合支挡结构（图 2-3-6），包括通过钢筋、织物或灌浆形成的加筋土结构，如土锚、锚钉、搅拌桩、插筋等。

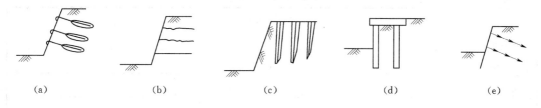

图 2-3-6　复合支挡结构
（a）土锚；（b）锚钉；（c）搅拌桩；（d）双排桩；（e）插筋

2.3.3　学习情境

2.3.3.1　情境设定

通过本课题的学习，班级可分组完成以下任务：由专业教师联系在建施工项目，组织同学到基坑支护施工现场进行参观学习，通过现场观察、咨询和实际操作，认识某种支护结构的具体构造，熟悉支护结构施工工艺，掌握施工的关键工艺，并做好记录。

2.3.3.2　下达工作任务

工作任务见表 2-3-2。

表 2-3-2　　　　　　　　　　　工 作 任 务 表

指导教师：	工地名称：
任务要求： 　1. 现场认识支护结构的构造与施工工艺； 　2. 通过现场观察、询问和操作，熟悉支护施工工艺，掌握施工的各项关键环节，并做好实习记录； 　3. 协作完成本次实习的实习报告	组织： 　全班按每组 4～6 人分组进行，每组选 1 名组长和 1 名副组长； 　组长总体负责联系施工单位，制定本组人员的任务分工，要求组员分工协作，完成任务； 　副组长负责本组人员的实习安全，负责借领、归还安全帽，负责整理实习记录

2.3.3.3 制定计划

制定计划见表 2-3-3。

表 2-3-3　　　　　　　　　　　计　划　表

指导教师		工地名称	
组长		副组长	
序号	姓名	主　要　任　务	

2.3.3.4 实施计划

现场学习记录见表 2-3-4。

表 2-3-4　　　　　　　　　　现 场 学 习 记 录 表

现场学习记录

学习时间：_____　工地名称：_____

指导教师：_____　记 录 人：_____

关键技术：_____

材料设备：_____

施工工艺：_____

施工步骤：_____

质量检验：_____

注意事项：_____

（1）联系具体施工项目，了解该项目采用何种支护技术。

（2）了解参观项目所采用支护结构的具体构造与施工工艺，认真阅读支护结构的施工方案、图纸等文献资料。

（3）学会支护结构施工的关键技术、质量控制与检验。

（4）记录实习过程，撰写学习报告。

2.3.3.5 自我评估与评定反馈

1. 学生自我评估

学生自我评估见表 2-3-5。

表 2−3−5　　　　　　　　　　　学 生 自 我 评 估

实习项目						
工地名称			学生姓名		学号	
序号	自 检 项 目	分数权重	评 分 要 求			自评分
1	学习纪律	15	服从指挥，无安全事故			
2	团队合作	15	服从组长安排，能配合他人工作			
3	任务完成情况	20	按要求按时完成任务			
4	实习记录	20	实习记录详细、规范			
5	学习报告	30	能发现问题，有心得体会			
学习心得与反思：						
小组评分：_____　　　　　　　组长：_____						

2. 教师评定反馈

教师评定反馈见表 2−3−6。

表 2−3−6　　　　　　　　　　　教 师 评 定 反 馈 表

实习项目						
工地名称			学生姓名		学号	
序号	检 查 项 目	分数权重	评 分 要 求			自评分
1	学习纪律	15	服从指挥，无安全事故			
2	团队合作	15	服从组长安排，能配合他人工作			
3	任务完成情况	20	按要求按时完成任务			
4	实习记录	20	实习记录详细、规范			
5	学习报告	30	能发现问题，有心得体会			
存在问题：						
小组评分：_____　　　　　　　组长：_____						

思 考 题

（1）在基础工程施工过程中支护结构有何作用？

（2）支护结构有哪些类型？各类支护结构破坏的原因有哪些？

（3）排桩支护结构的施工和检测有哪些要求？

（4）简述地下连续墙的特点及施工工艺。

（5）简述土钉墙支护结构的施工步骤。

课题 4　土方开挖与回填

2.4.1　学习目标

（1）通过本课题的学习，掌握土方开挖施工准备，并能结合测量课程中所学的测量知识进行建筑物测量放线及土方开挖的平面和高程控制。

（2）了解基坑边坡的坡度确定方法，会基坑开挖的施工程序，以及在开挖过程采取正确的安全措施。

（3）了解土方回填材料要求，知道影响土方回填质量的主要因素，并会在施工过程中采取正确的质量控制措施。

（4）掌握土方回填工程质量验收标准及土方回填质量问题的处理方法。

2.4.2　学习内容

2.4.2.1　施工准备

在基坑土方开挖之前，要详细了解施工区域的地形和周围环境、土层种类及其特性、地下设施情况、支护结构的施工质量、土方运输的通道及出口、政府及有关部门关于土方外运的要求和规定（如部分城市规定只有夜间才允许土方外运）；优化选择挖土机械和运输设备；确定堆土场地或弃土处；确定挖土方案和施工组织；对支护结构、地下水位及周围环境进行必要的监测和保护。

1. 技术准备

（1）检查图纸和资料是否齐全。

（2）了解工程规模、结构形式、特点。

（3）熟悉建筑施工场地的地质、水文勘察资料。

（4）图纸会审，向参与施工人员层层进行技术交底。

2. 编制施工方案

包括研究制定现场场地整平、基坑开挖施工方案；绘制施工总平面布置图和基坑土方开挖图；确定开挖路线、顺序、范围、坑底标高、边坡坡度、排水沟、集水井位置，以及挖方堆放地点；提出需用施工机具、劳动力、推广新技术计划；确定施工安全防护方案等。

3. 查勘施工现场

摸清工程场地情况，收集施工需要的各项资料，包括地形、地貌、水文地质、河流、气象、运输道路、邻近建筑物、地下基础、管线、电缆、防空洞、地面施工范围内的障碍物和堆积物状况、供水、供电、通信设施，防洪排水系统等，以便为施工规划和准备提供可靠的资料和数据。

4. 机具、物资及人员准备

做好设备调配，对进场挖土机械、运输车辆及各种辅助设备进行维修检查，试运转，并运至使用地点就位；准备好施工用料，按施工现场平面布置图的设计要求堆放。

组织并配备土方工程施工所需人员，组织安排好作业班次，制定完善的岗位责任制和技术、质量、安全、管理规程，建立技术责任制和质量保证体系，对拟采用的土方工程新机具、新工艺、新技术，组织力量进行调研和试验。

5. 房屋定位、放线

在基础施工之前根据建筑总平面图设计要求，将拟建房屋的平面位置和零点标高在地面上固定下来（图 2-4-1）。定位一般用经纬仪、水准仪和钢尺等测量仪器，根据主轴线控制点，将外墙轴线的四个交点用木桩测设在地面上。房屋外墙轴线测定后，根据建筑平面图将内部所有轴线都一一测出，并用木桩及桩顶面小钉进行标识。龙门桩和控制桩须安置在土方开挖影响范围之外，避免在土方开挖过程中触动桩位。龙门板和控制装上的轴线钉可用于土方开挖后的轴线恢复。

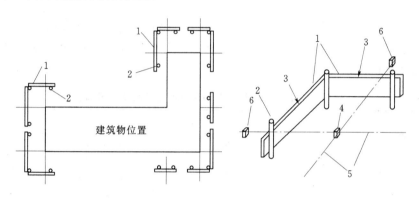

图 2-4-1　建筑物的定位

1—龙门板；2—龙门桩；3—轴线钉；4—轴线桩（角桩）；5—轴线；6—控制桩

房屋定位后，根据基础的宽度、土质情况、基础埋置深度及施工方法，计算确定基槽（坑）上口开挖宽度，拉通线后用石灰在地面上画出基槽（坑）开挖的上口边线。基槽（坑）上口开挖宽度要结合基础平面布置图、基础详图和施工方案确定，并留设足够的工作面。

2.4.2.2　土方开挖

基坑土方开挖分两种方式：①无支护结构放坡开挖方式；②有支护结构开挖。基坑（槽）或管沟在地质条件和周围环境允许时，可采用放坡开挖。但在建筑稠密地区施工或受周围市政设施的限制，以及深基坑开挖时，放坡开挖会大量增加土方量，就需要先设置支护结构，然后再开挖土方，以保证施工安全。

土方边坡坡度 $=h/b=1/(b/h)=1:m$（图 2-4-2），$m=b/h$ 称为边坡系数。土方边坡坡度一般在设计文件上有规定，若设计文件上无规定，可按照 GB 50202—2002《建筑地基基础工程施工质量验收规范》第 6.2.3 条规定执行（表 2-4-1）。边坡系数的确定原则为：保证土体稳定、施工安全，又要节省土方。

当地质条件良好、土质均匀且地下水位低于基坑（槽）或管沟底面标高时，挖方边坡可做成直立壁不加支撑，但深度不宜超过下列规定：密实、中密的砂土和碎石类土（充填物为砂土）：深度小于 1.0m；硬塑、可塑的粉土及粉质黏土：深度小于 1.25m；硬塑、可塑的黏土和碎石类土（充填物为黏性土）：深度小于 1.5m；坚硬的黏土：深度小于 2m。

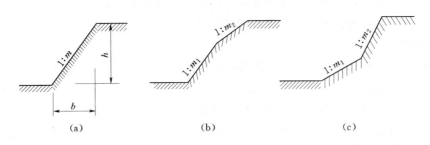

图 2-4-2　土方边坡

(a) 直线边坡；(b) 不同土层折现边坡；(c) 相同土层折线边坡

当地质条件良好，土质均匀且地下水位低于基坑（槽）或管沟底面标高时，挖方深度在5m 以内且不加支撑的边坡的最陡坡度应符合表 2-4-1 的规定。挖土深度超过上述规定时，应考虑放坡或做成直立壁加支撑。

表 2-4-1　　　　深度在 5m 内的基坑（槽）、管沟边坡的最陡坡度（不加支撑）

土 的 类 别	边坡坡度（高∶宽）		
	坡顶无荷载	坡顶有静载	坡顶有动载
中密的砂土	1∶1.00	1∶1.25	1∶1.50
中密的碎石类土（充填物质为砂土）	1∶0.75	1∶1.00	1∶1.25
硬塑的粉土	1∶0.67	1∶0.75	1∶1.00
中密的碎石类土（充填物为黏性土）	1∶0.50	1∶0.67	1∶0.75
硬塑的粉质黏土、黏土	1∶0.33	1∶0.50	1∶0.67
老黄土	1∶0.10	1∶0.25	1∶0.33
软土（经过井点降水后）	1∶1.00	—	—

注　1. 静载指堆土或材料等，动载指机械挖土或汽车运输作业等。静载或动载应距挖方边缘 0.8m 以外，堆土或材料高度不宜超过 1.5m。
　　2. 当有成熟经验时，可不受本表限制。

基坑（槽）或管沟挖好后，应及时进行基础工程或地下结构工程施工。在施工过程中，应经常检查坑壁的稳定情况。当挖地基坑较深或晾槽时间较长时，应根据实际情况采取护面措施，常用的坡面保护方法有帆布、塑料薄膜覆盖法及坡面拉网或挂网法。

2.4.2.2.1　场地开挖

小面积施工多用人工配合小型机具开挖。采取由上而下，分层分段，一端向另一端进行。土方运输采用手推车、皮带运输机、机动翻斗车、自卸汽车等机具。大面积开挖宜用推土机、装卸机、铲运机或挖掘机等大型土方机械，机具的选用和方法可参考表 2-4-2。

土方开挖应具有一定的边坡坡度，以防塌方和保证施工安全。一般说来，临时性挖方边坡坡值可按表 2-4-3 的规定执行。

表 2 - 4 - 2   一般常用土方开挖机械的适用范围

机械名称	作 业 特 点	适 用 范 围	辅 助 机 械
推土机	(1) 推平； (2) 运距 80m 内的推土； (3) 助铲； (4) 牵引	(1) 找平表面，平整场地； (2) 短距离挖运； (3) 拖羊足碾	
铲运机	(1) 找平； (2) 800m 内的挖运土； (3) 填筑堤坝	(1) 场地平整； (2) 运距 100～800m； (3) 距离最小 10m	开挖坚土时需要推土机助铲
正铲挖掘机	(1) 开挖上掌子面； (2) 挖方高度 1.5m 以上； (3) 装车外运	(1) 大型管道基槽； (2) 数千方以上的挖土	(1) 外运应配自卸汽车； (2) 工作面应有推土机配合
反铲挖掘机	(1) 开挖下掌子面； (2) 挖深随装置决定； (3) 可装车和甩土两用	(1) 管沟和基槽； (2) 独立基坑	(1) 外运应配自卸汽车； (2) 工作面应有推土机配合
抓铲挖掘机	(1) 可直接开挖直井； (2) 可装车也可甩土； (3) 钢绳牵拉，工效不高； (4) 液压式的深度有限	(1) 基坑、基槽； (2) 排水不良也能开挖	外运应配自卸汽车
装载机	(1) 开挖停视面以上土方； (2) 轮胎式只能装松散土方、履带式装普通土； (3) 要装车运走	(1) 外运多余土方； (2) 履带式改换挖斗时可用于开挖	(1) 按运距配自卸汽车； (2) 作业面经常用推土机平整，并推松土方
多斗挖沟机	(1) 连续开挖管沟； (2) 一次挖成不放坡； (3) 可外运或堆在沟边	一定宽度和深度的管沟	(1) 外运时配自卸汽车； (2) 挖沟机行驶道路应平坦坚实

表 2 - 4 - 3   临 时 性 挖 方 边 坡 值

土 的 类 别		边坡值（高：宽）
砂土（不合细砂、粉砂）		1：1.25～1：1.50
一般性黏土	硬	1：0.75～1：1.00
	硬、塑	1：1.00～1：1.25
	软	1：1.50 或更缓
碎石类土	充填坚硬、硬塑黏性土	1：0.50～1：1.00
	充填砂土	1：1.00～1：1.50

注 1. 设计有要求时应符合设计标准。

    2. 如果采用降水或其他加固措施，不受本表限制。

    3. 开挖深度，对软土不应超过 4m，对硬土不应超过 8m。

2.4.2.2.2 边坡开挖

（1）场地边坡开挖应采用沿等高线自上而下分层、分段依次进行。

（2）边坡台阶开挖，应做成一定坡度，以利泄水。边坡下部设有护脚及排水沟时，在边坡修完之后，应立即处理台阶的反向排水坡和进行护脚矮墙和排水沟的砌筑和疏通，以保证坡面不被冲刷和影响边坡稳定的范围内积水，否则应采取临时性排水措施。

2.4.2.2.3　基槽开挖

（1）基坑（槽）和管沟开挖，上部应有排水措施，防止地面水流入坑内，以防冲刷边坡造成塌方和破坏基土。

（2）基坑（槽）开挖应先进行测量定位，抄平放线，定出开挖宽度，按放线分块（段）分层挖土。根据土质和水文情况采取在四侧或两侧直立开挖或放坡开挖，以保证施工操作安全。放坡后基坑上口宽度由基础底面宽度及边坡坡度来决定。坑底宽度每边应比基础宽出 15～30cm，以便于基础支模施工操作。

（3）当基坑（槽）的土壤含水量大且不稳定，或基坑较深，受到周围场地限制而需用较陡的边坡或直立开挖但土质较差时，应采用临时性支撑加固。坑、槽宽度按基础底宽每边加 10～15cm，挖土时，土壁要求平直，挖好一层，支一层支撑，挡土板要紧贴土面，并用小木桩或横撑木顶住挡板。开挖宽度较大的基坑，当在局部地段无法放坡，或下部土方受到基坑尺寸限制不能放较大坡度时，则应在下部坡脚采取加固措施。

（4）基坑开挖程序一般是：测量放线→分层开挖→排水、降水→修坡→整平。相邻基坑开挖时，应遵循先深后浅或同时进行。挖土应自上而下水平分段分层进行，每层 0.3m 左右，边挖边检查坑底宽度，不够时及时修整。每 3m 左右修一次坡，至设计标高，再统一进行一次修坡清底，检查坑底宽和标高，要求坑底凹凸不超过 1.5cm。

（5）基坑开挖应尽量防止扰动地基土。当用人工挖土，基坑挖好后不能立即进行下道工序时，应预留 15～30cm 厚的一层土不挖，待下道工序开始再挖至设计标高。采用机械开挖基坑时，为避免扰动基底土壤，应在基底标高以上预留一层土用人工清理。使用铲运机、推土机或多斗挖土机时，保留土层厚度为 20cm；使用正铲、反铲或拉铲挖土时为 30cm。

（6）在地下水位以下挖土，应在基坑（槽）四侧或两侧挖好临时排水沟和集水井，将水位降至坑、槽底以下 500mm，以利挖方进行。降水工作应持续到基础（包括地下水位下回填土）施工完成。

（7）雨季施工时，基坑（槽）应分段开挖，挖好一段浇筑一段垫层，并在基槽两侧围以土堤或挖排水沟，以防地面雨水流入基坑（槽），同时应经常检查边坡和支护情况，以防止坑壁受水浸泡造成塌方。

（8）在基坑（槽）边缘上侧堆土或堆放材料及移动施工机械时，应与基坑边缘保持 1.0m 以上距离，以保证坑边直立壁或边坡的稳定。当土质良好时，堆土或材料应距挖方边缘 0.8m 以外，高度不宜超过 1.5m，并应避免在已完基础一侧过高堆土，使基础、墙、柱位移，酿成事故。

（9）如开挖的基坑槽深于邻近建筑基础时，开挖应保持一定的距离和坡度（图 2-4-3），以免影响邻近建筑基础的稳定，一般应满足下列要求：$h : l \leqslant 0.5 \sim 1.0$。如不能满足要求，应

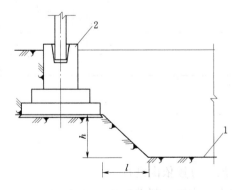

图 2-4-3　基坑槽与邻近基础应保持的距离
1—开挖深基坑槽底部；2—邻近基础

采取在坡脚设挡墙或支撑进行加固处理。

（10）基坑挖完后应进行验槽，做好记录，如发现地基土质与地质勘探报告、设计要求不符时，应与有关人员研究并时处理。

2.4.2.2.4　深基坑开挖

深基坑挖土是基坑工程的重要部分，对于土方数量大的深基坑，基坑工程工期的长短很大程度上取决于挖土的速度。深基坑工程的挖土方案，主要有放坡挖土、中心岛式（也称墩式）挖土、盆式挖土和逆作法挖土。

1. 放坡挖土

放坡开挖是最经济的挖土方案。开挖深度较大的基坑，当采用放坡挖土时，宜设置多级平台分层开挖，每级平台的宽度宜不小于 1.5m。放坡开挖要验算边坡稳定，边坡安全系数，可根据土层性质和基坑大小等条件结合相关施工规程确定。当含有可能出现流砂的土层时，挖土前宜采用井点降水措施。

对土质较差且施工工期较长的基坑，边坡宜采用钢丝网水泥喷浆或用高分子聚合材料覆盖等措施进行护坡。坑顶不宜堆土或堆载（材料或设备），遇有不可避免的附加荷载时，在进行边坡稳定性验算时，应计入附加荷载的影响。

在地下水位较高的软土地区，应在降水达到要求后再进行土方开挖，宜采用分层开挖的方式进行开挖。分层挖土厚度不宜超过 2.5m。挖土时要注意保护工程桩，防止碰撞或因挖土过快、高差过大使工程桩受侧压力而倾斜。应采取有效措施降低坑内水位和排除地表水，严防地表水或坑内排出的水倒流回渗入基坑。

基坑采用机械挖土，坑底应保留 200～300mm 厚基土，用人工清理整平，防止坑底土扰动。挖至设计标高后，应清除浮土，经验槽合格后，及时进行垫层施工。

2. 中心岛（墩）式挖土

中心岛（墩）式挖土，适用于大型基坑，支护结构的支撑型式为角撑、环梁式或边桁（框）架式，中间具有较大空间的情况。施工时可利用中间的土墩作为支点搭设栈桥，挖土机利用栈桥下到基坑挖土，运土的汽车亦可利用栈桥进入基坑运土，这样可以加快挖土和运土的速度（图 2-4-4）。

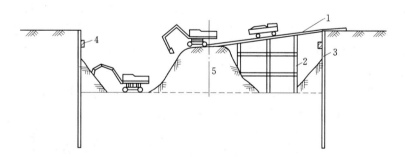

图 2-4-4　中心岛（墩）式挖土示意图
1—栈桥；2—支架（尽可能利用工程桩）；3—围护墙；4—腰梁；5—土墩

中心岛（墩）式挖土，中间土墩的留土高度、边坡的坡度、挖土层次与高差都要经过仔细研究确定。考虑在雨季土墩边坡易滑坡，必要时对边坡尚需加固。

挖土亦分层开挖，多数是先全面挖去第一层，然后中间部分留置土墩，周围部分分层开挖（图 2-4-5）。开挖多用反铲挖土机，如基坑深度大则用向上逐级传递方式进行装车外运（图 2-4-6）。土方开挖顺序，必须与支护结构的设计工况严格一致。要遵循开槽支撑、先撑后挖、分层开挖、严禁超挖的原则。

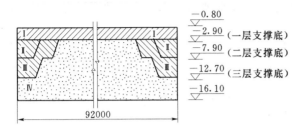

图 2-4-5　墩式土方开挖顺序

（单位：尺寸为 mm，高程为 m）

Ⅰ—第一次挖土；Ⅱ—第二次挖土；

Ⅲ—第三次挖土；Ⅳ—第四次挖土

挖土时，除支护结构设计允许外，挖土机和运土车辆不得直接在支撑上行走和操作。挖土时应尽量缩短围护墙无支撑的暴露时间。对面积较大的基坑，基坑土方宜分层、分块、对称、限时进行开挖，土方开挖顺序要为尽可能早的安装支撑创造条件。

土方挖至设计标高后，对有钻孔灌筑桩的工程，宜边破桩头边浇筑垫层，尽可能早一些浇筑垫层（必要时可加厚作配筋垫层）对围护墙起支撑作用，以减少围护墙的变形。挖土机挖土时严禁碰撞工程桩、支撑、立柱和降水的井点管。分层挖土时，层高不宜过大，以免土方侧压力过大使工程桩变形倾斜，在软土地区尤为重要。

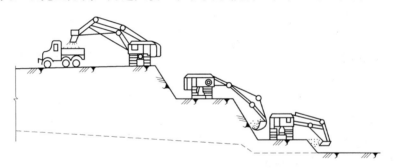

图 2-4-6　挖除中心土墩时挖土机布置

同一基坑内当深浅不同时，土方开挖宜先从浅基坑处开始，如条件允许可待浅基坑处底板浇筑后，再挖基坑较深处的土方。如两个深浅不同的基坑同时挖土时，土方开挖宜先从较深基坑开始，待较深基坑底板浇筑后，再开始开挖较浅基坑的土方。

3. 盆式挖土

盆式挖土（图 2-4-7）是先开挖基坑中间部分的土，周围四边留土坡，土坡最后挖除。这种挖土方式的优点是周边的土坡对围护墙有支撑作用，有利于减少围护墙的变形；其缺点是大量的土方不能直接外运，需集中提升后装车外运。

盆式挖土周边留置的土坡，其宽度、高度和坡度大小均应通过稳定验算确定。如留得过小，对围护墙支撑作用不明显，失去盆式挖土

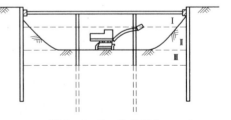

图 2-4-7　盆式挖土

的意义；如坡度太陡边坡不稳定，在挖土过程中可能失稳滑动，不但失去对围护墙的支撑作用，影响施工，而且有损于工程桩的质量。

4. 逆作法挖土

逆作法挖土施工工艺是目前高层建筑施工的先进工艺，可以分为全逆作法、半逆作法、部分逆作法、分层逆作法。其原理是先沿建筑物地下室轴线或周围施工地下连续墙或其他支护结构，同时建筑物内部的有关位置浇筑或打下中间支承桩和柱子，作为施工期间于底板封底之前承受上部结构自重和施工荷载的支撑；然后施工地面一层的梁板楼面结构，作为地下连续墙刚度很大的支撑，随后逐层向下开挖土方和浇筑各层地下结构，直至底板封底。同时，由于地面一层的楼面结构已完成，为上部结构施工创造了条件，所以可以同时向上逐层进行地上结构的施工。如此地面上、下同时进行施工，直至工程结束。

逆作法可使建筑物上部结构的施工和地下基础结构施工平行立体作业，在建筑规模大、上下层次多时，大约可节省工时 1/3。围护结构受力合理，结构变形量小，对邻近建筑的影响亦小。施工可少受天气影响，土方开挖基本不占总工期。

逆作法也存在不足之处，如支撑位置受地下室层高的限制，无法调整高度，如遇较大层高的地下室，有时需另设临时水平支撑或加大围护墙的断面及配筋。由于挖土是在顶部封闭状态下进行，基坑中还分布有一定数量的中间支承柱和降水用井点管，目前尚缺乏小型、灵活、高效的小型挖土机械，使挖土的难度增大。

2.4.2.3　土方开挖机械

土方机械化开挖应根据基础形式、工程规模、开挖深度、地质、地下水情况、土方量、运距、现场和机具设备条件、工期要求及土方机械的特点等合理选择挖土机械，以充分发挥机械效率，节省机械费用，加速工程进度。

土方机械化施工常用机械有推土机、铲运机、挖掘机（包括正铲、反铲、拉铲、抓铲等）装载机等，常用土方机械的选择可参考表 2-4-2。

深度不大的大面积基坑开挖，宜采用推土机或装载机推土、装土，用自卸汽车运土；对长度和宽度均较大的大面积土方一次开挖，可用铲运机铲土、运土、卸土、填筑作业；对面积较深的基础多采用 $0.5m^3$ 或 $1.0m^3$ 斗容量的液压正铲挖掘机，上层土方也可用铲运机或推土机进行；如操作面狭窄，且有地下水，土体湿度大，可采用液压反铲挖掘机挖土，自卸汽车运土；在地下水中挖土，可用拉铲，效率较高；对地下水位较深，采取不排水时，亦可分层用不同机械开挖，先用正铲挖土机挖地下水位以上土方，再用拉铲或反铲挖地下水位以下土方，用自卸汽车将土方运出。

2.4.2.3.1　常用土方机械及作业方法

1. 推土机

常用推土机型号及技术性能见表 2-4-4。

（1）作业方法。推土机开挖的基本作业是铲土、运土和卸土三个工作行程和空载回驶行程。铲土时应根据土质情况，尽量采用最大切土深度在最短距离（6～10m）内完成，以便缩短低速运行时间，然后直接推运到预定地点。回填土和填沟渠时，铲刀不得超出土坡边沿。上下坡坡度不得超过 35°，横坡不得超过 10°。几台推土机同时作业，前后距离应大于 8m。

表 2 - 4 - 4　　　　　　　　　　　　　常用推土机型号及技术性能

型号 项目	T₃ - 100	上海 - 120A	T - 180	TL180	T - 220
铲刀（宽×高）（mm×mm）	3030×1100	3760×1000	4200×1100	3190×990	3725×1315
最大提升高度（mm）	900	1000	1260	900	1210
最大切土深度（mm）	180	330	530	400	540
移动速度：前进（km/h）	2.36～10.13	2.23～10.23	2.43～10.12	7～49	2.5～9.9
后退（km/h）	2.79～7.63	2.68～8.82	3.16～9.78		3.0～9.4
额定牵引力（kN）	90	130	188	85	240
发动机额定功率（hp）	100	120	180	180	220
对地面单位压力（MPa）	0.065	0.064	—		0.091
外形尺寸（长×宽×高） （m×m×m）	5.0×3.03 ×2.992	5.366×3.76 ×3.01	7.176×4.2 ×3.091	6.13×3.19 ×2.84	6.79×3.725 ×3.575
总重量（t）	13.43	16.2		12.8	27.89

（2）提高生产率的方法。

1）下坡推土法。在斜坡上，推土机顺下坡方向切土与堆运（图 2 - 4 - 8），借机械向下的重力作用切土，增大切土深度和运土数量，可提高生产率 30%～40%，但坡度不宜超过 15°，避免后退时爬坡困难。

2）槽形挖土法。推土机重复多次在一条作业线上切土和推土，使地面逐渐形成一条浅槽（图 2 - 4 - 9），再反复在沟槽中进行推土，以减少土从铲刀两侧漏散，可增加 10%～30% 的推土量。槽的深度以 1m 左右为宜，槽与槽之间的土坑宽约 50m。适于运距较远，土层较厚时使用。

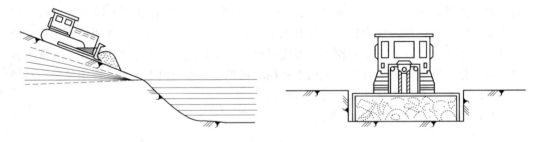

图 2 - 4 - 8　下坡推土法　　　　　　　　图 2 - 4 - 9　槽形推土法

3）并列推土法。用 2～3 台推土机并列作业（图 2 - 4 - 10），以减少土体漏失量。铲刀相距 15～30cm，一般采用两机并列推土，可增大推土量 15%～30%。适于大面积场地平整及运送土用。

4）分堆集中，一次推送法。在硬质土中，切土深度不大，将土先积聚在一个或数个

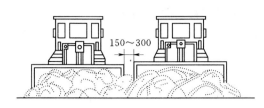

图 2-4-10 并列推土法

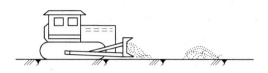

图 2-4-11 分堆集中，一次推送法

中间点，然后再整批推送到卸土区，使铲刀前保持满载（图 2-4-11）。堆积距离宜不大于 30m，推土高度以 2m 内为宜。该法能提高生产效率 15％左右，适于运送距离较远、而土质又比较坚硬，或长距离分段送土时采用。

5）斜角推土法。将铲刀斜装在支架上或水平放置，并与前进方向成一倾斜角度（松土为 60°，坚实土为 45°）进行推土（图 2-4-12）。该法可减少机械来回行驶，提高效率，但推土阻力较大，需较大功率的推土机。适于管沟推土回填、垂直方向无倒车余地或在坡脚及山坡下推土用。

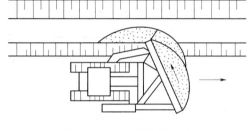

图 2-4-12 斜角推土法

2. 铲运机

常用铲运机型号及技术性能见表 2-4-5。

表 2-4-5　　　　　　　　　铲运机的技术性能和规格

项　　目	拖式铲运机			自行式铲运机		
	C6-2.5	C5-6	C3-6	C3-6	C4-7	CL7
铲斗：几何容量（m³）	2.5	6	6～8	6	7	7
铲刀宽度（mm）	1900	2600	2600	2600	2700	2700
切土深度（mm）	150	300	300	300	300	300
铺土厚度（mm）	230	380	—	380	400	—
最小转弯半径（m）	2.7	3.75	—	—	6.7	—
操纵形式	液压	钢绳	—	液压及钢绳	液压及钢绳	液压
功率（hP）	60	100	—	120	160	180
卸土方式	自由	强制式	—	强制式	强制式	—
外形尺寸（长×宽×高）（m×m×m）	5.6×2.44×2.4	8.77×3.12×2.54	8.77×3.12×2.54	10.39×3.07×3.06	9.7×3.1×2.8	9.8×3.2×2.98
重量（t）	2.0	7.3	7.3	14	14	15

（1）作业方法。铲运机的基本作业是铲土、运土、卸土三个工作行程和一个空载回驶行程。在施工中，由于挖填区的分布情况不同，为了提高生产效率，应根据不同施工条件（工程大小、运距长短、土的性质和地形条件等），选择合理的开行路线和施工方法。

开行路线有以下几种。

1) 椭圆形开行路线。从挖方到填方按椭圆形路线回转［图 2-4-13 (a)］。作业时应常调换方向行驶，以避免机械行驶部分的单侧磨损。适于长 100m 内，填土高 1.5m 内的路堤、路堑及基坑开挖、场地平整等工程采用。

2) "8" 字形开行路线。装土、运土和卸土时按 "8" 字形运行，一个循环完成两次挖土和卸土作业［图 2-4-13 (b)］。装土和卸土沿直线开行时进行，转弯时刚好把土装完或倾卸完毕，但两条路线间的夹角 α 应小于 60°。该法可减少转弯次数和空车行驶距离，提高生产率，同时一个循环中两次转变方向不同，可避免机械行驶部分单侧磨损。适于开挖管沟、沟边卸土或取土坑较长（300～500m）的侧向取土、填筑路基以及场地平整等工程采用。

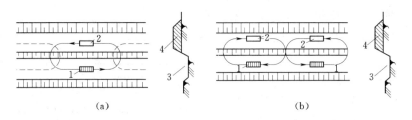

图 2-4-13　椭圆形及 "8" 字形开行路线
(a) 椭圆形开行路线；(b) "8" 字形开行路线
1—铲土；2—卸土；3—取土坑；4—路堤

3) 大环形开行路线。从挖方到填方均按封闭的环形路线回转。当挖土和填土交替，而刚好填土区在挖土区的两端时，则可采用大环形路线［图 2-4-14 (a)］，其优点是一个循环能完成多次铲土和卸土，减少铲运机的转弯次数，提高生产效率，该法亦应常调换方向行驶，以避免机械行驶部分的单侧磨损。适于工作面很短（50～100m）和填方不高（0.1～1.5m）的路堤、路堑、基坑以及场地平整等工程采用。

4) 连续式开行路线。铲运机在同一直线段连续地进行铲土和卸土作业［图 2-4-14 (b)］。该法可消除跑空车现象，减少转弯次数，提高生产效率，同时还可使整个填方面积得到均匀压实。适于大面积场地整平填方和挖方轮次交替出现的地段采用。

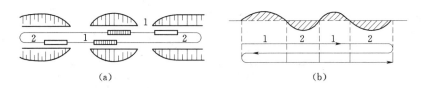

图 2-4-14　大环形及连续式开行路线
(a) 大环形开行路线；(b) 连续式开行路线
1—铲土；2—卸土

(2) 提高生产率的方法。

1) 下坡铲土法。铲运机顺地势（坡度一般 3°～9°）下坡铲土（图 2-4-15），借机械往下运行重量产生的附加牵引力来增加切土深度和充盈数量，可提高生产率 25% 左右，最大坡度不应超过 20°，铲土厚度以 20cm 为宜，平坦地形可将取土地段的一端先铲低，保持一定坡度向后延伸，创造下坡铲土条件，一般保持铲满铲斗的工作距离为 15～20cm。在大坡度上应放低铲斗，低速前进。适于斜坡地形大面积场地平整或推土回填沟渠用。

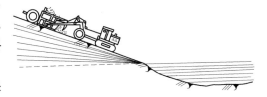

图 2-4-15 下坡铲土

2）跨铲法。在较坚硬的地段挖土时，采取预留土埂间隔铲土（图 2-4-16）。土埂两边沟槽深度以不大于 0.3m、宽度在 1.6m 以内为宜。该法铲土埂时增加了两个自由面，阻力减少，可缩短铲土时间和减少向外撒土，比一般方法可提高效率。适于较坚硬的土铲土回填或场地平整。

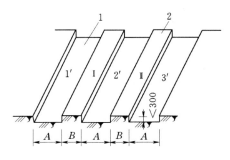

图 2-4-16 跨铲法
1—沟槽；2—土埂
A—铲斗宽；B—不大于拖拉机履带净距

3）助铲法。在坚硬的土体中，使用自行铲运机，另配一台推土机在铲运机的后拖杆上进行顶推，协助铲土（图 2-4-17），可缩短每次铲土时间，装满铲斗，可提高生产率 30% 左右，推土机在助铲的空余时间，可作松土和零星的平整工作。助铲法取土场宽不宜小于 20m，长度不宜小于 40m，采用一台推土机配合 3～4 台铲运机助铲时，铲运机的半周程距离不应小于 250m，几台铲运机要适当安排铲土次序和开行路线，互相交叉进行流水作业，以发挥推土机效率。适于地势平坦、土质坚硬、宽度大、长度长的大型场地平整工程采用。

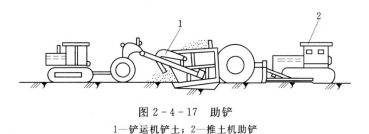

图 2-4-17 助铲
1—铲运机铲土；2—推土机助铲

3. 挖掘机

（1）正铲挖掘机。常用液压正铲挖掘机的型号及技术性能见表 2-4-6。

1）作业方法。正铲挖掘机的挖土特点是："前进向上，强制切土"。根据开挖路线与运输汽车相对位置的不同，一般有以下两种：

a）正向开挖，侧向装土法。正铲向前方向挖土，汽车位于正铲的侧向装车 [图 2-4-18 (a)、(b)]。该法铲臂卸土回转角度最小（<90°），装车方便，循环时间短，生产效率高。用于开挖工作面较大，深度不大的边坡、基坑（槽）、沟渠和路堑等，为最常用的开挖方法。

b）正向开挖，后方装土法。正铲向前进方向挖土，汽车停在正铲的后面 [图 2-4-18 (c)]。该法开挖工作面较大，但铲臂卸土回转角度较大（在 180°左右），且汽车要侧向

表 2－4－6　　　　　　　　　　　液压挖掘机主要技术性能与规格

项　目	机　型						
	WLY40	WY60	WY60A	WY80	WY100	WY160	WY250
正铲							
铲斗容量（m³）	0.4	0.6	0.6	0.8	1.0	1.6	2.5
最大挖掘半径（m）	7.95	7.78	6.71	6.71	8.0	8.05	9.0
最大挖掘高度（m）	6.12	6.34	6.60	6.60	7.0	8.1	9.5
最大卸载高度（m）	3.66	4.05	3.79	3.79	2.5	5.7	6.55
反铲							
铲斗容量（m³）	0.4	0.6	0.6	0.8	0.7～1.2	1.6	—
最大挖掘半径（m）	7.76	8.17	8.46	8.86	9.0	10.6	
最大挖掘高度（m）	5.39	7.93	7.49	7.84	7.6	8.1	
最大卸载高度（m）	3.81	6.36	5.60	5.57	5.4	5.83	
最大挖掘深度（m）	4.09	4.2	5.14	5.52	5.8	6.1	—
发动机：功率（kW）	58.8	58.8	69.1	—	95.5	132.3	220.5
液压系统工作压力（MPa）	30	25	—	—	32	28	28
行走接地比压（MPa）	—	0.06	0.03	0.04	0.05	0.09	0.1
行走速度（km/h）	3.6	1.8	3.4	3.8	1.6～3.2	1.77	2.0
爬坡能力（%）	40	45	47	47	45	80	35
回转速度（r/min）	7.0	6.5	8.65	8.65	7.9	6.9	5.35
总重量（t）	9.89	14.2	17.5	19.0	25.0	38.0	60.0

行车，增加工作循环时间，生产效率降低（回转角度 180°，效率约降低 23%，回转角度 130°，约降低 13%），用于开挖工作面较小、且较深的基坑（槽）、管沟和路堑等。

正铲挖土机经济合理的挖土高度见表 2－4－7。

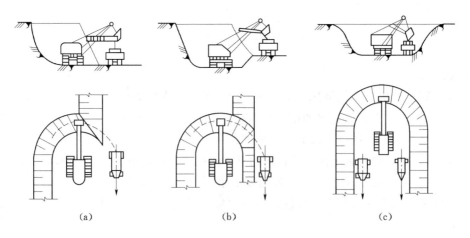

图 2－4－18　正铲挖掘机开挖方式
（a）、（b）正向开挖，侧向装土；（c）正向开挖，后方装土

表 2-4-7　　　　　　　　　　　正铲开挖高度参考数值　　　　　　　　　　　单位：m

土 的 类 别	铲 斗 容 量			
	0.5m³	1.0m³	1.5m³	2.0m³
一至二类	1.5	2.0	2.5	3.0
三类	2.0	2.5	3.0	3.5
四类	2.5	3.0	3.5	4.0

挖土机挖土装车时，回转角度对生产率的影响数值，参见表 2-4-8。

表 2-4-8　　　　　　　　　　　影响生产效率参考表

土 的 类 别	回 转 角 度		
	90°	130°	180°
一至四类	100%	87%	77%

2）提高生产率的方法。

a. 分层开挖法。将开挖面按机械的合理高度分为多层开挖［图 2-4-19（a）］；当开挖面高度不能成为一次挖掘深度的整数倍时，则可在挖方的边缘或中部先开挖一条浅槽作为第一次挖土运输的线路［图 2-4-19（b）］，然后再逐次开挖直至基坑底部。用于开挖大型基坑或沟渠，工作面高度大于机械挖掘的合理高度时采用。

b. 多层挖土法。将开挖面按机械的合理开挖高度，分为多层同时开挖，以加快开挖速度，土方可以分层运出，亦可分层递送，至最上层（或下层）用汽车运出（图 2-4-20）。但两台挖土机沿前进方向，上层应先开挖，与下层保持 30～50m 距离。适于开挖高边坡或大型基坑。

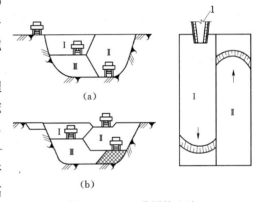

图 2-4-19　分层挖土法
（a）分层挖土法；（b）设先锋槽分层挖土法
1—下坑通道；Ⅰ、Ⅱ、Ⅲ——一、二、三层

c. 中心开挖法。正铲先在挖土区的中心开挖，当向前挖至回转角度超过 90°时，则转向两侧开挖，运土汽车按八字形停放装土（图 2-4-21）。本法开挖移位方便，回转角度小（<90°）。挖土区宽度宜在 40m 以上，以便于汽车靠近正铲装车。适用于开挖较宽的山坡地段或基坑、沟渠等。

（2）反铲挖掘机。常用液压反铲挖掘机的型号及技术性能见表 2-4-6。

反铲挖掘机的挖土特点是："后退向下，强制切土"。根据挖掘机的开挖路线与运输汽车的相对位置不同，一般有以下几种。

1）沟端开挖法。反铲停于沟端，后退挖土，同时往沟一侧弃土或装汽车运走［图 2-4-22（a）］。挖掘宽度可不受机械最大挖掘半径的限制，臂杆回转半径仅 45°～90°，同时可挖到最大深度。对较宽的基坑可采用［图 2-4-22（b）］的方法，其最大一次挖掘宽度为反铲有效挖掘半径的两倍，但汽车须停在机身后面装土，生产效率降低，或采用几次沟端开挖法完成作业。适于一次成沟后退挖土，挖出土方随即运走时采用，或就地取土填筑路基或修筑堤坝等。

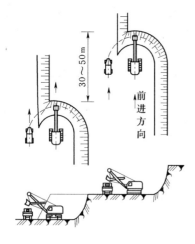

图2-4-20　多层挖土法

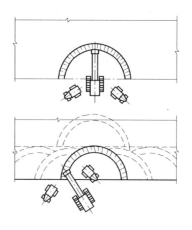

图2-4-21　中心开挖法

2）沟侧开挖法。反铲停于沟侧沿沟边开挖，汽车停在机旁装土或往沟一侧卸土［图2-4-22（c）］。本法铲臂回转角度小，能将土弃于距沟边较远的地方，但挖土宽度比挖掘半径小，边坡不好控制，同时机身靠沟边停放，稳定性较差。用于横挖土体和需将土方甩到离沟边较远的距离时使用。

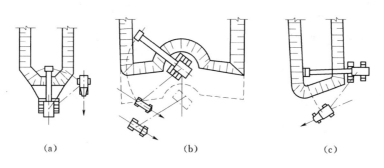

(a)　　　　　　　　(b)　　　　　　　　(c)

图2-4-22　反铲沟端及沟侧开挖法
（a）、（b）沟端开挖法；（c）沟侧开挖法

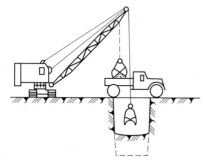

图2-4-23　抓铲挖土机挖土

（3）抓铲挖掘机。常用抓铲挖掘机型号及技术性能见表2-4-9。

抓铲挖掘机的挖土特点是："直上直下，自重切土"。抓铲能在回转半径范围内开挖基坑上任何位置的土方，并可在任何高度上卸土（装车或弃土）。

对小型基坑，抓铲立于一侧抓土；对较宽的基坑，则在两侧或四侧抓土。抓铲应离基坑边一定距离，土方可直接装入自卸汽车运走（图2-4-23），或堆弃在基坑旁或用推土机推到远处堆放。抓铲施工，一般均需加配重，挖淤泥时抓斗易被淤泥吸住，应避免用力过猛，以防翻车。

表 2 - 4 - 9　　　　　　　　　　抓铲挖掘机型号及技术性能

项　目	型　号							
	W - 501				W - 1001			
抓斗容量（m³）	0.5				1.0			
伸臂长度（m）	10				13		16	
回转半径（m）	4.0	6.0	8.0	9.0	12.5	4.5	14.5	5.0
最大卸载高度（m）	7.6	7.5	5.8	4.6	1.6	10.8	4.8	13.2
抓斗开度（m）	—				2.4			
对地面的压力（MPa）	0.062				0.093			
重量（t）	20.5				42.2			

2.4.2.3.2　土方开挖机械化施工要点

（1）土方开挖前，应根据施工方案的要求，将施工区域内的地下、地上障碍物清除和处理完毕，建筑物或构筑物的位置或场地的定位控制线（桩），标准水平桩及基槽的灰线尺寸，必须经过检验合格，并办完预检手续。熟悉施工图纸，绘制土方开挖图（图 2 - 4 - 24），确定开挖路线、顺序、范围、基底标高、边坡坡度、排水沟、集水井位置以及挖出的土方堆放地点等。绘制土方开挖图应尽可能使机械多挖，减少机械超挖和人工挖方，做好技术交底。

（2）选择土方机械，应根据施工区域的地形与作业条件、土的类别与厚度、总工程量和工期综合考虑，以能发挥施工机械的效率来确定，编好施工方案。施工区域运行路线的布置，应根据作业区域工程的大小、机械性能、运距和运形起伏等情况加以确定。

（3）大面积基础群基坑底标高不一，机械开挖次序一般采取先整片挖至平均标高，然后再挖个别较深部位。当一次开挖深度超过挖土机最大挖掘高度时，宜分二至三层开挖，并修筑 10% ～ 15% 坡道，以便挖土及运输车辆进出。基坑边角部位，机械开挖不到之处，应用少量人工配合清坡，将松土清至机械作业半径范围内，再用机械掏取运走。人工清土所占比例一般为 1.5% ～ 4%。大基坑宜另配一台推土机清土、送土、运土。

（4）挖掘机、运土汽车进出基坑的运输

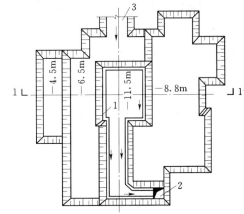

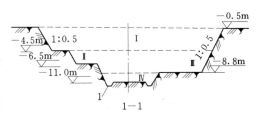

图 2 - 4 - 24　土方开挖图
1—排水沟；2—集水井；3—土方机械进出口
Ⅰ、Ⅱ、Ⅲ、Ⅳ—开挖次序

道路，应尽量利用基础一侧或两侧相邻的基础（以后需开挖的）部位，使它互相贯通作为车道，或利用提前挖除土方后的地下设施部位作为相邻的几个基坑开挖地下运输通道，以减少挖土量。

（5）机械开挖应由深而浅，基底及边坡应预留一层 150～300mm 厚土层用人工清底、修坡、找平，以保证基底标高和边坡坡度正确，避免超挖和土层遭受扰动。夜间施工时，应有足够的照明设施；在危险地段应设置明显标志，并要合理安排开挖顺序，防止错挖或超挖。

（6）开挖有地下水位的基坑槽、管沟时，应根据当地工程地质资料，采取措施降低地下水位。一般要降至开挖面以下 0.5m，然后才能开挖。

（7）基坑土方开挖可能影响邻近建筑物、管线安全使用时，必须有可靠的保护措施。

（8）机械开挖施工时，应保护井点、支撑等不受碰撞或损坏，同时应对平面控制桩、水准点、基坑平面位置、水平标高、边坡坡度等定期进行复测检查。

（9）雨期开挖土方，工作面不宜过大，应逐段分期完成。如为软土地基，进入基坑行走需铺垫钢板。坑面、坑底排水系统应保持良好；汛期应有防洪措施，防止雨水浸入基坑。冬期开挖基坑，如挖完土隔一段时间施工基础需预留适当厚度的松土，以防基土遭受冻结。

（10）当基坑开挖局部遇露头岩石，应先采用控制爆破方法，将基岩松动、爆破成碎块，再用挖土机挖出，可避免破坏邻近基础和地基；对大面积较深的基坑，宜采用打竖井的方法进行松爆，使一次基本达到要求深度。此项工作一般在工程平整场地时预先完成。在基坑内爆破，宜采用打眼放炮的方法，采用多炮眼，少装药，分层松动爆破，分层清渣，每层厚 1.2m 左右。

2.4.2.4　土方回填

大面积填方土料应符合设计要求，保证填方的强度和稳定性，如设计无要求时，应符合以下规定。

（1）碎石类土、砂土和爆破石渣（粒径不大于每层铺土厚的 2/3），可用于表层下的填料。

（2）含水量符合压实要求的黏性土，可作各层填料。

（3）淤泥和淤泥质土，一般不能用作填料，但在软土地区含水量符合压实要求的，可用于填方中的次要部位。

（4）碎块草皮和有机质含量大于 5% 的土，只能用在无压实要求的填方。

（5）不得使用冻土、盐渍土、膨胀性土作填料。

填土压实的主要影响因素为压实功（图 2-4-25）、土的含水量（图 2-4-26）及每层铺土厚度（表 2-4-10）。填土土料含水量的大小，直接影响到夯实（碾压）质量，在夯实（碾压）前应预试验，以得到符合密实度要求条件下的最优含水量和最少夯实（或碾压）遍数。含水量过小，夯压（碾压）不实；含水量过大，则易成橡皮土。当填料为黏性土或排水不良的砂土时，其最优含水量与相应的最大干密度，应用击实试验测定。土料含水量一般以手提成团，落地开花为适宜。若含水量过大，应采取翻松、晾干、风干、换土回填、掺入干土或其他吸水性材料等措施；如土料过干，则应预先洒水润湿。在气候干燥时，须采取加速挖土、运土、平土和碾压过程，以减少土的水分散失。当填料为碎石类土（充填物为砂土）时，碾压前应充分洒水湿润，以提高压实效果。土的最佳含水量和最大干密度之间的关系，可参考表 2-4-11。

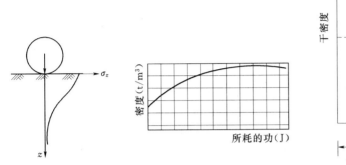

图 2-4-25　土的干密度与压实功的关系示意图

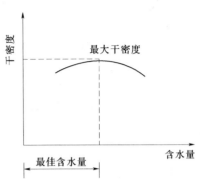

图 2-4-26　土的干密度与含水量的关系

表 2-4-10　　　　　　　　　填土施工时的分层厚度及压实遍数

压实机具	分层厚度（mm）	每层压实遍数	压实机具	分层厚度（mm）	每层压实遍数
平碾	250～300	6～8	柴油打夯机	200～250	3～4
振动压实机	250～350	3～4	人工打夯	＜200	3～4

表 2-4-11　　　　　　　　　土的最佳含水量和最大干密度参考表

项次	土的种类	变 动 范 围	
		最佳含水量（%）（质量比）	最大干密度（g/cm³）
1	砂土	8～12	1.80～1.88
2	黏土	19～23	1.58～1.70
3	粉质黏土	12～15	1.85～1.95
4	粉土	16～22	1.61～1.80

　　工业及民用建筑物、构筑物大面积平整场地、大型基坑和管沟等人工土方回填分项工程依据的标准有：GB 50300—2001《建筑工程施工质量验收统一标准》、GB 50202—2002《建筑地基基础工程施工质量验收规范》。

2.4.2.4.1　施工准备

　　1. 材料及主要机具

　　（1）土。宜优先选用基槽中挖出的土，但不得含有有机杂质。使用前应过筛，其粒径不大于 50mm，含水率应符合规定。

　　（2）主要机具。包括蛙式或柴油打夯机、手推车、筛子（孔径 40～60mm）、木耙、铁锹（尖头与平头）、2m 靠尺、胶皮管、小线或木折尺等。

2. 作业条件

（1）施工前应根据工程特点、填方土料种类、密实度要求、施工条件等，合理地确定填方土土料含水率控制范围、虚铺厚度和压实遍数等参数；重要回填土方工程，其参数应通过压实试验来确定。

（2）回填前应对基础、箱型基础墙或地下防水层、保护层等进行检查验收，并且要办好隐蔽工程检查验收手续。其基础混凝土强度应达到规定的要求，方可进行回填土。

（3）房心和管沟的回填，应在完成上下水、煤气的管道安装和管沟墙间加固后再进行。并将沟槽、地坪上的积水和有机物等清理干净。

（4）施工前，应做好水平标志，以控制回填土的高度或厚度，如在基坑（槽）或管沟边坡上，每隔3m钉上水平橛，室内和散水的边墙上弹上水平线或在地坪上钉上标高控制木桩。

2.4.2.4.2　工艺流程

工艺流程为：基坑（槽）底地坪上清理→检验土质→分层铺土、耙平→夯打密实→检验密实度→修整找平→验收。

填土前应将基坑（槽）底或地坪上的垃圾等杂物清理干净，基槽回填前，必须清理到基础底面标高，将回落的松散垃圾、砂浆、石子等杂物清除干净。检验回填土的质量有无杂物，粒径是否符合规定，以及回填土的含水量是否在控制的范围内；如含水量偏高，可采用翻松、晾晒或均匀掺入干土等措施；如遇回填土的含水量偏低，可采用预先洒水润湿等措施。

回填土应分层铺摊。每层铺土厚度应根据土质、密实度要求和机具性能确定。一般蛙式打夯机每层铺土厚度为200~250mm；人工打夯不大于200mm。每层铺摊后，随之耙平。回填土每层至少夯打三遍。打夯应一夯压半夯，夯夯相接，行行相连，纵横交叉。并且严禁采用水浇使土下沉的所谓"水夯"法。

深浅两基坑（槽）相连时，应先填夯深基础；填至浅基坑相同的标高时，再与浅基础一起填夯。如必须分段填夯时，交接处应填成阶梯形，梯形的高宽比一般为1∶2。上下层错缝距离不小于1.0m。基坑（槽）回填应在相对两侧或四周同时进行。基础墙两侧标高不可相差太多，以免把墙挤歪；较长的管沟墙，应采用内部加支撑的措施，然后再在外侧回填土方。回填房心及管沟时，为防止管道中心线位移或损坏管道，应用人工先在管子两侧填土夯实，并应由管道两侧同时进行，直至管顶0.5m以上时，在不损坏管道的情况下，方可采用蛙式打夯机夯实。在管道接口处，防腐绝缘层或电缆周围应回填细粒料。

回填土每层填土夯实后，应按规定规定进行环刀取样，测出干土的质量密度，达到要求后，再进行上一层的铺土。

修整找平。填土全部完成后，应进行表面拉线找平，凡超过标准高层的地方，及时依线铲平，凡低于标准高层的地方应补土夯实。

2.4.2.4.3　雨、冬期施工

基坑（槽）或管沟的回填土应连续进行，尽快完成。施工中注意雨情，雨前应及时夯完已填土层或将表面压光，并做成一定坡势，以利排除雨水。冬期回填土每层铺土厚度应

比常温施工时减少 20%～50%；其中冻土块体积不得超过填土总体积的 15%；其粒径不得大于 150mm。铺填时，冻土块应均匀分布，逐层压实。填土前应清除基底上的冰雪和保温材料，填土的上层应用未冻土填铺，其厚度应符合设计要求。

管沟底至管顶 0.5m 范围内，不得用含有冻土块的土回填。室内房心、基坑（槽）或管沟不得用含冻土块的土回填。回填土施工应连续进行，防止基土或已填土层受冻，应及时采取防冻措施。

2.4.2.4.4　质量标准

土方回填质量要求符合 GB 50202—2002《建筑地基基础工程施工质量验收规范》的规定。土方回填前应清除基底的垃圾、树根等杂物，抽除坑穴积水、淤泥，验收基底标高。如在耕植土或松土上填方，应在基底压实后再进行。对填方土料应按设计要求验收后方可填入。

填方施工过程中应检查排水措施，每层填筑厚度、含水量控制、压实程度。填筑厚度及压实遍数应根据土质、压实系数及所用机具确定。

填筑前，首先对回填段进行地形、剖面的测量复核，并把测量资料报送工程师复检。其次对测量后的基槽进行基础面的清理，然后报工程师进行回填前的验收，验收合格后方可回填。土方填筑时，应选派有经验的工程技术人员在现场填筑中进行监督。在土方填筑过程中，根据工程师批准的土方填筑检测计划对每步土进行检测，检测合格后把检测资料报送工程师并报请工程师进行抽检，复检合格并经批准后方可进行上层土的回填。在堆土料场，不定期对土料的含水量进行检查，对于含水量较高的土料必须翻晒，待其含水量达到要求后方可进行回填。土方填筑完工后，首先对工程全部填筑部位按国家有关规范规程规定的有关内容进行自检，自检合格后报请工程师进行验收，并填写相关验收资料（表 2-4-12、表 2-4-13）。

填土压实后必须要达到密实度要求，填土密实度以设计规定的控制干密度 ρ_d（或规定的压实系数 λ）作为检查标准。检测方法是采用环刀法测定土的实际干密度。其取样组数为：基坑回填每 20～50m³ 取一组（每个基坑不小于一组）；基槽或管沟回填每层按长度 20～50m 取一组；室内填土每层按 100～500m² 取一组；场地平整填土每层按 400～900m² 取一组。

土的实际干密度大于等于控制干密度 ρ_d 时，符合要求。填土压实后的干密度（干容重）应有 90% 以上符合设计要求，其余 10% 的最低值与设计值的差，不得大于 0.088g/m³，且应分散，不得集中于某一区域。

2.4.3　学习情境

2.4.3.1　情境设定

通过本课题的学习，班级可分组完成以下任务：由专业教师联系在建施工项目，组织同学到土方施工现场进行参观学习，通过现场观察、咨询和实际操作，认识土方开挖、填筑施工特点，熟悉土方施工工艺，掌握施工的各项关键环节，并做好记录。

2.4.3.2　下达工作任务

工作任务见表 2-4-14。

表 2－4－12　　　　　　　　　**土方开挖工程检验批质量验收记录表**

单位（子单位）工程名称							
分部（子分部）工程名称					验收部位		
施工单位					项目经理		
分包单位					分包项目经理		
施工执行标准名称及编号							

GB 50202—2002《建筑地基基础工程施工质量验收规范》的规定						施工单位检查评定记录	监理（建设）单位验收记录
项　目		允许偏差或允许值（mm）					
		柱基基坑基槽	挖方场地平整		管沟	地（路）面基层	
			人工	机械			
主控项目	1　标高	－50	±30	±50	－50	－50	
	2　长度、宽度（由设计中心线向两边量）	＋200 －50	＋300 －100	＋500 －150	＋100	—	
	3　边坡	设计要求					
一般项目	1　表面平整度	20	20	50	20	20	
	2　基底土性	设计要求					

施工单位检查评定结果	专业工长（施工员）		施工班组长	
	项目专业质量检查员：　　　　　　　　　　　　　　　年　月　日			

监理（建设）单位验收结论	
	专业监理工程师：（建设单位项目专业技术负责人）：　　　　　　　　年　月　日

表 2－4－13　　土方回填土工程检验批质量验收记录表

单位（子单位）工程名称						

分部（子分部）工程名称				验收部位		

施工单位				项目经理		

分包单位				分包项目经理		

施工执行标准名称及编号						

<table>
<tr><th colspan="7">GB 50202—2002
《建筑地基基础工程施工质量验收规范》的规定</th><th rowspan="3">施工单位检查评定记录</th><th rowspan="3">监理（建设）单位
验收记录</th></tr>
<tr><th rowspan="3">检 查 项 目</th><th colspan="6">允许偏差或允许值（mm）</th></tr>
<tr><th rowspan="2">桩基基
坑基槽</th><th colspan="2">场地平整</th><th rowspan="2">管沟</th><th rowspan="2">地（路）
面基础层</th></tr>
<tr><th>人工</th><th>机械</th></tr>
<tr><td rowspan="2">主控
项目</td><td>1</td><td>标高</td><td>－50</td><td>±30</td><td>±50</td><td>－50</td><td>－50</td><td></td><td></td></tr>
<tr><td>2</td><td>分层压
实系数</td><td colspan="5" align="center">设计要求</td><td></td><td></td></tr>
<tr><td rowspan="3">一般
项目</td><td>1</td><td>回填土料</td><td colspan="5" align="center">设计要求</td><td></td><td></td></tr>
<tr><td>2</td><td>分层厚度
及含水量</td><td colspan="5" align="center">设计要求</td><td></td><td></td></tr>
<tr><td>3</td><td>表面
平整度</td><td>20</td><td>20</td><td>30</td><td>20</td><td>20</td><td></td><td></td></tr>
</table>

施工单位 检查评定结果	专业工长（施工员）		施工班组长	
	项目专业质量检查员：　　　　　　　　　　　　　　年　月　日			

监理（建设）单位 验收结论	专业监理工程师： （建设单位项目专业技术负责人）： 　　　　　　　　　　　　　　　　　　　年　月　日

表 2 - 4 - 14   工 作 任 务 表

指导教师：	工地名称：
任务要求： 1. 现场参观场地平整、基坑开挖、回填土等作业； 2. 通过现场观察、询问和操作，熟悉土方施工工艺，掌握施工的各项关键环节，并做好实习记录； 3. 协作完成本次实习的实习报告	组织： 全班按每组 4～6 人分组进行，每组选 1 名组长和 1 名副组长； 组长总体负责联系施工单位，制定本组人员的任务分工，要求组员分工协作，完成任务； 副组长负责本组人员的实习安全，负责借领、归还安全帽，负责整理实习记录

2.4.3.3 制定计划

制定计划见表 2 - 4 - 15。

表 2 - 4 - 15   计 划 表

指导教师		工地名称	
组长		副组长	
序号	姓名	主 要 任 务	

2.4.3.4 实施计划

（1）联系具体施工项目，了解该项目工程概况。

（2）现场参观场地平整、基坑开挖、回填土等作业，认真阅读施工方案、图纸等文献资料。

（3）学会土方施工的关键技术、质量控制与检验。

（4）实习记录，撰写学习体会（表 2 - 4 - 16）。

表 2 - 4 - 16   现 场 学 习 记 录 表

现场学习记录
学习时间： _____   工地名称： _____
指导教师： _____   记 录 人： _____
关键技术： _____
施工机械： _____
施工工艺： _____
施工步骤： _____ _____
质量检验： _____ _____
注意事项： _____ _____

（5）实习报告。

2.4.3.5　自我评估与评定反馈

1. 学生自我评估

学生自我评估见表 2 - 4 - 17。

表 2 - 4 - 17　　　　学生自我评估表

实习项目					
工地名称			学生姓名	学号	
序号	自检项目	分数权重	评分要求		自评分
1	学习纪律	15	服从指挥，无安全事故		
2	团队合作	15	服从组长安排，能配合他人工作		
3	任务完成情况	20	按要求按时完成任务		
4	实习记录	20	实习记录详细规范		
5	实习报告	30	能发现问题，有心得体会		
学习心得与反思：					
小组评分：＿＿＿＿＿＿＿＿＿＿　　　组长：＿＿＿＿＿＿＿＿＿＿					

2. 教师评定反馈

教师评定反馈见表 2 - 4 - 18。

表 2 - 4 - 18　　　　教师评定反馈表

实习项目					
工地名称			学生姓名	学号	
序号	检查项目	分数权重	评分要求		自评分
1	学习纪律	15	服从指挥，无安全事故		
2	团队合作	15	服从组长安排，能配合他人工作		
3	任务完成情况	20	按要求按时完成任务		
4	实习记录	20	实习记录详细规范		
5	实习报告	30	能发现问题，有心得体会		
存在问题：					
小组评分：＿＿＿＿＿＿＿＿＿＿　　　组长：＿＿＿＿＿＿＿＿＿＿					

思　考　题

（1）土方开挖施工前应进行哪些准备工作？

（2）无支护土方开挖为什么要进行放坡？放坡坡度有何要求？

（3）中心岛式开挖、盆式挖土、逆作法挖土分别有何特点？

（4）常用的挖土机械有哪些？简述正产挖土机的作业特点。

（5）填土施工质量的影响因素有哪些？如何控制填土的施工质量？

（6）基坑开挖遇到冬、雨季时应注意哪些事项？

模块 3　地基处理与浅基础施工

课题 1　地　基　处　理

3.1.1　学习目标

（1）通过本课题的学习能够根据地质勘察报告以及现场实际情况选择地基处理方案。

（2）当施工中出现局部地基土与地质勘察报告不符时，能提出切实可行的地基处理方案。

（3）针对施工中可能出现的安全问题，会采取有效的施工安全措施。

3.1.2　学习内容

在基坑土方开挖至设计标高时，若天然地基不能满足强度和变形要求，则必须经过人工处理后再建造基础，这种地基加固处理称之为地基处理。地基处理主要针对软弱土地基和特殊土地基。软弱土一般指淤泥、淤泥质土、冲填土、杂填土或其他高压缩性土层构成的，土质疏松、压缩性高、抗剪强度低的软土（如软黏土）、松散砂土和未经过处理的填土。地基处理的目的就是对地基进行必要的加固或改良，提高地基的强度，保证地基的稳定，降低其压缩性，减少基础的沉降或不均匀沉降；防止地震时地基土的振动液化，消除特殊土的湿陷性、胀缩性和冻胀性等。地基处理可用于拟建工程，也可用于已建工程的地基加固。针对不同土质及不同工程要求，地基处理方法主要包括换土垫层法、深层密实法、振密挤密法、排水固结法、化学加固法、加筋法、冻结法、托换技术、树根桩等。

3.1.2.1　软弱土的种类

1. 淤泥及淤泥质土

淤泥及淤泥质土的特点是天然含水量高、孔隙比大、抗剪强度低、压缩系数高、渗透系数小。当天然孔隙比大于 1.5 时，为淤泥；天然孔隙比大于 1.0 而小于 1.5 时为淤泥质土。

这类土组成的地基承载力低，基础沉降变形大，容易产生较大的不均匀沉降，沉降稳定历时比较长，是工程建设中遇到最多的软弱地基。淤泥及淤泥质土广泛地分布在我国沿海地区、内陆平原及山区。例如，天津、连云港、上海、杭州、宁波、温州、福州、厦门、湛江、广州等沿海地区，以及昆明、武汉、南京等内陆地区。

2. 冲填土

冲填土是在治理和疏通江河航道时，用挖泥船通过泥浆泵将泥沙夹带大量水分吹填到江河两岸而形成的沉积土，称为冲填土。在我国长江、黄浦江、珠江两岸均分布着不同性质的冲填土。冲填土的物质成分比较复杂。若以黏性土为主，由于土中含有大量水分，且难以排出，土体在形成初期处于流动状态，强度要经过一定固结时间，才能逐渐提高。因而，这类土属于强度低和压缩性较高的欠固结土。若主要以砂或其他粗颗粒土所组成的冲填土就不属于软弱土。冲填土的工程性质主要取决于颗粒组成、均匀性和排水固结条件，与自然沉积的同类土相比，强度低，压缩性高，常产生触变现象。

3. 杂填土

杂填土是人类活动所形成的无规则堆积物，由大量建筑垃圾、工业废料或生活垃圾组成，其成分复杂，性质也不相同，且无规律性。在大多数情况下，杂填土是比较疏松和不均匀的。杂填土地基在同一场地不同位置，地基承载力和压缩性也可能有较大的差异。杂填土的性质随着堆填龄期而变化，其承载力随着时间增长而提高。

杂填土的主要特点是强度低、压缩性高和均匀性差，一般未经处理不宜作为持力层。某些杂填土含有腐殖质及亲水和水溶性物质，会给地基带来更大的沉降及浸水湿陷性。

4. 其他高压缩性土

饱和松散粉细砂及部分粉土，虽然在静载作用下具有较高的强度，但在机械振动、车辆荷载、波浪或地震的反复作用下，有可能发生液化或震陷变形。地基会因砂土液化而丧失承载力，基坑开挖且地下水位较高时易产生管涌。该类地基也属于软弱地基的范畴。

另外，湿陷性黄土、膨胀土和季节性冻土等特殊性土组成的地基，都属于需要进行地基处理的软弱地基范畴。

对软弱地基勘察时，应查明软弱土层的均匀性、组成、分布范围和土质情况。对冲填土尚应了解排水固结条件。

对软弱地基设计时，应考虑上部结构和地基的共同作用，对建筑体型、荷载情况、结构类型和地质条件进行综合分析，确定合理的建筑措施和地基处理方法。

3.1.2.2　地基处理方法

3.1.2.2.1　换土垫层法

1. 加固机理及适用范围

（1）加固机理。换土垫层法是将天然软弱土层挖去或部分挖去，分层回填强度高、压缩性较低且无腐蚀性的砂石、素土、灰土、工业废料等材料，夯实至要求的密度后作为地基持力层。换土垫层法也称为开挖置换法。换土垫层主要有以下几个作用。

1）提高基底持力层的承载力。地基中的剪切破坏是从基础底面以下边角处开始，随着基底压力的增大而逐渐向纵深发展。因此当基底面以下浅层范围可能被剪切破坏的软弱土被强度较大的垫层材料置换后，可以提高承载力。

2）减少沉降量。一般情况下，基础下浅层的沉降量在总沉降量中所占的比例较大。以垫层材料代替软弱土层，可以大大减少沉降量。

3）加速地基的排水固结。用砂石作为垫层材料时，由于其渗透性大，在地基受压后垫层便是良好的排水体，可使下卧层中的孔隙水压力加速消散，从而加速其固结。

4）防止冻胀。采用颗粒粗大的材料如碎石、砂等作为垫层，可以降低甚至不产生毛细水上升现象，因而可以防止结冰而导致的冻胀。

5）消除地基的湿陷性和胀缩性。采用素土或灰土垫层，在湿陷性黄土地基中，置换了基础底面下一定范围内的湿陷性土层，可免除土层浸水后湿陷变形的发生或减少土层湿陷沉降量。同时，垫层还可作为地基的防水层，减少下卧天然黄土层浸水的可能性。采用非膨胀性的黏性土、砂、灰土以及矿渣等置换膨胀土，可以减少地基的胀缩变形量。

（2）适用范围。换土垫层法适用于淤泥、淤泥质土、湿陷性黄土、膨胀土、素填土、杂填土、季节性冻土地基以及暗沟、暗塘等的浅层处理。

2. **垫层设计要点**

垫层设计的主要内容是确定垫层厚度 z，垫层宽度 b'（图 3-1-1）。其校核条件是必须满足下卧层承载力要求。

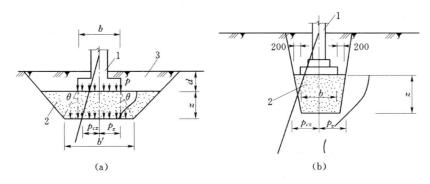

图 3-1-1 垫层内应力的分布
（a）下卧层承载力低；（b）下卧层承载力高
1—基础；2—垫层；3—填土

（1）确定垫层的厚度。垫层的厚度应根据垫层底部软弱土层的承载力确定，即作用在垫层底面处土的自重应力值与附加应力值之和不大于软弱土层经深度修正后的地基承载力特征值，并应符合式（3-1-1）的要求。

$$p_z + p_{cz} \leqslant f_z \qquad (3-1-1)$$

式中　f_z——下卧层地基经深宽修正后承载力设计值，kPa；

　　　p_{cz}——下卧层顶面的自重应力，kPa；

　　　p_z——下卧层顶面的附加应力，kPa。

p_z 可按式（3-1-2）简化计算

条形基础

$$p_z = \frac{b(p_k - p_c)}{b + 2z\tan\theta} \qquad (3-1-2)$$

矩形基础

$$p_z = \frac{bl(p_k - p_c)}{(b + 2z\tan\theta)(l + 2z\tan\theta)} \qquad (3-1-3)$$

上二式中　b——矩形基础或条形基础底面的宽度，m；

　　　　　l——矩形基础底面的长度，m；

　　　　　p_k——基础底面压力设计值，kPa；

　　　　　p_c——基础底面处土的自重压力标准值，kPa；

　　　　　z——基础底面下垫层的厚度，m；

　　　　　θ——垫层的压力扩散角（°），可按表 3-1-1 采用。

（2）垫层的宽度的确定。垫层的宽度应满足基础底面应力扩散的要求。根据垫层侧面土的承载力，防止垫层向两侧挤出，垫层顶面每边超出基础底边不小于 300mm，或从垫层底面两侧向上适当放坡。垫层的底宽按式（3-1-4）计算或根据当地经验确定。

表 3-1-1　　　　　　　　　　压　力　扩　散　角 θ　　　　　　　　　单位：（°）

z/b	换　填　材　料		
	中砂、粗砂、砾砂、圆砾、石屑、角砾、卵石、碎石、矿渣	粉质黏土和粉煤灰（$8<I_P<14$）	灰土
0.25	20	6	28
$\geqslant 0.50$	30	23	

注　1. 当 $z/b<0.25$ 时，除灰土取 $\theta=28$ 外，其余材料均取 $\theta=0$，必要时宜由试验确定。

　　2. 当 $0.25<z/b<0.5$ 时，θ 值可内插求得。

　　3. 灰土 θ 值按一定要求的 3：7 或 2：8 的灰土的 28d 强度考虑的。

$$b' \geqslant b + 2z\tan\theta \qquad (3-1-4)$$

式中　b'——垫层底面宽度，m；

　　　θ——垫层的压力扩散角（°），可按表 3-1-1 采用。

当 $z/b>0.5$ 时，垫层的宽度也可根据当地经验及基础下应力等值线的分布，按倒梯形剖面确定。垫层的承载力宜通过现场试验确定，并应验算下卧层的承载力。对重要建筑或存在较弱下卧层的建筑应进行地基变形计算。

　　3. 垫层材料选择

　　（1）砂石。宜选用中粗砾砂，也可用碎石（粒径小于 2mm 的部分不应超过总量的 45%）。应级配良好，不含植物残体、垃圾等杂质，含泥量不宜超过 3%，最大粒径不宜大于 50mm。当使用粉细砂或石粉（粒径小于 0.075mm 的部分不超过总量的 9%）时，应掺入不少于 30% 的碎石或卵石。对湿性黄土地基，不得选用砂石等透水材料。

　　（2）黏土（均质土）。土料中有机质含量不得超过 5%，也不得含有冻土或膨胀土。当含有碎石时，其粒径不宜大于 50mm。用于湿陷性黄土或膨胀土地基的垫层，土料中不得夹有砖、瓦和石块等。

　　（3）灰土。体积配合比宜为 2：8 或 3：7。土料宜用黏性土及塑性指数大于 4 的粉土，不得含有松软杂质，并应过筛，粒径不得大于 15mm。灰土宜用新鲜消石灰，土料中不得夹有砖、瓦和石块等。

　　（4）粉煤灰。可分为湿排灰和调湿灰。可用于道路、堆场和中、小型建筑、构筑物换填垫层。粉煤灰垫层上宜覆土 0.3～0.5m。

　　（5）矿渣。垫层使用的矿渣是指高炉重矿渣，可分为分级矿渣、混合矿渣及原状矿渣。矿渣垫层主要用于堆场、道路和地坪，也可用于中、小型建筑及构筑物地基。

　　（6）其他工业废渣在有可靠试验结果或成功工程经验时，且质地坚硬、性能稳定的均可用于换填垫层。

　　（7）土工合成材料加筋垫层是分层铺设土工合成材料及地基土的换填垫层，用于垫层的土工合成材料包括机织土工织物、土工格栅、土工垫、土工格室（图 3-1-2）等。其选型应根据工程特性、土质条件与土工合成材料的原材料类型、物理力学性质、耐久性及抗腐蚀性等确定。

 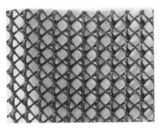 

图 3-1-2 土工合成材料

(a) 土工格栅；(b) 土工垫；(c) 土工格室

土工合成材料在垫层中受力时延伸率不宜大于 4%～5%，且不应该被拔出。当铺设多层土工合成材料时，层间应填以中、粗、砾砂，也可填细粒碎石类土等能增加垫层内摩阻力的材料。在软土地基上使用加筋垫层时，应考虑保证建筑物的稳定性和满足容许变形的要求。

对于工程量较大的换填垫层，应根据选用的施工机械、换填材料及场地的天然土质条件进行现场试验，再确定压实效果。

垫层材料的选择必须满足无污染、无侵蚀性及放射性等公害。

4. 垫层施工及注意事项

垫层施工应根据不同的换填材料选择施工机械。素填土、灰土宜采用平碾、振动碾或羊足碾，中小型工程可采用蛙式夯、柴油夯。砂石土宜用振动碾和振动压实机，粉煤灰宜采用平碾、振动碾、平板振动器、蛙式夯（图 3-1-3）。矿渣宜采用平板振动器或平碾，也可采用振动碾。

图 3-1-3 垫层施工机械

(a) 蛙式夯；(b) 平板夯；(c) 柴油夯

垫层的施工方法、分层铺土厚度、每层压实遍数等宜通过试验确定。除接触下卧软土层的垫层底层应具有足够的厚度外，一般情况下，垫层的分层铺垫厚度可取 200～300mm。为保证分层压实质量，应控制机械碾压速度。素土和灰土垫层土料的施工含水量宜控制在最优含水量 $w_{op}\pm2\%$ 的范围内，粉煤灰垫层的施工含水量控制在 $w_{op}\pm4\%$ 的范围内。当垫层底部存在古井、古墓、洞穴、旧基础、暗塘等软硬不均的部位时，应根据建筑对不均匀沉降的要求予以处理，并经检验合格后，方可铺填垫层。

基坑开挖时应避免坑底土层受扰动，可保留约 200mm 厚的土层暂不挖，待铺填垫层前再挖至设计标高。严禁扰动垫层下的淤泥或淤泥质土层，防止其被踩踏、受冻或受浸泡。在碎石或卵石垫层底部宜设置 150～300mm 厚的砂垫层，以防止淤泥或淤泥质土层表面的局部破坏，同时必须防止基坑边坡坍土混入垫层。

对淤泥或淤泥质土层厚度较小，在碾压或强夯下抛石能挤入该层底面的工程，可采用抛石挤淤处理。先在软弱土面下堆填块石、片石等，然后将其碾压入或夯入土层以置换和挤出软弱土。在滨河海开阔地带，可利用爆破挤淤。在淤泥面堆块石，在其侧边下部淤泥中按设计量放入炸药，通过爆炸挤出淤泥，使块石沉落底部坚实土层之上。

换填垫层施工要注意基坑排水，必要时就采用降低地下水位的措施，严禁水下换填。垫层底面宜设在同一标高上。如深度不同，坑底土面应挖成阶梯或斜坡搭接，并按先深后浅的顺序进行垫层施工，搭接处应碾压密实。素土及灰土垫层分段施工时，不得在柱基、墙角及承重窗间墙下接缝。上下两层的缝距不得小于 500mm。接缝处应夯击密实。灰土应拌和均匀并应当日铺填夯实。灰土夯实后 3d 内不得受水浸泡。粉煤灰垫层宜铺填后当天压实，每层验收后应及时铺填上层或封层，防止干燥后松散起尘污染，同时应禁止车辆碾压通行。垫层竣工后，应及时进行基础施工与基坑回填。

铺设土工合成材料时，下卧层顶面应均匀平整，防止土工合成材料被刺穿顶破。土工合成材料端头应固定，如回折锚固；应避免长时间曝晒或暴露；边沿宜用搭接法，即缝接法和胶结法。缝接法的搭接长度宜为 300～1000mm，基底较软者应选取较大的搭接长。当采用胶结法时，搭接长度应不小于 100mm。并保证主要受力方向的连接强度不低于所采用材料的抗拉强度。

当碾压或夯击振动对邻近既有或正在施工中的建筑产生有害影响时，必须采取有效预防措施。

5. 垫层质量检验

对粉质黏土、灰土、粉煤灰和砂石垫层的施工质量检验可用环刀法、贯入仪、静力触探、轻型动力触探或标准贯入试验检验；对砂石、矿渣垫层可用重型动力触探检验，并均应通过现场试验，以设计压实系数所对应的贯入度为标准检验垫层的施工质量。压实系数也可采用环刀法、灌砂法、灌水法或其他方法检验。垫层的施工质量检验必须分层进行。应在每层的压实系数符合设计要求后铺填上层土。

采用环刀法检验垫层的施工质量时，取样点应位于每层厚度的 2/3 深度处。检验点数量，对大基坑每 50～100m² 不少于一个检验点；对基槽每 10～20m 应不少于一个检验点；每个独立柱基应不少于一个检验点。采用贯入仪或动力触探检验垫层的施工质量时，每层检验点的间距应小于 4m。

对换填垫层的总体质量验收，可通过载荷试验进行；在有本工程对应合格压实系数的贯入指标时，也可采用静力触探、动力触探或标准贯入试验。

竣工验收采用载荷试验检验垫层承载力时，每个单体工程宜不少于三个检验点；对于大型工程则应按单体工程的数量或工程的面积确定检验点数。

垫层施工质量检验应填写相应的工程检验批质量验收记录表。

3.1.2.2.2 深层密实法

1. 压实法

（1）土的压实原理。换土层的主要作用是改善原地基土的承载力并减少其沉降量，这一目的通常是通过外界的压（夯、振）实功来实现的。在一定的压（夯、振）实能量作用下，土最容易被压（夯、振）密，并能达到最大的干密度，这时土所对应的含水量即为最优含水量，通常 w_{op} 表示。当土的含水量大于或小于这一界限时，都不易被压实。

建筑物地基表层的松散填土、杂填土或换土垫层，要求压实后才能作为地基的持力层。按施工方法的不同可分为：机械碾压法、重锤夯实法、振动压实法。

（2）机械碾压法。机械碾压法是采用平碾，羊足碾、压路机、推土机或其他机械压实松散土的方法。机械碾压法主要使用于大面积的回填土方工程的压实和杂填土地基的处理，一般用于处理浅层地基。

碾压的效果主要取决于被压实土的含水量是否符合最优含水量和压实机械的压实能量；施工时应控制碾压土的含水量，选择适当的碾压分层厚度和碾压的遍数。

黏性土的碾压，通常用 80～100kN 的平碾或 120kN 的羊足碾，每层铺土厚度约为 20～30cm，碾压 8～12 遍。杂填土的碾压，应先将建筑范围内一定深度的杂填土挖除，开挖深度视设计要求而定。用 80～120kN 压路机或其他压实机械将槽底碾压几遍，再将原土分层回填碾压。每层土的虚铺厚度约 30cm。有时还可在原土中掺入部分碎石、碎砖、白灰等，以提高地基强度。

由于杂填土的性质比较复杂，碾压后的地基承载力相差较大。根据一些地区的经验，用 80～120kN 压路机碾压后的杂填土地基，承载力约为 80～120kPa。

碾压的质量标准，以分层检验压实土的干容重和含水量来控制。如控制干容重为 γ_d，最大干容重为 γ_{max}（由试验确定）。则 γ_d 与 γ_{max} 的比值 D_y 称为压实系数，压实系数和现场含水量的控制值应符合表 3-1-2 的规定。

表 3-1-2　填土地基质量控制值表

结 构 类 型	填 土 部 位	压实系数 D_y	控制含水量（%）
砖石结构和框架结构	在地基主要受力层范围内	＞0.96	$w_{op}\pm2$
	在地基主要受力层范围以下	0.93～0.96	
简支结构和排架结构	在地基主要受力层范围内	0.94～0.97	$w_{op}\pm2$
	在地基主要受力层范围以下	0.91～0.93	

（3）重锤夯实法。重锤夯实是利用起重机将重锤提到一定的高度，然后使其自由落下，重复夯打，把地基表面夯实，以提高浅层地基的强度，减少其压缩性和不均匀性。这种方法可用于处理非饱和黏性土或杂填土，也可用于处理湿陷性黄土，消除其湿陷性。

重锤夯实的效果与锤重、锤底直径、落距、夯击遍数、夯实土的种类和含水量有一定的关系。施工中宜由现场夯击试验决定有关参数。当土质和含水量变化时，这些参数应相应加以调整。夯锤一般为截头圆锥体，锤重大于 15kN，锤底直径约为 0.7～1.5m，影响深度与锤径相当。拟加固土层必须高出地下水位 0.8m 以上，且该范围内不宜存在饱和软土层，否则可能将表层土夯成橡皮土，反而破坏土的结构和加大压缩性。所以当地下水位埋藏在夯击的影响深度范围内时，须采取降水措施。

（4）振动压实法。振动压实法是利用振动压实机在表面施加振动，把浅层松散土振密的方法，有效振实深度约 $1.2\sim1.5\text{m}$。振动压实的效果主要决定于被压实土的成分和振动时间。开始时振密作用较为显著，但随着时间推移变形渐趋稳定，所以施工前应先进行现场试验，根据振实的要求确定振实的时间。如果地下水位太高，则将影响振实效果。此外尚应注意振动对周围建筑物的影响，振源与建筑物的距离应大于 3m。

振动压实法主要适用于处理砂土、炉渣、碎石等无黏性土或黏粒含量少和透水性好的杂填土地地基。

2. 强夯法

强夯法又称动力固结法，它是用大吨位的起重机，把很重的锤（一般 $100\sim600\text{kN}$）

图 3-1-4　强夯法

从高处自由落下（落距为 $6\sim40\text{m}$）给地基以冲击和振动（图 3-1-4）。巨大的冲击能量在地基中产生很大的冲击波和动应力，引起地基土的压缩和振动，从而提高地基土的强度并降低其压缩性，还可以改善地基土抵抗振动液化能力和消除湿陷性黄土的湿陷性等作用。

（1）强夯法的加固机理及适用范围。强夯法加固地基的机理与重锤夯实法有着本质的不同。强夯法主要是将势能转化为夯击能，在地基中产生强大的应力和冲击波，对土体产生加密作用、液化作用、固结作用和时效作用。

1）加密作用。土体中大多含有以微气泡形式出现的气体，其含量约为 $1\%\sim4\%$。强夯时强大的冲击能，使气体压缩、孔隙水压力升高，随后在气体膨胀、孔隙水排出的同时，孔隙水压力减小。这样每夯击一遍孔隙水和气体的体积都有所减少，土体得到加密。

2）液化作用。在巨大的冲击应力作用下，土中孔隙水压力迅速提高，当孔隙水压力上升到与覆盖压力相等时，土体即产生液化，土的强度消失，土粒可自由地重新排列。

3）固结作用。强夯时在地基中所产生超孔隙水压力大于土粒间的侧向压力时，土粒间便会出现裂隙，形成排水通道。此时，增大土的渗透性，孔隙水得以顺利排出，加速了土的固结。

4）时效作用。随着时间的推移，孔隙水压力的消散，土颗粒又重新紧密接触，自由水也重新被土颗粒吸附而变成结合水，土的强度便逐渐恢复。这种触变强度的恢复，称为时间效应，其作用叫做时效作用。

强夯法适用于杂填土、碎石土、砂土、黏性土、湿陷性黄土及人工填土等地基的施工，对淤泥和淤泥质土等饱和黏性土地基，需经试验证明有效时方可采用。它不仅能在陆地上施工，还可以在不深的水下对地基夯实。

（2）强夯法设计要点。强夯法进行地基加固所取得的效果与施工参数有关，如夯点距离、击数、间歇时间等。强夯法加固地基的深度与夯击能有关，可按式（3-1-5）计算

$$H = \alpha \sqrt{\frac{Wh}{10}} \qquad\qquad (3-1-5)$$

式中　H——有效加固深度，m；

　　　h——锤的落距，m；

　　　α——修正系数，与地基土性质有关，一般为 0.34～0.80；

　　　W——锤重，kN。

根据加固土层的深度和锤重，即可按式（3-1-5）确定锤的落距。夯击能量相同时，锤的落距越大，着地时的速度也越大，相应对地基的加固效果越好。

为使深层土得到加固，两夯击点的距离应大一些，使夯击能量传递到土的深层，第一遍夯距约为夯锤直径的 3～4 倍，第二遍夯距可略小些。夯击次数应按现场试夯的夯击次数和夯沉量关系曲线确定，且应满足：最后两击的平均沉降量不大于 500mm，夯坑周围不应发生过大隆起，不因夯坑过深而起锤困难。一般每一点可夯击 5～10 击。

夯击遍数应根据地基土的性质确定，一般可采用 2～3 遍，最后再以低能量满夯一遍，对于渗透性弱的细颗粒土，必要时夯击遍数可适当增加。夯击的间歇时间，视孔隙水压力消散的情况确定，对于黏性土，孔隙水压力消散时间较长，在一遍夯击后，一般需间隔 2～4 周才能进行下一遍夯击作业。对于砂性土，孔隙水压力的峰值出现在夯完后的瞬间，消散时间只有 2～4min，故对渗透性较大的砂性土，可连续夯击。夯击范围应大于建筑物基础范围，每边超出基础外缘的宽度宜为设计处理深度的 1/3～1/2，且宜不小于 3m。

（3）强夯法施工及质检要点。强夯法施工的夯锤起重机械，一般采用履带式起重机和自动脱钩装置，并设有辅助门架或其他安全装置。夯锤底面形式宜采用圆形，并对称设置若干排气孔与锤顶面相通。

当地下水位较高时，宜采用人工降低地下水或铺一定厚度的松散性材料，并及时排除夯坑或场地积水。强夯法施工一般按以下步骤进行。

1）清理并平整场地。

2）标出首遍夯点位置，测量场地高程。

3）起重机就位，使夯锤对准夯点标记。

4）测量夯前锤顶高程。

5）起吊夯锤至预定高度，释放夯锤，测量锤顶高程，及时整平坑底。

6）重复步骤 5），按设计夯击次数及控制标准完成夯点的夯击。

7）重复步骤 3）～6），完成第一遍夯击。

8）用推土机填平夯坑，测量场地高程。

9）重复步骤 2）～8），完成全部夯击遍数，最后用低能量满夯，将地表层松土夯实，并测量夯后场地高程。

施工过程中，应做好各项测试数据和施工记录，强夯结束后，视土质情况隔一定时间对地基质量进行检验，可采用室内土工试验、场地原位测试，也可做现场静载荷试验。

3.1.2.2.3　挤密法和振冲法

1. 挤密及振冲作用机理

在砂土中通过机械振动挤压或加水振动可以使土密实。挤密法和振冲法就是利用这个原理发展起来的两种地基加固方法。

（1）挤密法。挤密法是以振动或冲击的方法成孔，然后在孔中填入砂、石、土、石灰、灰土或其他材料，并加以捣实成为桩体。按其填入的材料不同分为砂桩、砂石桩、石灰桩、灰土桩等。挤密法一般采用各种打桩机械施工，也有用爆破成孔的。

挤密砂桩适用于处理松砂、杂填土和黏粒含量不多的黏性土地基，砂桩能有效防止砂土地基振动液化，但对饱和黏性土地基，由于土的渗透性较小，抗剪强度低，灵敏度大，夯击沉管过程中土内产生的超孔隙水压力不能迅速消散，挤密效果差，且将土的天然结构破坏，使土的抗剪强度降低，故施工时须慎重对待。

挤密砂桩和排水砂桩虽然都在地基中形成砂柱体，但两者作用不同。砂桩是为了加固地基，桩径大而间距小；砂井是为了排水固结，桩径小而桩距大。

挤密桩的施工可采用振动式或冲击式，还可以采用爆破成孔的方法。施工从外围或两侧向中间进行。设置砂桩时，基坑应在设计标高以上预留三倍桩径覆土，打桩时坑底发生隆起，施工结束后挖除覆土。

制作砂桩宜采用中、粗砂，含泥量不大于5%，含水量依土质及施工器具确定。砂桩的灌砂量按井孔体积和砂在中密状态时的干容重计算，实际灌砂量应不低于计算灌砂量的95%。

桩身及桩与桩之间挤密土的质量，均可采用标准或轻便触探检验，也可用锤击法检查密实度，必要时则进行荷载试验。

（2）振冲法。振冲法的主要设备为振冲器，由潜水电机、偏心块和通水管三部分组成。振冲器内的偏心块在马达带动下高速旋转而产生高频振动，在高压水流的联合作用下，可使振冲器贯入土中，当达到设计深度后，关闭下喷水口，打开上喷水口，然后向振冲形成的孔中填以粗砂、砾石或碎石。振冲器振一段上提一段，最后在地基中形成一根密实的砂、砾石或碎石桩体。

振冲法加固黏性土的机理与加固砂土的机理不尽相同。

加固砂土地基时，通过振冲与水冲使振冲器周围一定范围内的砂土产生振动液化。液化后的砂土颗粒在重力、上覆土压力及填料挤压作用下重新排列而密实，其加固机理是利用砂土液化的原理。振冲后的砂土地基不但承载力与变形模量有所提高，而且预先经历了人工振动液化，提高了抗震能力，而砂（碎石）桩的存在又提供了良好的排水通道，降低了地震时的超孔隙水压力，也是提高抗震能力的又一个原因。

加固黏性土地基时，尤其是饱和黏性土地基，在振动力作用下，土的渗透性小，土中水不易排出，填入的碎石在土中形成较大直径的桩体与周围土共同作用组成复合地基。大部分荷载由碎石桩承担，被挤密的黏性土也可承担一部分荷载。这种加固机理主要是置换作用。

2. 设计与施工

振冲法按照作用机理分为振冲置换法和振冲挤密法两类；挤密法根据使用材料不同又分为土或灰土挤密桩法、砂石挤密桩法等，下面分别简单介绍其设计和计算要点。

（1）振冲置换法设计要点。处理范围应大于基底面积；对于一般地基，在基础外缘宜扩大1～2排桩；对可液化地基，在基础外缘应扩大2～4排桩。桩位布置，对大面积满堂处理宜采用等边三角形布置；对独立或条形基础，宜采用正方形、矩形或等腰三角形布置。

桩的间距，应根据荷载大小和原土的抗剪强度确定，可用 1.5～2.5m。荷载大或原土强度低时，宜取较小的间距。对桩端未达相对硬层的短桩应取小间距。

桩长的确定。当相对硬层埋藏深度较大时，应按建筑物地基的变形允许值确定，桩长不宜短于 4m。在可液化的地基中，桩长应按要求的抗震处理深度确定。

桩的直径可按每根桩所用的填料计算，一般为 0.8～1.2m。桩体材料可用含泥量不大的碎石、卵石、角砾、圆砾等硬质材料。材料的最大粒径宜不大于 80mm，对于碎石常用的粒径为 20～50mm。在桩顶部应铺设一层 200～500mm 厚的碎石垫层。桩的直径可按每根桩所用的材量计算，常为 0.8～1.2m。

（2）振冲挤密法设计要点。振冲挤密法加固处理地基范围应大于建筑物基础范围，在建筑物基础外缘每边放宽不得小于 5m。当可液化土层不厚时，振冲深度应穿透整个可液化土层；当可液化土层较厚时，振冲深度应按要求的抗震处理深度确定。振冲点宜按等三角形或正方形布置，间距与土的颗粒组成、要求达到的密实程度、地下水位、振冲器功率、水量等有关，应通过现场试验确定。试验时可取桩距为 1.8～2.5m，每一振冲点需要的填料量随地基土要求达到的密实程度的振冲点间距而定，应通过现场试验确定。填料宜用碎石、卵石、角砾、圆砾、砾砂、粗砂等。复合地基承载力、变形计算与振冲置换法计算方法一样，只不过有些设计参数取值不同而已，可参阅 JGJ 79—2002《建筑地基处理技术规范》。

（3）砂石挤密桩设计要点。加固范围，砂石挤密桩加固地基应超出基础的宽度，每边放宽不应少于 1～3 排；砂石桩用于防止砂层液化时，每边放宽不小于处理深度的 1/2，且不应小于 5m。当可液化土层上覆盖有厚度大于 3m 非液化层时，每边放宽不宜小于液化层厚度的 1/2，且不应小于 3m。布置形式，桩孔位宜采用等边三角形或正方形布置。桩的直径，桩的直径应根据地基土质情况、成桩设备等因素确定，一般采用 300～800mm。对于饱和黏性地区宜选用较大的直径。桩的间距，桩的间距应通过现场试验确定，但不宜大于砂石桩直径的 4 倍。在没有经验的地区，砂石挤密桩的间距也可按以下方法计算。

对于松散砂土地基：

等边三角形布置

$$s = 0.95D \sqrt{\frac{1+e_0}{e_0-e_1}} \qquad (3-1-6)$$

正方形布置

$$s = 0.90d \sqrt{\frac{1+e_0}{e_0-e_1}} \qquad (3-1-7)$$

$$e_1 = e_{\max} - D_{r1}(e_{\max} - e_{\min}) \qquad (3-1-8)$$

上各式中 s——砂石挤密桩间距，m；

D——砂石挤密桩直径，m；

e_0——地基处理前砂土的孔隙比，可按原状土样试验确定；

e_1——地基挤密后要求达到的孔隙比；

$e_{\max}$、$e_{\min}$——砂土的最大、最小孔隙比，可按 GB/T 50123—1999《土工试验标准》的有关规定确定；

D_{r1}——地基挤密后要求砂土达到的相对密实度，可取 $0.70\sim0.85$。

对于黏性土地基：

等边三角形布置 $\qquad\qquad s=1.08\sqrt{A_e}$ $\qquad\qquad$ （3-1-9）

正方形布置 $\qquad\qquad\qquad s=\sqrt{A_e}$ $\qquad\qquad$ （3-1-10）

式中　A_e——每根砂石挤密桩承担的处理面积，m^2，$A_e=\dfrac{A_p}{m'}$；

$\qquad$ A_p——砂石挤密桩的截面积，m^2；

$\qquad$ m'——面积置换率。

砂石挤密桩的长度，当地基中的松软土层厚度不大时，砂石桩宜穿过松软土层，当松软土层厚度较大时，桩长应根据建筑地基的允许变形值确定。对可液化砂层，桩长宜穿透可液化层，或按 GB 50011—2001《建筑抗震设计规范》的有关规定执行。砂石挤密桩孔内充填的砂石量可按式（3-1-11）计算

$$V=\frac{A_p l d_s}{1+e_1}(1+0.01w)\qquad\qquad（3-1-11）$$

式中　V——充填砂石量，m^3；

$\qquad$ A_p——砂石挤密桩的截面积，m^2；

$\qquad$ l——桩长，m；

$\qquad$ d_s——砂石料的相对密度；

$\qquad$ w——砂石料的含水量。

桩孔内的填料宜用砾砂、粗砂、中砂、圆砾、角砾、卵石、碎石等。填料中含泥量不得大于 5%，并不宜含有大于 50mm 的颗粒。

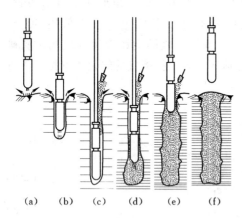

图 3-1-5　振冲挤密法施工工艺

(a) 定位；(b) 振冲下沉；(c) 振冲至设计标高，加填料或不加填料；(d)、(e) 边振边加料或不加料，边上提；(f) 成桩

（4）振冲挤密法施工工艺。振冲挤密法施工工艺如图 3-1-5 所示，施工顺序为：定位—成孔—分段振动—挤密。

1）定位。根据设计要求的布桩形式、测量放线、打小桩、编号定位。

2）成孔。振冲器头对准桩位，启动高压水泵，出口水压控制在 $400\sim600$kPa，下沉速度控制在 $1\sim2$m/min 徐徐下沉。

3）填料。待振冲器达到设计处理深度后，将料倒入孔内，利用自重沿护筒沉到孔底。

4）振密。启动振冲器，控制留振时间（$30\sim60$s），在密实电流达到规定控制值后（一般不小于 50A）将振冲器上提。边提边填料边振密；振冲器每次上提高度 $0.5\sim1$m。每次填料量控制在 $0.2\sim0.35$m^3 重复进行。

5）成桩。待以上工艺提升到桩顶设计标高后，转下一桩号。

3.1.2.2.4　排水固结法

排水固结法是利用地基土排水固结规律，采用各种排水技术措施处理饱和软黏土的一种方法。地基受压固结时，一方面孔隙比减少，土体被压缩，抗剪强度相应提高；另一方面，卸荷再压缩时，土体已变为超固结状态的压缩，抗剪强度也相应有所提高。排水固结法就是利用这一规律来处理软弱土地基，以达到提高土体强度和减少沉降量的目的。

1. 砂井堆载预压法

砂井排水堆载预压法系在软弱地基中用钢管打孔、灌砂，设置砂井作为竖向排水通道，并在砂井顶部设置砂垫层作为水平排水通道，在砂垫上部压载以增加土中附加应力，附加应力产生超静水压力，使土体中孔隙水较快地通过砂井、砂垫层排出，以达到加速土体固结，提高地基土强度的目的。

（1）加固机理。一般软黏土的结构呈蜂窝状或絮状，在固体颗粒周围充满水，当受到应力作用时，土体中孔隙水慢慢排出，孔隙体积变小而发生体积压缩，常称之为固结。由于黏土的渗透系数介于 $10^{-3} \sim 10^{-2} \mathrm{cm/s}$，当地基黏土层厚度很大时，仅用堆载预压而不改变土层的边界条件，黏土层固结将十分缓慢，地基土的强度增长过慢而不能快速堆载，使预压时间很长。当在地基内设置砂井等竖向排水体系，则可缩短排水距离，有效加速土的固结。

（2）特点及适用范围。砂井堆载预压的特点是：可加速饱和软黏土的排水固结，使沉降及早完成和稳定（下降速度可加快 $2.0 \sim 2.5$ 倍），同时大大提高地基的承载力，防止地基土滑动破坏；施工机具、方法简单，可就地取材，缩短施工期限，降低造价。适用于透水性低的饱和软弱黏性土加固；用于机场跑道、工业建筑油罐、水池、水工结构、道路、路堤、堤坝、码头岸坡等工程地基处理。对于泥炭等有机沉积土则不适用。

2. 真空预压法

真空预压法是以大气压力作为预压载荷，在需加固软土地基表面铺设一层透水砂垫层或砂砾层，再在其上覆盖一层不透气的塑料薄膜或橡胶布，四周密封使其与大气隔绝，在砂垫层里埋设渗水管道，然后与真空泵连通进行抽气，使透水材料保持较高的真空度，在土的孔隙水中产生负的孔隙水压力，将土中孔隙水和空气逐渐吸出，从而加速土体固结（图 3-1-6）。对于渗透系数小的软黏土，为加速孔隙水的排出，也可在加固部位设置砂井、袋装砂井或塑料排水板等竖向排水系统。

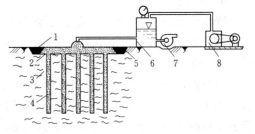

图 3-1-6　真空预压法

1—橡皮布；2—砂垫层；3—淤泥；4—砂井；5—黏土；
6—集水罐；7—抽水泵；8—真空泵

（1）加固机理。真空预压在抽气前，薄膜内外均承受一个大气压 p_a 的作用，抽气后薄膜内气压逐渐下降，薄膜内外形成一个气压差，首先是砂垫，其次是砂井中的气压降至 p_v，使薄膜紧贴砂垫层，由于土体与砂垫层和砂井间的气压差，从而发生渗流，使孔隙水沿着砂井或塑料排水板上升流入砂垫层内，被排出塑料薄膜外；地下水在上升的同时，形成塑料带附近的真空负压，使土内的孔隙水压形成压差，促使土中的孔隙水压力不断下降，地基有效应力不断增加，从而使土体固结，土体和砂井间的压差，开始时为 $p_a - p_v$，随着抽气时间的增长，压差逐渐变小，最终趋向于零，此时渗流停止，土体固结完成，所以真空预压过程，实质为利用大气压差作为预压荷载，使土体逐渐排水固结的过程。

真空预压使地下水位降低，相当于增加一个附加应力，也加速了土体的固结过程。

（2）特点及适用范围。真空预压法的特点是：不需要大量堆载，可省去加载和卸载工序，节省大量原材料、能源和运输能力，缩短预压时间。真空法所产生的负压使地基上的孔隙水加速排出，可缩短固结时间；同时由于孔隙水排出，渗流速度的增大，提高了加固效果；且负压可通过管路送到任何场地，适应性强。孔隙水的流向及渗流力引起的附加应力均指向被加固土体，土体在加固过程中的侧向变形很小，真空预压可一次加足，地基不会发生剪切破坏而引起地基失稳，可以有效缩短总的排水固结时间。适用于超软黏性土及边坡、码头、岸边等地基稳定性要求较高的工程地基加固，土越软，加固效果越明显。所用设备和施工工艺比较简单，无需大量的大型设备，便于大面积使用。无噪声、无振动、无污染，可做到文明施工。

该处理方法技术经济效果显著，根据国内在天津新港区的大面积实践，当真空度达到 600mmHg，经 60d 抽气，不少井区土的固结度都达到 80% 以上，地面沉降达 57cm，同时能耗降低 1/3，工期缩短 2/3，比一般堆载预压降低造价 1/3。

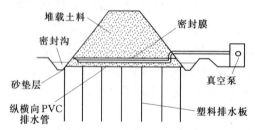

图 3-1-7 真空堆载联合预压示意图

真空预压法适于饱和均质黏性土及含薄层砂夹层的黏性土，特别适于新吹填土、超软性土地基的加固，但不适于在加固范围内有足够的水源补给的透水土层，以及无法堆载的倾斜地面和施工场地狭窄的工程进行地基处理。

为加快软土的固结速度，也可在真空预压的基础上进行堆载，如图 3-1-7 所示。

3. 降水预压法

降水预压法是借助于井点抽水降低地下水位以增加土的有效自重应力，从而达到预压的目的。井点降水一般是先用高压射水将外径为 38~50mm 的下端具有长约 1.7m 滤管的井管沉到所需深度，并将井管顶部用管路与真空泵相连，通过吸水使地下水位下降，形成漏斗状的水位线。井管间距视土质而定，一般为 0.8~2.0m，井点可按实际情况进行布置。滤管长度一般取 1~2m，滤孔面积应占滤管表面积的 20%~25%，滤管外设置可靠滤层以防止滤管被堵塞。

降水 5~6m 时降水预压荷载可达 50~60kPa，相当于堆高 3m 左右的砂石，而其工程量却小得多。如采用多层轻型井点或喷射井点等其他降水方法，则其效果将更显著。

降水预压法与真空预压法一样，无需堆载作为预压荷载；而且降水预压使土中孔隙水压力降低，渗流附加力指向固结区，所以不会使土体发生破坏，因而不需控制加荷速度，可一次降水至预定深度，从而缩短固结时间。降水预压的缺点是降低地下水位可能会引起邻近建筑物间的附加差异沉降。这一问题其他方法也不同程度存在。

3.1.2.2.5 化学加固法

1. 深层搅拌法

深层搅拌加固软黏土技术是利用水泥或石灰作为固化剂，通过特制的搅拌机械，在地层深处将软黏土和固化剂强制搅拌，使软黏土硬结成一系列水泥（或石灰）土桩或地下连续墙，这些加固体与天然地基形成复合地基，共同承担建筑物的荷载。

（1）加固机理。水泥加固土由于水泥用量很少，水泥水化反应完全是在土的围绕下产生的，凝结速度比在混凝土中缓慢。水泥与软黏土拌和后，水泥矿物和土中的水分发生强烈的水解和水化反应，同时从溶液中分解出氢氧化钙生成硅酸三钙、硅酸二钙、铝酸三钙等水化物，有的自身继续硬化形成骨架。

（2）深层搅拌法的施工工艺。深层搅拌法的施工工艺为：①将搅拌机的搅拌头定位对中，启动电机；②搅拌轴带动搅拌头边旋转，边下沉；③当搅拌头沉到设计深度后，略为提升搅拌头，由灰浆泵输送配制的水泥浆，通过中心管，压开球形阀，使水泥浆进入软土；④边喷浆、边搅拌、边提升，使水泥浆和土体充分拌和，直至地面；⑤停止喷浆，将搅拌头重复下沉、提升一次，使软土和水泥浆搅拌均匀。

由于深层搅拌法将固化剂和原地基黏性土搅拌混合，因而减少了水对周围地基的影响，也不使地基侧向挤出，故对已有建筑物不产生有害的影响；与砂井堆载预压法相比，在短时间内即可获得很高的地基承载力；与换土法相比，减少大量土方工程量；土体处理后容重基本不变，不会使软弱下卧层产生附加沉降。

（3）适用范围。深层搅拌法适用于处理淤泥、淤泥质土、粉土和含水较高且地基承载力标准值不大于 120kPa 的黏性土地基。当用于处理泥炭土或地下水具有侵蚀性的地基时，宜通过试验确定其适用性，冬季施工时应注意负温对处理效果的影响。

经深层搅拌法加固后的地基承载力，可按复合地基确定。

2. 高压喷射注浆法

高压喷射注浆法是用钻机钻孔至所需深度后，用高压冲脉泵，通过安装在钻杆底端的喷嘴向四周喷射化学浆液，同时钻杆旋转提升，高压射流使土体结构破坏并与化学浆液混合、胶结硬化后形成圆柱体状的旋喷桩。

高压喷射注浆法的特点是：能够比较均匀地加固透水性很小的细粒土；不会发生浆液从地下流失；能在室内或洞内净空很小的条件下对土层深部进行加固施工。

高压喷射注浆法可适用于砂土、黏性土、湿陷性黄土以及人工填土等地基的加固。其用途较广，可以提高地基的承载力，可做成连续墙防止渗水，可防止基坑开挖对相邻结构物的影响，增加边坡的稳定性，防止板桩墙渗水或涌砂，也可应用于托换工程的事故处理。

高压喷射注浆法的旋喷管分单管、二重管、三重管。单管法只喷射水泥浆液，一般形成直径 0.3~0.8m 的旋喷柱。二重管法开始先从外管喷射水，然后外管喷射瞬时固化剂材料，内管喷射胶凝时间较长的渗透性材料，两管同时喷射，形成直径为 1m 的旋喷桩。三重管法为三根同心管子，内管通水泥浆，中管通 20~25MPa 的高压水和压缩空气阀门。施工时先用钻机成孔，然后把三重旋喷管吊放到孔底，随即打开高压水和压缩空气阀门，通过三重旋喷管底端侧壁上直径 2.5mm 的喷嘴，射出高压水、气，把孔壁的土体冲散。

同时，泥浆泵把高压水泥浆从另一喷嘴压出，使水泥浆与冲散土体拌和，三重管慢速旋转提升，把孔周围地基加固成直径 1.3～1.6m 的坚硬桩柱。

高压喷射注浆法加固后的地基承载力，一般可按复合地基或桩基考虑，由于加固后的桩柱直径上下不一致，且强度不均匀，若单纯按桩基考虑则不太安全，条件许可情况下，尽可能做现场载荷试验来确定地基承载力。

3. 注浆法

水泥压力注浆是将水泥通过压浆泵、注浆管均匀的注入岩土层中，以充填、渗透和挤密等方式，驱走岩石裂隙中或土颗粒中的水分和气体，并充填其位置，硬化后将岩土胶结成一个整体，形成强度较大、压缩性低、抗渗性高和稳定性良好的岩土体，从而使地基得到加固，可防止或减少渗透和不均匀的沉降，在建筑工程中应用较为广泛。

水泥浆液一般都采用普通硅酸盐水泥为主剂，是一种悬浊液，它能形成强度较高和渗透性较小的结石。由于这种浆液取材容易、配方简单、价格便宜、无毒性、对环境无污染，故为常用的浆液。

水泥浆的水灰比一般变化范围为 0.6～2.0，常用的水灰比为 1∶1。要求快凝时，可采用快硬水泥或在水中掺入水泥用量 1%～2% 的氯化钙；如要求缓凝时，可掺加水泥用量 0.1%～0.5% 的木质素磺酸钙；也可掺加其他外加剂以调节水泥浆性能。

水泥压力注浆适用于加固有裂隙、孔隙、溶洞的岩石、松散砂砾、粗砂、已建工程局部松软地基，以及用作坝基防渗帷幕、边坡整治、混凝土基础裂缝处理和地下结构管道的补漏、建筑物纠偏等方面。但不适用于地下水承压水头大和地下水流速大于 80m/d 以及岩石和土粒孔隙小于 0.75mm 的情况，对于一般中、细砂和黏土类土，由于它的孔隙过小，水泥难以通过，不宜采用。

4. 硅化法

硅化法是指利用硅酸盐（水玻璃）为主剂的混合溶液进行地基土化学加固的方法，亦称硅化注浆法。

硅化法根据浆液注入的方式分为压力硅化、电动硅化和加气硅化三类。压力硅化根据溶液不同，又可分为压力双液硅化、压力单液硅化、压力混合液硅化三种。

（1）压力双液硅化法。它是将水玻璃与氯化钙溶液用泵或压缩空气通过注液管轮流压入土中，溶液接触反应后生成硅胶，将土颗粒胶结在一起，使具有强度和不透水性。

（2）压力单液硅化法。它是将水玻璃单独压入含有盐类的土中，同样使水玻璃与土中钙盐起反应生成硅胶，将土粒胶结。

（3）压力混合液硅化法。它是将水玻璃和铝酸钠混合液一次压入土中，水玻璃与铝酸钠反应，生成硅胶和硅酸铝盐的凝胶物质，黏结砂土，起到加固和堵水作用。

（4）电动硅化法。它又称电动双液硅化法、电化学加固法，是在压力双液硅化法的基础上设置电极通入直流电，经过电渗作用扩大溶液的分布半径。施工时，把有孔注浆管作为阳极，铁棒作为阴极，将水玻璃和氯化钙溶液先后由阳极压入土中，通电后孔隙水由阳极流向阴极，而化学溶液也随之渗流分布于土的孔隙中，经化学反应后生成硅胶。

（5）加气硅化法。先在地基中注入少量二氧化碳气体，使土中空气部分被二氧化碳所取代，然后将水玻璃压入土中，其后又注入二氧化碳气体，由于碱性水玻璃溶液强烈地吸收二氧化碳，促使水玻璃溶液在土中能够均匀分布，并渗透到土的微孔隙中形成硅胶，在土中起到胶结作用，从而使地基得到加固。

硅化法的特点包括：设备工艺简单、使用机动灵活，技术易于掌握；加固效果好，可提高地基强度，消除土的湿陷性，降低压缩性。

硅化法适用范围，根据被加固土的种类，渗透系数而定。硅化法多用于局部加固新建或已建的建（构）筑物基础、边坡处治以及防渗帷幕等。但硅化法不宜用于沥青、油脂和石油化合物所浸透和地下水 pH 值大于 9.0 的土。

3.1.2.2.6　树根桩法

树根桩是一种小直径的钻孔灌注桩，其直径通常为 100～250mm，有时也有采用 300mm，其长度国外最大达 30m。

施工时一般先利用钻机成孔，钻穿原有基础下面的地基土层中去，到达设计标高后进行清孔、下放钢筋和注浆管，再用压力注入水泥浆或水泥砂浆，边灌、边振、边拔管（升浆法）而成桩。也可放入钢筋笼后再投放碎石，然后用压力注入水泥浆或水泥砂浆而成桩。

1. 树根桩特点

（1）由于使用小型钻机，所需施工场地较小，在平面尺寸为 1.0m×1.5m 及净空高度为 2.5m 即可施工。为此，可保证工厂继续生产，公用设施继续使用。

（2）施工时噪声和振动小，使被托换的建筑物比较安全。

（3）因桩孔小，对基础和地基土几乎都不产生应力。

（4）所有操作都在地面上进行，施工比较方便，且没有从基础下面开挖的危险，无需临时支撑结构和大量的改建和修复工作。

（5）桩、承台和墙身连成一体，托换后结构整体性好。

（6）可用于碎石土、砂土、粉土和黏性土等各种不同地基土质条件，因而适用地基土范围较广。

（7）竣工后不会损伤既有建筑物的外貌，这对修复古建筑尤为重要。

2. 树根桩的施工工艺

（1）可采用钻机成孔，钻进钢筋混凝土基础时，应采用平口合金钻头或钢粒钻进。在土层中钻孔时宜采用清水或天然泥浆护壁，也可采用套管。

（2）钢筋宜整根吊放。每节长度取决于作业空间，节间钢筋接头应错开，搭接长度应满足有关规定。注浆管宜采用直径 20mm 无缝钢管，应直插到孔底。需二次注浆的树根桩应插两根注浆管，施工时应缩短吊放和焊接时间。

（3）当采用碎石和细石填料时，填料应经清洗，缓缓投入桩孔内，投入量不应小于计算桩孔体积的 0.9 倍，填灌时应同时用注浆管注水清孔。

（4）注浆材料可采用水泥浆液、水泥砂浆或细石混凝土。当采用碎石填灌时，注浆应采用水泥浆。

（5）当采用一次注浆时，泵的最大工作压力不应低于 1.5MPa。开始注浆时，需要 1MPa 的起始压力，将浆液经注浆管从孔底压出，接着注浆压力宜为 0.1～0.3MPa。使浆液注浆上冒，直至浆液泛出孔口，停止注浆。

当采用二次注浆时，泵的最大工作压力不应低于4MPa。待第一次注浆的浆液初凝时方可进行第二次注浆。浆液的初凝时间根据水泥品种和外加剂掺量确定，可控制在45～60min范围内。第二次注浆压力宜为2～4MPa，并不应采用水泥砂浆和细石混凝土。

（6）注浆施工时应采用间隔施工、间歇施工或增加速凝剂掺量等措施，以防止出现相邻桩冒浆和窜孔现象。树根桩施工不应出现缩颈和塌孔。

（7）拔管后孔内混凝土和浆液面会下降，应立即在桩顶填充碎石，并在1～2m范围内补充注浆。

3.1.2.2.7 地基处理方法选择

选用地基处理方法的原则是力求技术先进、经济合理、因地制宜、安全适用、确保质量。具体选用时要根据场地的工程地质条件、地基加固的目的要求以及拟采用处理方案的适用性、技术经济指标、工期等多方面因素综合考虑，最后选择其中一种较合理的地基处理措施或两种以上地基处理方法组合的综合处理方案（表3-1-3）。

表3-1-3 地 基 处 理 方 法

处 理 方 法		适 用 范 围	说 明
换土垫层法		适用于淤泥、淤泥质土、湿陷性黄土、素填土、杂填土	适用于浅层处理
深层密实法	重锤夯实法	适用于处理非饱和黏性土或杂填土，也可用于处理湿陷性黄土，消除其湿陷性	适用于浅层处理
	振动压实法	适用于处理砂土、炉渣、碎石等无黏性土或黏粒含量少和透水性好的杂填土地地基	适用于浅层处理
	强夯法	适用于碎石土、素填土、杂填土、砂土、低饱和度的粉土与黏性土及湿陷性黄土	适用于深层处理
挤密法和振冲法	挤密法	砂土桩适用于杂填土和松散土，石灰桩适用于软弱黏性土和杂填土，土桩、灰土桩一般适用于地下水位以上深度为5～15m的湿陷性黄土和人工填土	适用于深层处理
	振冲法	适用于不排水剪强度不小于20kPa的黏性土、粉土、饱和黄土和人工填土	适用于深层处理
排水固结法	堆载预压法 真空预压法	适用于处理厚度较大的饱和软土和冲填土地基，但对于厚度较大的泥炭层要慎重对待	适用于浅层处理
化学加固法	深层搅拌法	适用于处理正常固结的淤泥、淤泥质土、粉土、饱和黄土、素填土、黏性土及无流动地下水的饱和松散砂土地基	适用于深层处理
	高压喷射注浆	适用于处理淤泥、淤泥质土、黏性土、粉土、黄土、砂土和素填土等地基。对既有建筑物进行托换技术	适用于深层处理
	注浆法	适用于处理岩基、砂土、粉土、淤泥质黏土、粉质黏土、黏土和一般人工填土，也可加固暗滨和使用在托换加固工程	适用于深层处理
树根桩法		适用于各类土，一般用于对既有建筑物的托换工程	

地基处理大多是隐蔽工程，在施工前现场人员必须了解所采用的地基处理方法的原理、技术标准和质量要求、施工方法等；施工过程中经常进行施工质量和处理效果的检验，同时也应做好监测工作；施工结束后应尽量采用可能的手段来检验处理的效果并继续做好监测工作，从而保证施工质量。

3.1.3 学习情境

3.1.3.1 资讯

通过本课题的学习，要求学生掌握地基处理的主要方法及其适用范围，并能进行地基处理方案的比较和选择。班级可分组完成以下任务：分析下述工程案例，并讨论回答相关问题。

某工程建于某市朝阳区北苑来广营乡红军营村北，拟建住宅为 12 栋五至六层混合结构住宅楼，基础采用墙下条形基础。原场地为鱼塘，其含水量高，淤泥较厚，后经清淤及碴土回填，故场地表层分布较厚的人工堆积房碴土，土质松软，软硬不均，无法保证本工程的设计要求，需对该地基进行处理。

结合案例请回答以下问题：

（1）地基处理的方法有哪些？分别适用于什么情况下的土质？

（2）针对该工程应采取什么地基处理方法，并编写地基处理施工方案（提示：主要内容包括工程概况、施工方案、技术措施、机械设备、人员配置、安全措施）。

3.1.3.2 下达工作任务

工作任务见表 3-1-4。

表 3-1-4　　　　　　　　　　　工 作 任 务 表

任务内容：基坑降水施工方案编写		
小组号：　　　　　小组成员		
任务要求： 　1. 按照所在组号，回答指定问题，并编制地基处理方案； 　2. 各组只需上交一份书面材料，要求交打印稿（包括封面、目录、正文），小组成员共同署名	备注： 　1. 可到图书馆查阅相关工程资料； 　2. 利用互联网络查阅相关工程案例	组织： 　全班按每组 4～6 人分组进行，每组选 1 名组长负责协调工作
组长：_____		年　　月　　日

3.1.3.3 制定计划

制定计划见表 3-1-5。

表 3-1-5　　　　　　　　　　　计 划 表

小组号		成员		组长	
		分 工 安 排			
组员		任 务 内 容			

3.1.3.4 实施计划

教师组织学生分组完成地基处理施工方案编写任务，其中学习内容及咨询要求在 2 学时内完成，任务成果要求在完成任务咨询后 2 周内上交，期间指导学生查阅资料，整理文档，并进行相关答疑。

最后可汇总各组的结果，组织讨论方案的规范性、合理性，结合成果质量及学生讨论表现评定成绩。

3.1.3.5 自我评估与评定反馈

通过方案编制，学生可以反馈对知识的掌握情况，教师也可以结合学生任务完成情况进行查漏补缺及成绩评定。

1. 学生自我评估

学生自我评估见表 3 - 1 - 6。

表 3 - 1 - 6 学生自我评估表

任务		基坑降水施工方案编写			
小组号		学生姓名		学号	
序号	自检项目	分数权重	评 分 要 求		自评分
1	任务完成情况	40	按要求按时完成任务		
2	成果质量	20	文本规范、内容合理		
3	学习纪律	20	按照平时表现		
4	团队合作	20	服从组长安排，能配合他人工作		
学习心得与反思：					
小组评分：_____ 组长：_____ 时间：_____					

2. 教师评定反馈

教师评定反馈见表 3 - 1 - 7。

表 3 - 1 - 7 教师评定反馈表

任务		基坑降水施工方案编写			
小组号		学生姓名		学号	
序号	检查项目	分数权重	评 分 要 求		自评分
1	任务完成速度	20	按要求按时完成任务		
2	学习纪律	10	按照平时表现		
3	成果质量	50	文本规范、内容合理		
4	团队合作	20	服从组长安排，能配合他人工作		
存在问题：					
教师评分：_____ 教师：_____ 时间：_____					

思 考 题

（1）需要进行地基处理的软弱土地基有哪些？常用的地基处理方法有哪些？

（2）简述换土垫层法的加固机理及适用范围，换土垫层有哪些作用？

（3）压实法和强夯法在加固机理上有何区别？

（4）简述振冲挤密法施工工艺过程有哪些要点。

（5）真空堆载预压法可以处理哪种软弱地基？真空预压有哪些施工注意事项？

课题 2　浅基础设计及施工

3.2.1　学习目标

（1）通过本课题的学习知道浅基础土的类型，并知道各种基础类型的特点。

（2）知道影响基础埋置深度选择的因素。

（3）知道浅基础设计的基本知识。

（4）知道浅基础施工的工艺，并能进行浅基础施工。

3.2.2　学习内容

基础根据埋置深度不同可分为浅基础和深基础。通常把埋置深度不大（一般小于5m），只需经过一般施工方法就可施工的基础称为浅基础。在天然地基上修建浅基础，其施工简单，造价较低。

3.2.2.1　浅基础的类型

浅基础根据所用材料不同可以分为无筋扩展基础和钢筋混凝土基础。根据结构型式不同分为扩展基础、联合基础、柱下条形基础、十字交叉条形基础、筏形基础、箱形基础和壳体基础等。

3.2.2.1.1　无筋扩展基础

无筋扩展基础又称刚性基础，是由砖、毛石、混凝土、或毛石混凝土、灰土和三合土等材料组成的墙下条形基础或柱下独立基础。无筋扩展基础所用材料的抗拉强度很低，不能承受较大的弯曲应力和剪应力，适用于六层或六层以下（三合土基础不宜超过四层）民用建筑和轻型厂房（图3-2-1）。

3.2.2.1.2　钢筋混凝土基础

钢筋混凝土材料的基础包括钢筋混凝土扩展基础、柱下条形基础、交叉条形基础、箱形基础、筏形基础、壳体基础等。

1. 扩展基础

扩展基础系指柱下钢筋混凝土独立基础（或预制杯形独立基础）和墙下钢筋混凝土条形基础（图3-2-2）。相对于无筋扩展基础，由于采用的是钢筋混凝土材料，其抗弯和抗剪性能得到极大地提高，可在竖向荷载较大、地基承载力不高、有水平力和力矩等情况下发挥其特点，并能适应基础埋深受限时对截面高度的限制要求，即需要"宽基浅埋"的

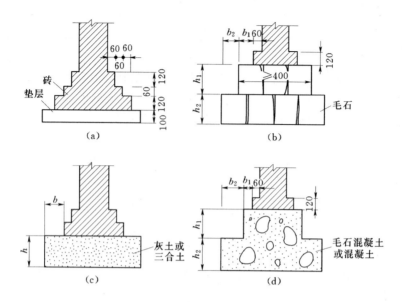

图 3-2-1　无筋扩展基础

（a）砖基础；（b）毛石基础；（c）三合土或灰土基础；（d）混凝土或毛石混凝土基础

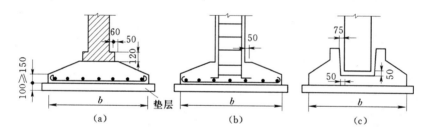

图 3-2-2　扩展基础

（a）墙下钢筋混凝土条形基础；（b）柱下钢筋混凝土现浇独立基础；（c）预制杯形独立基础

场所。故当建筑物的荷载较大或地基较软弱时，常采用此基础。

（1）柱下独立基础。柱下独立基础（图 3-2-3）是柱基础的主要类型。现浇柱下钢筋混凝土独立基础的截面可做成梯形或锥形；预制柱下独立基础一般做成杯形，常用在单层工业厂房。

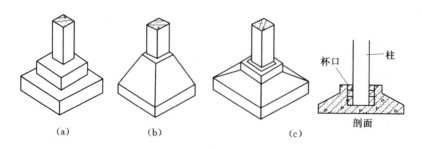

图 3-2-3　柱下独立基础

（a）阶梯形；（b）锥形；（c）杯形

（2）墙下条形基础。条形基础（图 3-2-4）是指基础长度远大于基础宽度的一种基础形式。条形基础是承重墙基础的主要形式。墙下钢筋混凝土条形基础一般做成无肋式，但若地基土质不均匀，为了增强基础整体性，减少不均匀沉降，也可做成有肋式的条形基础。

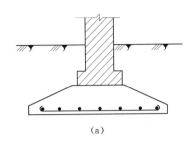
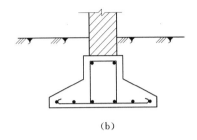

（a）　　　　　　　　　　　　　　　　　（b）

图 3-2-4　墙下钢筋混凝土条形基础

（a）无肋式；（b）有肋式

2. 柱下钢筋混凝土条形基础

柱下钢筋混凝土条形基础主要用于柱距较小的框架结构，也可用于排架结构。当地基较弱而柱荷载较大时，为加强基础之间的整体性，减少不均匀沉降；或柱距较小，基础面积较大，相邻基础十分接近时，可以单向在整排柱子下做一条钢筋混凝土梁，将各柱子联合起来，就成为柱下条形基础（图 3-2-5）。当柱网下纵横两方向均设有柱下条形基础时，便成为了十字交叉基础（图 3-2-6）。

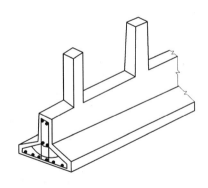
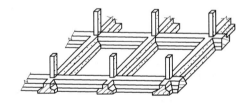

图 3-2-5　柱下条形基础　　　　　　　　图 3-2-6　十字交叉基础

3. 筏形基础

当上部结构传来的荷载很大，采用十字交梁基础还不能提供足够的承载力时，可采用钢筋混凝土筏形基础，即用钢筋混凝土做成连续整片基础。筏形基础由于基底面积大，故可减少基底压力至最小值，同时增大了基础的整体刚度。筏形基础在构造上犹如倒置的钢筋混凝土楼盖，可分为平板式和梁板式两类（图 3-2-7）。

4. 箱形基础

箱形基础由片筏基础演变而成，是由钢筋混凝土顶板、底板和纵横交叉的隔墙组成的空间整体结构（图 3-2-8）。基础内空可用作地下室，与实体基础相比可减少基底压力。箱形基础较适用于地基软弱、平面形状简单的高层建筑基础。某些对不均匀沉降有严格要求的设备或构筑物，也可采用箱形基础。

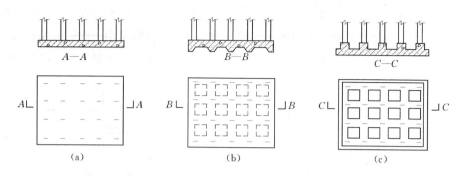

图 3-2-7　筏形基础

(a) 平板式；(b) 下翻梁板式；(c) 上翻梁板式

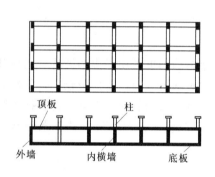

图 3-2-8　箱形基础

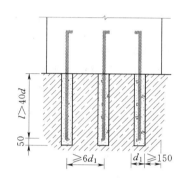

图 3-2-9　岩石锚杆基础

d_1—锚杆孔直径；l—锚杆的有效锚固长度；d—锚杆直径

5. 岩石锚杆基础

岩石锚杆基础适用于直接建在基岩上的柱基，以及承受拉力或水平力较大的建筑物基础。岩石锚杆基础对锚杆孔直径、锚杆的构造、锚杆插入上部结构的长度、锚杆材料、灌浆材料等都有一定的要求，以确保钢筋锚杆基础与基岩连成整体（图 3-2-9）。

6. 壳体基础

常用的壳体基础有正圆锥壳、M 形组合壳、内球外锥组合壳。这类基础结构合理，可比一般梁、板式的钢筋混凝土基础减少混凝土用量 50% 左右，节约钢筋 30% 以上，具有良好的经济效果。但壳体基础施工时，修筑土台的技术难度大，易受天气因素的影响，布置钢筋及浇筑混凝土施工困难，较难实行机械化施工，操作技术要求高。壳体基础主要用于烟囱水塔、储仓等构筑物的基础（图 3-2-10）。

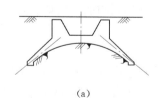

(a)

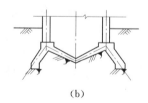

(b)

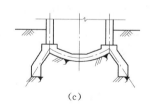

(c)

图 3-2-10　壳体基础

(a) 正圆锥壳；(b) M 形组合壳；(c) 内球外锥组合壳

3.2.2.2 基础埋置深度的选择

基础的埋置深度是指基础底面到设计地面的垂直距离。选择基础埋置深度，实质上是选择合适的持力层。选择合适的持力层关系到建筑物的稳定与安全。在满足地基稳定和变形要求的前提下，基础应尽量浅埋。影响基础埋置深度的因素很多，应综合考虑以下因素加以确定。

1. 满足建筑物的功能和使用条件

根据建筑设计的要求，确定最小的埋置深度。如果需要设置地下室，则基础的埋置深度受地下室空间高度的控制，一般埋置较深；又如大型设备的基础需要一定的空间布置管线，也要求埋置较深。如果在基础范围内有管道或其他地下设备通过时，基础顶板原则上应低于这些设施的底面，通常可将基础整体加深或局部加深。不同类型的基础，其构造特点不同，对埋置深度也会有不同的要求。靠近地面的土层易受自然条件的影响而性质不稳定，故基础埋深一般不少于 0.5m。

2. 作用于地基上荷载的大小和性质

一般要求基础置于较好的土层上，对于承受较大水平荷载的基础，必须加大埋置深度以获得土的侧向抗力，保证结构的稳定性，高层建筑对地基稳定性及变形要求更高，在抗震设防区，除岩石地基外，基础埋置深度要求不小于建筑物高度的 1/5。对承受上拔力的基础也要求有较大埋置深度以提供足够的抗拔力。对于承受振动荷载的基础，则不宜选用易于液化的土层作为持力层。

3. 工程地质和水文地质条件

工程地质条件是影响基础埋置深度的最基本条件之一，在实际工程中，常遇到上下各层土软弱不相同、厚度不均匀、层面倾斜等情况。当地基上层较好、下层较软弱时则基础尽量浅埋。反之，当上层土软弱、下层土坚实时，则需要区别对待。当上层软弱土较薄时，可将基础置于下层坚实土上；当上层软弱土较厚时，可考虑采用宽基浅埋的方法，也可考虑人工加固处理或桩基础方案。必要时，应从施工难易、材料用量等方面进行比较确定。基础底面宜埋置在地下水位以上，以免施工时排水困难，并可减轻地基的冻害，当必须埋在地下水位以下时，应采取措施，保证地基土在施工时不受扰动。当地下水有侵蚀时，应对基础采取防护措施。

4. 相邻建筑物的基础埋置深度

如果新建的建筑物与已有的建筑物距离过近而基础开挖的深度又大于相邻建筑物的基础埋置深度，则开挖基坑会对相邻建筑物产生不利影响。解决的办法是减少基础埋置深度，或增大建筑物之间的距离。如上述要求不能满足时，应采用分段施工，设临时加固支撑、打板桩、地下连续墙等措施，必要时应进行专门的基坑开挖设计，或对原有建筑物地基进行加固。

5. 地基土冻胀和融陷的影响

确定基础埋置深度要考虑地基土的冻胀性。季节性冻土地区，地基土会因冻结而体积增大，引起土体发生膨胀和隆起现象，称为冻胀；冻土融化引起沉陷称为融陷。GB 50007—2002《建筑地基基础设计规范》根据冻土层的平均冻胀率的大小，把地基冻胀性分为不冻胀、弱冻胀、冻胀、强冻胀和特强冻胀五个等级，可查 GB 50007—2002《建筑地基基础设计规范》附录 G 确定。

对于不冻胀土的基础埋深，可不考虑季节性冻土的影响；对于弱冻胀、冻胀和强冻胀土的基础，最小埋置深度 $d_{\min}$ 可按式（3-2-1）确定

$$d_{\min} = z_d - h_{\max} \qquad\qquad (3-2-1)$$

式中　$h_{\max}$——基础底面以下允许残留冻土层的最大厚度，m，可按 GB 50007—2002《建筑地基基础设计规范》附录 G.0.2 查取；

　　　　z_d——设计冻深，m，见 GB 50007—2002《建筑地基基础设计规范》。

在季度性冻土地区的建筑物，应根据 GB 50007—2002《建筑地基基础设计规范》的要求，采取必须的防冻措施。

3.2.2.3　浅基础设计

3.2.2.3.1　地基基础设计的基本规定

1. 建筑物地基基础设计等级

根据地基复杂程度、建筑物规模和功能特征，以及由于地基问题可能造成建筑物破坏或影响正常使用的程度，GB 50007—2002《建筑地基基础设计规范》将地基基础设计分为甲乙丙三个设计等级，设计时应根据具体情况，按表 3-2-1 选用。

表 3-2-1　　　　　　　　　　地 基 基 础 设 计 等 级

设计等级	建筑和地基类型
甲级	（1）重要的工业与民用建筑物； （2）30 层以上的高层建筑； （3）体形复杂，层数相差超过 10 层的高低层连成一体的建筑物； （4）大面积的多层地下建筑物（如地下车库、商场、运动场等）； （5）对地基变形有特殊要求的建筑物； （6）复杂地质条件下的坡上建筑物（包括高边坡）； （7）对原有工程影响较大的新建建筑物； （8）场地和地质条件复杂的一般建筑物； （9）位于复杂地基条件及软土地区的二层及二层以上地下室的基坑工程
乙级	除甲级、丙级以外的工业与民用建筑物
丙级	场地及地基条件简单、荷载分布均匀的七层及七层以下民用建筑及一般工业建筑物；次要的轻型建筑物

地基基础的设计内容和要求与建筑物的地基基础设计等级有关。

2. 地基基础设计的基本规定

根据建筑物地基基础设计等级及长期荷载作用下地基变形对上部结构的影响程度，地基基础设计应符合 GB 50007—2002《建筑地基基础设计规范》的下列规定：

（1）所有建筑物的地基均应满足承载力计算的有关规定。

（2）设计等级为甲级、乙级的建筑物，均应按地基变形设计。

（3）表 3-2-2 所列范围内设计等级为丙级的建筑物可不作变形计算，如有下列情况之一时，仍应作变形验算：

1）地基承载力特征值小于 130kPa，且体形复杂的建筑。

2）在基础上及附近有地面堆载或相邻基础荷载差异较大，可能引起地基产生过大的不均匀沉降时。

表 3-2-2　　　　　　设计等级为丙级可不作地基变形计算的建筑物范围

地基主要受力层情况	地基承载力特征值 f_{ak}（kPa）			$60 \leqslant f_{ak}$ <80	$80 \leqslant f_{ak}$ <100	$100 \leqslant f_{ak}$ <130	$130 \leqslant f_{ak}$ <160	$160 \leqslant f_{ak}$ <200	$200 \leqslant f_{ak}$ <300
	各土层坡度（%）			≤5	≤5	≤10	≤10	≤10	≤10
建筑类型	砌体承重结构、框架结构/层数			≤5	≤5	≤5	≤6	≤6	≤7
	单层排架结构（6m柱距）	单跨	桥式起重机额定起重量（t）	5～10	10～15	15～20	20～30	30～50	50～100
			厂房跨度（m）	≤12	≤18	≤24	≤30	≤30	≤30
		多跨	桥式起重机额定起重量（t）	3～5	5～10	10～15	15～20	20～30	30～75
			厂房跨度（m）	≤12	≤18	≤24	≤30	≤30	≤30
	烟囱		高度（m）	≤30	≤40	≤50	≤75		≤100
	水塔		高度（m）	≤15	≤20	≤30	≤30		≤30
			容积（m³）	≤50	50～100	100～200	200～300	300～500	500～1000

注　1. 地基主要受力层系指条形基础底面下深度为 $3b$（b 为基础底面宽度），独立基础下为 $1.5b$，且厚度均不小于 5m 的范围（两层以下一般的民用建筑除外）。

　　2. 地基主要受力层中如有承载力特征值小于 130kPa 的土层时，表中砌体承重结构的设计，应符合软弱地基的有关要求。

　　3. 表中砌体承重结构和框架结构均指民用建筑，对于工业建筑可按厂房高度、荷载情况折合成与其相当的民用建筑层数。

　　4. 表中桥式起重机额定起重、烟囱高度和水塔容积的数值系指最大值。

　　3）软弱地基上的建筑物存在偏心荷载时。

　　4）相邻建筑物距离过近，可能发生倾斜时。

　　5）地基内有厚度较大或厚薄不均的填土，其自重固结未完成时。

　（4）对经常受水平荷载作用的高层建筑、高耸结构和挡土墙等，以及建造在斜坡上或边坡附近的建筑物和构筑物，尚应验算其稳定性。

　（5）基坑工程应进行稳定性验算。

　（6）当地下水埋藏较浅，建筑地下室或地下构筑物存在上浮问题时，尚应进行抗浮验算。

　3. 荷载效应最不利组合与相应的抗力限值

　地基基础设计时，所采用的荷载效应最不利组合与相应的抗力限值，应符合 GB 50007—2002《建筑地基基础设计规范》的以下规定：

　（1）按地基承载力确定基础底面积及埋深或按单桩承载力确定桩数时，传至基础或承台底面上的荷载效应按正常使用极限状态下荷载效应的标准组合。相应的抗力应采用地基承载力特征值。

　（2）计算地基变形时，传至基础底面上的荷载效应应按正常使用极限状态下荷载效应的准永久组合，不应计入风荷载和地震作用。相应的限值应为地基变形允许值。

　（3）计算挡土墙土压力、地基或斜坡稳定及滑坡推力时，荷载效应应按承载能力极限状态下荷载效应的基本组合，但其分项系数均为1.0。

　（4）在确定基础或桩承台高度、支挡结构截面、计算基础或支挡结构内力、确定配筋和验算材料强度时，上部结构传来的荷载效应组合和相应的基底反力，应按承载力极限状态下荷载效应的基本组合，采用相应的分项系数。当组合值由永久荷载控制时，分项系数取 1.35。当需要验算基础裂缝宽度时，应按正常使用极限状态荷载效应标准组合。

（5）基础设计安全等级、结构设计使用年限、结构重要性系数应按有关规范的规定采用，但结构重要性系数 γ_0 不应小于 1.0。

在进行荷载计算时，各种荷载组合的表达式与所包含的系数等执行 GB 50009—2001《建筑结构荷载规范》有关规定。对于永久荷载效应控制的基本组合，可采用简化规则，荷载效应基本组合的设计值 S 按式（3-2-2）确定

$$S = 1.35 S_k \leqslant R \qquad (3-2-2)$$

式中 R——结构构件抗力的设计值，按有关建筑结构设计规范的规定确定；

S_k——荷载效应基本组合的标准值。

3.2.2.3.2   基础底面尺寸的确定

作用在基础上的竖向荷载包括上部结构物的自重、屋面荷载、楼面荷载和基础（包括基础台阶上填土）的自重等；水平荷载包括土压力、水压力、风压力等。荷载计算按 GB 50007—2002《建筑地基基础设计规范》要求进行。

计算荷载时应按传力系统，自建筑物顶面开始，自上而下累计至设计地面。当室内外地坪有高差时，对于外墙或外柱可累计至室内外设计地坪高差的平均值。计算作用在墙下条形基础上的荷载时，要注意计算段的选取，通常有以下几种情况。

（1）墙体没有门窗，而且作用在墙上的荷载是均布荷载（如一段内横墙），可以沿墙的长度方向取 1m 长的一段计算。

（2）有门窗的墙体且作用在墙上的荷载是均布荷载（如一段外纵墙），可以沿墙的长度方向，取门或窗中线至中线间的一段，即一个开间长为计算段，算出的荷载再均分到全段上，得到作用在每米长度上的荷载。

（3）对于有梁等集中荷载作用的墙体，需考虑集中荷载在墙内的扩散作用，计算段的选取应根据实际情况选定。

在选择了基础类型，确定基础埋置深度后，就可以根据结构的上部荷载和地基土层的承载力计算基础的底面尺寸。

1. 按持力层承载力确定基础底面尺寸

地基基础设计时，要求作用在基础底面上的压力设计值不大于修正后地基承载力特征值，即

$$p_k \leqslant f_a \qquad (3-2-3)$$

式中 p_k——相应于荷载效应标准组合时，基础底面处的平均压力设计值，kPa；

f_a——修正后的地基承载力特征值，kPa。

基底压力分布与基底形状、刚度等因素有关。一般情况下，当基底尺寸较小、刚度较大时，可假定基底压力分布为直线形，在这种情况下，可以用材料力学的基本公式来计算基底压力。根据荷载作用的不同组合，可分为对基础产生轴心荷载和偏心荷载两种情况，以下分别对两种情况进行计算：

（1）轴心荷载作用下的基础。轴心荷载作用下的基础，所受的合力通过基底形心。基

底压力假定为均匀分布，此时基底平均压力按式（3-2-4）计算

$$p_k = \frac{F_k + G_k}{A} \qquad (3-2-4)$$

式中 p_k——轴心荷载作用下的基底平均压力，kPa；

F_k——相应于荷载效应标准组合时，上部结构传至基础顶面的竖向荷载，kN；

G_k——基础自重和基础上的土重，kN，对一般实体基础，可近似取 $G_k = \gamma_G A d$，其中 γ_G 为基础及回填土的平均容重，一般取 $20kN/m^3$，在地下水位以下部分，应扣除水的浮力；d 为基础埋置深度，m；

A——基底面积，m^2，$A = bl$。

将式（3-2-4）代入式（3-2-3）有

$$A \geqslant \frac{F_k}{f_a - \gamma_G d} \qquad (3-2-5)$$

对条形基础，取基础长度 l 为 1m 计算，F_k 为单位墙长的荷载，此时 $A = lb$，由式（3-2-5）得

$$b \geqslant \frac{F_k}{f_a - \gamma_G d} \qquad (3-2-6)$$

若荷载较小而地基承载力又比较大时，按上式计算可能基础宽度较小，为保证安全和便于施工，承重墙下的基础宽度不小于 $600 \sim 700mm$。如果用上述公式计算得到的基础宽度（矩形）$b > 3m$ 时，需要修正承载力 f_a 后，再用式（3-2-5）、式（3-2-6）重新计算，直到求得比较精确的基底面积为止。

（2）偏心荷载下的基础。竖向荷载偏心，或在基础顶面有力矩或有水平荷载作用，均会引起基底反力不均匀分布。如果近似地认为基底压力是按直线分布，在满足 $p_{min} > 0$ 条件下，p 为梯形分布，基底边缘压应力为

$$p_{kmin}^{kmax} = \frac{F_k + G_k}{A} \pm \frac{M_k}{W} \qquad (3-2-7a)$$

式中 p_{kmin}^{kmax}——偏心荷载下的基础底面上的最大和最小压应力，kPa；

M_k——作用于基础底面的力矩，kN·m；

W——基础底面的抵抗矩，m^3；

其他符号意义同上。

对于矩形基础

$$p_{kmin}^{kmax} = \frac{F_k + G_k}{A}\left(1 \pm \frac{6e_0}{l}\right) \qquad (3-2-7b)$$

$$e_0 = \frac{M_k}{F_k + G_k}$$

式中 e_0——偏心矩，m，适用条件为 $e_0 \leqslant l/6$；

l——基础底面偏心方向边长，m；

其他符号意义同上。

偏心荷载作用时，除要满足式（3-2-3）外，尚应满足式（3-2-8a）要求

$$p_{k_{max}} \leqslant 1.2 f_a \qquad (3-2-8a)$$

根据上述按承载力计算的要求，在计算偏心荷载作用下的基础底面尺寸时，其计算步骤如下。

(1) 首先按中心受压确定基础底面积，即按式（3-2-5）求出 A_0。

(2) 根据偏心的大小把基础底面积 A_0 提高 10%～40%，即 $A=（1.1～1.4）A_0$。

(3) 按假定的基础底面积 A，用式（3-2-8b）进行验算

$$p_{k_{\max}} = \frac{F_k+G_k}{A} + \frac{M_k}{W} \leqslant 1.2f_a \tag{3-2-8b}$$

$$p = \frac{F_k+G_k}{A} \leqslant f_a$$

式中符号意义同前。

如果不满足要求，需重新假设一个基底尺寸，再进行验算，直至满足为止。

2. 软弱下卧层的验算

当地基受力层范围内有软弱下卧层时，按持力层承载力计算得出的基础底面尺寸后，还应进行软弱下卧层承载力验算，即满足

$$p_z + p_{cz} \leqslant f_{az} \tag{3-2-9}$$

式中　p_z——相应于荷载效应标准组合时，软弱下卧层顶面处的附加压力值，kPa；

　　　p_{cz}——软弱下卧层顶面处的自重压力值，kPa；

　　　f_{az}——软弱下卧层顶面处经深度修正后地基承载力特征值，kPa，$f_{az}=f_{ak}+\eta_d\gamma_m(d-0.5)$。

对条形基础和矩形基础，式（3-2-9）中的 p_z 值可简化计算（图 3-2-11）。

条形基础　　$$p_z = \frac{b(p-p_c)}{b+2z\tan\theta} \tag{3-2-10}$$

矩形基础　$$p_z = \frac{lb(p-p_c)}{(b+2z\tan\theta)(l+2z\tan\theta)}$$

$$\tag{3-2-11}$$

式中　b——矩形基础或条形基础底边的宽度，m；

　　　l——矩形基础底边的长度，m；

　　　p——基底压力设计值，kPa；

　　　p_c——基础底面处土的自重压力标准值，kPa；

　　　z——基础底面至软弱下卧层顶面的距离，m；

　　　θ——基底压力扩散角，即压力扩散线与垂直线的夹角（°），可按表 3-2-3 选用。

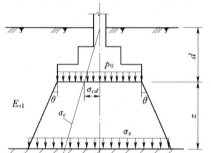

图 3-2-11　压力扩散角法
计算土中附加应力

表 3-2-3　　　　　　　　　地基压力扩散角 θ

$\alpha=E_{s1}/E_{s2}$	$z=0.25b$	$z=0.50b$	$\alpha=E_{s1}/E_{s2}$	$z=0.25b$	$z=0.50b$
3	6°	23°	10	20°	30°
5	10°	25°			

注　1. E_{s1} 为上层土压缩模量；E_{s2} 为下层土压缩模量；

　　2. 当 $z<0.25b$ 时，一般取 $\theta=0°$，必要时由试验确定；$z>0.50b$ 时，θ 值不变。

3.2.2.3.3 地基的变形验算

如果要求计算地基变形，则在基础底面尺寸初步确定后，还应进行地基变形验算，设计时要满足地基变形值不超过其允许值的条件，以保证不致因地基变形过大而影响建筑物正常使用或危害安全。如果变形不能满足要求，则需调整基础底面尺寸或采取其他措施。

3.2.2.3.4 地基稳定性验算

对于经常受水平荷载作用或建在斜坡上的建筑物的地基，应验算稳定性。此外，某些建筑物的独立基础，当承受水平荷载很大时（如挡土墙），或建筑物较轻而水平力的作用点又比较高的情况下（如取水构筑物、水塔、塔架等），也得验算建筑物的稳定性。验算地基稳定性时，荷载按荷载效应的基本组合取值，但荷载分项系数均取1.0。

承受垂直与水平荷载时的基础设计原则，与上述受偏心荷载时的基础基本上相同。但需验算在水平力作用下，基础是否发生沿基底滑动、倾斜或与地基一起滑动。

例 3-2-1 某柱基础，作用在设计地面处的柱荷载设计值、基础尺寸、埋置深度及地基条件如图 3-2-12 所示，试验算持力层承载力。

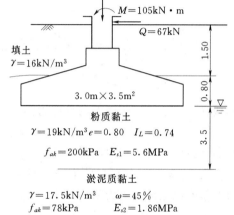

图 3-2-12 例 3-2-1

解：因 $b=3m$，$d=2.3m$，土的孔隙比 $e=0.80<0.85$，土的液性指数 $I_L=0.74<0.85$，查表 1-3-1 得 $\eta_b=0.3$，$\eta_d=1.6$。

基底以上土的平均容重

$$\gamma_m = \sum \gamma_i h_i / h = \frac{16 \times 1.5 + 19 \times 0.8}{2.3}$$
$$= 17.0(kN/m^3)$$

地基承载力的深宽修正

$$f_a = f_{ak} + \eta_b \gamma (b-3) + \eta_d \gamma_m (d-0.5)$$
$$= 200 + 0.3 \times (19-10) \times (3-3) + 1.6 \times 17 \times (2.3-0.5)$$
$$= 249.0(kPa)$$

基底平均压力计算

$$p_k = \frac{F_k + G_k}{A} = \frac{1050 + 3 \times 3.5 \times 2.3 \times 20}{3 \times 3.5} = 146(kPa) \leqslant 249.0(kPa)(满足)$$

基底最大压力计算

$$M_k = 105 + 67 \times 2.3 = 259.1(kN \cdot m)$$

$$p_{k_{max}} = \frac{F_k + G_k}{A} + \frac{M_k}{W} = 146 + \frac{259.1}{3 \times 3.5^2/6} = 188.3(kPa)$$

$$p_{k_{max}} \leqslant 1.2 f_a = 1.2 \times 249.0 = 298.8(kPa)(满足要求)$$

所以，持力层地基承载力满足要求。

例 3-2-2 同上题条件，验算软弱下卧层的承载力。

解：（1）软弱下卧层的承载力特征值计算。

因为下卧层系淤泥质土，且 $f_{ak}=78kPa>50kPa$，查表 1-3-1 可得 $\eta_b=0$，$\eta_d=1.1$。则

下卧层顶面埋深 $\quad\quad\quad d'=d+z=2.3+3.5=5.8$（m）

土的平均容重

$$\gamma_m=\sum\gamma_i h_i/h=[16\times1.5+19\times0.8+(19-10)\times3.5]/(1.5+0.8+3.5)$$
$$=12.19(\text{kN/m}^3)$$

于是下卧层地基承载力特征值

$$f_{az}=f_{ak}+\eta_d\gamma_m(d-0.5)=78+1.1\times12.19\times(5.8-0.5)=153.2(\text{kPa})$$

（2）下卧层顶面处应力计算。

自重应力

$$p_{cz}=16\times1.5+19\times0.8+(19-10)\times3.5=70.7(\text{kPa})$$

附加应力 p_{cz} 按扩散角计算。由 $E_{s1}/E_{s2}=3$，$z/b=3.5/3=1.17>0.5$，查表 3-2-3 得 $\theta=23°$，则

$$p_0=p-p_c=146-(16\times1.5+19\times0.8)=106.8(\text{kPa})$$
$$p_{cz}=p_z=\frac{lbp_0}{(b+2z\tan\theta)(l+2z\tan\theta)}$$
$$=3.5\times3\times106.8/[(3+2\times3.5\times\tan23°)\times(3.5+2\times3.5\times\tan23°)]$$
$$=29.03(\text{kPa})$$

作用在软弱下卧层顶面处的总应力为

$$p_z+p_{cz}=29.03+70.7=99.73(\text{kPa})\leqslant f_{az}=153.2(\text{kPa})$$

软弱下卧层地基承载力满足要求。

例 3-2-3　某厂房墙下条形基础，上部轴心荷载 $F_k=180\text{kN/m}$，埋深 1.1m；持力层及基底以上地基土为粉质黏土，$\gamma_m=19.0\text{kN/m}^3$，$\gamma_G=20\text{kN/m}^3$；$e=0.80$，$I_L=0.75$，$f_{ak}=200\text{kPa}$，地下水位位于基底处。试确定所需基础宽度。

解：（1）先用未经深宽修正的地基承载力特征值式（3-2-6）初步计算基础底面尺寸。

$$b\geqslant\frac{F_k}{f_a-\gamma_G d}=\frac{180}{200-20\times1.1}=1.01(\text{m}),\text{取 }b=1\text{m}。$$

（2）地基承载力特征值的深宽修正。

由于 $I_L=0.75<0.85$，$e=0.80<0.85$，查表 1-3-1 可得：$\eta_b=0.3$，$\eta_d=1.6$；$b<3\text{m}$，取 $b=3\text{m}$。按式（1-3-19）计算，故

$$f_{az}=f_{ak}+\eta_d\gamma_m(d-0.5)=200+1.6\times19.0\times(1.1-0.5)=218.2(\text{kPa})$$

（3）地基承载力验算。

$$p_k=F_k/A+\gamma_G d=180/1\times1+20\times1.1$$
$$=202(\text{kPa})<f_{az}=218.2(\text{kPa})（满足要求）$$

3.2.2.4　浅基础施工

3.2.2.4.1　无筋扩展基础施工

1. 无筋扩展基础构造要求

（1）砖基础。砖基础（图 3-2-13）取材容易，施工简单，其剖面通常做成阶梯形，称为大放脚。大放脚从垫层上开始砌筑，为保证其刚度，应采取等高式和间隔式，等高式大放脚是每砌两皮砖两边各收进 1/4 砖长；间隔式大放脚是砌两皮砖一收与一皮砖一收相

间隔，每次两边各收进 1/4 砖长。为了保证砖基础的砌筑质量，常常在砖基底面以下先做垫层。垫层材料可选用灰土、三合土或素混凝土。垫层一般厚度为 100mm，宽度每边伸出基础底面 50mm，设计时，垫层不作为基础结构部分考虑，因此垫层的高度和宽度都不计入基础的埋深和宽度之内。

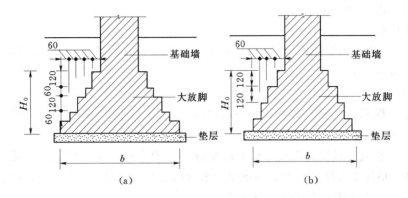

图 3-2-13 砖基础

(a) 等高式大放脚；(b) 间隔式大放脚

砖基础所用的材料具有一定的抗压强度，但抗拉和抗剪强度较低，按 GB 50003—2001《砌体结构设计规范》的规定，所用材料的最低强度等级不得低于表 3-2-1 的要求。

（2）毛石基础。毛石基础是选用未经风化的硬质岩石砌筑而成。毛石和砂浆的强度等级应符合表 3-2-4 的要求。为了保证锁结力，每一阶梯宜用三排或三排以上的毛石。阶梯形毛石基础每一阶伸出宽度不宜大于 200mm，台阶高度不宜小于 400mm。

表 3-2-4　　　　　　　　　　基础用砖、石料及砂浆最低标号

基土潮湿程度	黏 土 砖		混凝土砌体	石材	混合砂浆	水泥砂浆
	严寒地区	一般地区				
稍潮湿	MU10	MU10	MU5	MU20	M5	M5
很潮湿	MU15	MU10	MU7.5	MU20	—	M5
含水饱和	MU20	MU15	MU7.5	MU30	—	M7.5

注　1. 石材的容重不应低于 18kN/m³。

　　2. 地面以下或防潮层以下的砌体，不宜采用空心砖。当采用混凝土空心砌体时，其孔洞应采用强度不低于 C15 的混凝土灌实。

　　3. 各种硅酸盐材料及其他材料制作，应根据相应材料标准的规定选择采用。

（3）三合土基础。三合土基础是由石灰、砂和骨料（碎石、碎砖或矿渣等）按体积比 1∶2∶4～1∶3∶6 的比例，加水拌匀后分层铺放夯实而成。分层夯实时，第一层应铺 220mm，以后每层 200mm，每层均夯打成 150mm。其厚度不小于 300mm，宽度不小于 700mm。一般用于地下水位较低的 4 层或 4 层以下民用建筑。

（4）灰土基础。灰土基础是用石灰和土料配制而成。石灰和土料的体积比一般为 3∶7 或 2∶8，加适量水拌匀，然后铺入基槽内分层夯实，方法与三合土基本相同。夯实时灰土应控制最优含水量（用手将灰土握成团，两指轻捏即碎为宜）。其厚度不小于 300mm，条形基础宽度不小于 600mm，独立基础不小于 700mm。灰土基础在地下水位较高时不宜

采用，且宜埋置在冰冻线以下。一般可用于 5 层或 5 层以下的民用建筑。

（5）混凝土和毛石混凝土基础。混凝土基础一般是用强度等级为 C7.5 或 C10 的混凝土浇筑而成；为了节约水泥用量，可在混凝土内掺入 25%～30%（体积）的毛石，即成为毛石混凝土基础。这种基础的强度、耐久性、抗冻性都比前几种基础要好。

2. 无筋扩展基础施工

（1）砖基础。

1）施工工艺：基底土质验槽→垫层施工→在垫层上弹线抄平→确定组砌方式→排砖摺底→砖基础砌筑。

2）施工要点。

a. 找平。根据龙门板上的±0.000 标高控制线，用水准仪对基底垫层的平整度进行复核，如有偏差，用 M7.5 水泥砂浆或 C10 混凝土找平。

b. 定位、放线。根据龙门板上标志的基础定位轴线和边线，用经纬仪及吊线坠，将其投放在基础垫层上并做好标点，用墨线弹出两标点之间连线。按基础大样图和设计尺寸放出基础中心轴线和基础墙身的组砌方式。

c. 确定组砌方法。大放脚一般采用一顺一丁的组砌方式。

d. 排砖摺底。排砖就是按照基底尺寸线和已定的组砌方式，不用砂浆，把砖在基底一段长度上干摆一层。一般先排在内外墙、附墙垛的交接部位，排时考虑竖缝的宽度，错缝搭接，灰缝均匀。排砖结束后，用砂浆把干摆的砖砌起来，就叫摺底。摺底时不能改变已排好砖的平面位置，要一铲灰一块砖的砌筑好。

e. 砌筑。砌筑时盘角位置垂直，收分台阶要准确。墙宽大于 240mm 要双面带线，附墙垛统一拉线与墙同时砌筑。

（2）素混凝土基础。

1）施工工艺：浇筑前的准备工作→混凝土浇筑→混凝土振捣→混凝土养护→混凝土拆模。

2）施工要点。

a. 浇筑前的准备工作。浇筑前应将基底表面的杂物清除干净。对设置有混凝土垫层的，垫层表面应用清水清扫干净，并排除积水。

b. 混凝土浇筑。按照由远及近、由边角向中间的顺序进行。浇筑前根据构件特点确定好浇筑方案，根据基础深度分段、分层连续浇筑混凝土，一般不留施工缝。当不能连续浇筑时，则应留施工缝。施工缝位置及处理方法要符合设计或规范要求。

c. 混凝土振捣。条形基础的振捣宜采用插入式振动器，插点以交错式为好，操作时应快插慢拔。当新浇筑的混凝土表面翻浆，无气泡时，振捣结束。

d. 混凝土养护。混凝土终凝后，应用湿润的草帘、草袋等覆盖，并洒水养护不少于 7d。

（3）灰土基础。

1）施工工艺：基槽清理→底夯→灰土拌和→控制虚铺厚度→机械夯实→质量检查→逐皮交替完成。

2）施工要点。

a. 配合比。灰土的配合比除设计有特殊要求外，一般为 2∶8 或 3∶7（体积比）。基础垫层灰土必须标准过筛，严格执行配合比。必须拌和均匀，至少翻拌两次，拌好的灰土颜色一致。

b. 含水量控制。灰土施工时应控制含水量。工地检验方法，是用手将灰土紧握成团，两指轻捏即碎为宜。如土料水分过多或不足时，应晾干或洒水润湿。

c. 灰土厚度。灰土摊铺厚度为 200～250mm。

d. 接缝。灰土分段施工时，不得在墙角、柱基及承重墙下接缝。上下两层灰土的接缝距离不得大于 500mm，当灰土基础标高不同时，应做成阶梯形。接茬时应将茬子垂直切齐。

3. 2. 2. 4. 2　扩展基础施工

1. 扩展基础构造要求

扩展基础包括墙下钢筋混凝土条形基础和柱下钢筋混凝土独立基础两种，扩展基础的构造应符合以下要求。

（1）锥形基础的边缘高度，宜不小于 200mm，坡度 $i \leqslant 1 : 3$；阶梯形基础每阶高度，宜为 300～500mm。

（2）垫层的厚度宜不小于 70mm，伸出基础底板的宽度不小于 50mm；垫层的混凝土强度等级应为 C10。

（3）基础混凝土强度等级不应低于 C20。

（4）扩展基础底板受力钢筋的最小直径宜不小于 10mm，间距宜不大于 200mm，也宜不小于 100mm。墙下钢筋混凝土条形基础纵向分布钢筋的直径不小于 8mm；间距不大于 300mm；每延米分布钢筋的截面积应不小于受力钢筋截面积的 1/10。当有垫层时钢筋保护层的厚度不小于 40mm；无垫层时不小于 70mm。

（5）现浇柱基础其插筋的数量、直径以及钢筋种类应与柱内纵向受力钢筋相同。插筋的锚固长度，与柱的纵向受力钢筋的连接方法应符合现行 GB 50010—2002《混凝土结构设计规范》要求。插筋的下端宜做成直钩放在基础底板钢筋网上，应有上下两个箍筋固定。

（6）预制钢筋混凝土柱与杯口基础的连接，应符合下列要求（图 3-2-14）：柱的插入深度 h_1 可按表 3-2-5 选取，并满足钢筋锚固长度要求和吊装时柱的稳定性要求；基础的杯底厚度和杯壁厚度，可按表 3-2-6 选取；当柱为轴心受压或小偏心受压且 $t/h_2 \geqslant 0.65$ 时，或大偏心受压且 $t/h_2 \geqslant 0.75$ 时，杯壁可不配筋；当柱为轴心受压或小偏心受压且 $t/h_2 \geqslant 0.65$ 时，或大偏心受压且 $0.5 \leqslant t/h_2 < 0.65$ 时，杯壁可按表 3-2-7 构造配筋。其他情况应按计算配筋。

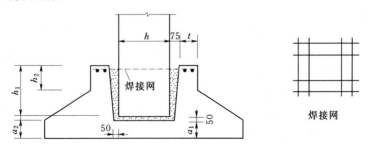

图 3-2-14　预制钢筋混凝土柱独立基础示意图

注：$a_2 \geqslant a_1$

表 3 - 2 - 5　　　　　　　　　　　柱 的 插 入 深 度 h_1　　　　　　　　　　　单位：mm

矩形或工字形柱				双肢柱
$h<500$	$500{\leqslant}h<800$	$800{\leqslant}h{\leqslant}1000$	$h>1000$	
$h\sim1.2h$	h	$0.9h$，且不小于 800	$0.8h$，且不小于 1000	$(1/3\sim2/3)\,h_a$ $(1.5\sim1.8)\,h_b$

注　h 为柱截面长边尺寸；h_a 为双肢柱全截面长边尺寸；h_b 为双肢柱全截面短边尺寸；柱轴心受压或小偏心受压时，h_1 可适当减少，偏心距大于 $2h$ 时，h_1 可适当增大。

表 3 - 2 - 6　　　　　　　　　基础的杯底厚度和杯壁厚度　　　　　　　　　单位：mm

柱截面长边尺寸 h	杯底厚度 a_1	杯壁厚度 t	柱截面长边尺寸 h	杯底厚度 a_1	杯壁厚度 t
$h<500$	$\geqslant150$	$150\sim200$	$1000{\leqslant}h<1500$	$\geqslant250$	$\geqslant350$
$500{\leqslant}h<800$	$\geqslant200$	$\geqslant200$	$1500{\leqslant}h<2000$	$\geqslant300$	$\geqslant400$
$800{\leqslant}h{\leqslant}1000$	$\geqslant200$	$\geqslant300$			

注　1. 双肢柱的杯底厚度值 a_1，可适当增大；当有基础梁时，基础梁下的杯壁厚度 t，应满足其支承宽度的要求。
　　2. 柱子插入杯口的表面应凿毛，柱子与杯口之间的空隙，应用比基础混凝土强度等级高一级的细石混凝土充填密实，当材料强度达到 70% 以上时，才能进行上部吊装。

表 3 - 2 - 7　　　　　　　　　　杯 壁 构 造 配 筋　　　　　　　　　　单位：mm

柱截面长边尺寸	$h<1000$	$1000{\leqslant}h<1500$	$1500{\leqslant}h<2000$
钢筋直径	$8\sim10$	$10\sim12$	$12\sim16$

2. 扩展基础施工

(1) 施工工艺：混凝土垫层→钢筋绑扎→模板安装→混凝土浇筑→混凝土振捣→混凝土养护。

(2) 施工要求。

1) 混凝土垫层。地基验槽完成后，清除表层浮土及扰动土，立即进行垫层施工，混凝土垫层必须振捣密实，表面平整，严禁晾晒基土。

2) 钢筋绑扎。垫层达到一定强度后，在其上弹线、支模，铺放钢筋网片。上下部垂直钢筋绑扎牢，将钢筋弯钩朝上。基础上有插筋时，应采取措施加以固定，保证插筋位置的正确，防止浇捣混凝土时发生位移。铺放钢筋网片时底部用与混凝土保护层同厚度的水泥砂浆垫塞，以保证位置正确。

3) 模板安装。钢筋绑扎及相关专业完成后立即进行模板安装，浇筑混凝土前，应清除模板上的垃圾、泥土和钢筋土的油污等杂物，模板应浇水加以湿润。锥形基础的斜面部分模板应随混凝土浇捣分段支设并顶压紧，以防模板上浮变形，边角处混凝土应注意捣实。严禁斜面部分不支撑、采用铁锹拍实的方法。

4) 混凝土浇筑。基础混凝土宜分层连续浇筑完成。阶梯形基础的每一台阶高度内应分层浇捣，每浇筑完一台阶应稍停 $0.5\sim1.0h$，待其初步获得沉实后，再浇筑上层以防止下台阶混凝土溢出，在上台阶根部出现"烂脖子"的情况，台阶表面应基本抹平。

5）基础上有插筋时，要加以固定，保证插筋位置的正确，防止浇捣混凝土发生移位。混凝土浇筑完毕，外露表面应覆盖浇水养护。

6）杯形基础的杯口模板要固定牢固，防止浇捣混凝土时发生位移，并应考虑便于拆模和周转使用。浇筑混凝土时应先将杯底混凝土振实，待其沉实后，再浇筑杯口四周混凝土。注意四侧要对称均匀进行，避免将杯口模板挤向一侧。基础浇捣完毕，在混凝土初凝后终凝前将杯口模板取出，并将杯口内侧表面混凝土凿毛。高杯口基础施工时，可采用后安装杯口模板的方法，即当混凝土浇捣接近杯底时，再安装固定杯口模板，浇筑杯口四周混凝土。

3.2.2.4.3　片筏基础施工

1．片筏基础构造要求

片筏基础由钢筋混凝土底板、梁等组成，适用于地基承载力较低而上部结构荷载较大的情况，其外形和构造上像倒置的钢筋混凝土楼盖，整体刚度较大，能使各柱子的沉降较为均匀。片筏基础构造要求如下：

（1）混凝土强度等级不宜低于 C30，钢筋无特殊要求，钢筋保护层厚度不小于 35mm。

（2）基础平面布置应尽量对称，以减小基础荷载的偏心距。底板厚度宜不小于 200mm，梁截面和板厚按计算确定，梁顶高出底板顶面不小于 300mm，梁宽不小于 250mm。

（3）底板下一般宜设厚度为 100mm 的 C10 混凝土垫层，每边伸出基础底板不小于 100mm。

2．片筏基础施工要求

（1）施工前，如地下水位较高，可采用人工降低地下水位至基坑底不少于 500mm，以保证在无水情况下进行基坑开挖和基础施工。

（2）施工时，可采用先在垫层上绑扎底板、梁的钢筋和柱子锚固插筋，浇筑底板混凝土，待达到 25％设计强度后，再在底板上支梁模板，继续浇筑完梁部分的混凝土；也可采用底板和梁模板一次同时支好。混凝土一次连续浇筑完成，梁侧模板采用支架支承并固定牢固。

（3）混凝土浇筑时一般不留施工缝，必须留设时，应按施工缝要求处理，并应设置止水带。

（4）基础浇筑完毕，表面应覆盖和洒水养护，并防止地基被水浸泡。

3.2.2.4.4　箱形基础施工

1．箱形基础构造要求

箱形基础具有整体性好，刚度大，调整不均匀沉降能力及抗震能力强，可消除因地基变形使建筑物开裂的可能性，减少基底处原有地基自重应力，降低总沉降量等特点。箱形基础的构造要求如下：

（1）箱形基础在平面布置上尽可能对称，以减少荷载的偏心距，防止基础过度倾斜。

（2）混凝土强度等级应不低于 C30，基础高度一般取建筑物高度的 1/8～1/12，宜不小于箱形基础长度的 1/18～1/16，且不小于 3m。

（3）底、顶板的厚度应满足柱或墙冲切验算要求，并根据实际受力情况通过计算确定。底板厚度一般取隔墙间距的 1/10～1/8 约为 300～1000mm，顶板厚度约为 200～

600mm，内墙厚度宜不小于 200mm，外墙厚度应不小于 250mm。

（4）为保证箱形基础的整体刚度，平均每平方米基础面积上墙体长度应不小于 400mm。或墙体水平截面积不得小于基础面积的 1/10，其中纵墙配置量不得小于墙体总配置量的 3/5。

2．箱形基础施工要求

（1）基坑开挖，如地上水位较高，应采取措施降低地下水位至基坑底以下 500mm 处，并尽量减少对基坑底土的扰动。当采用机械开挖基坑时，基坑底面以上 200～400mm 厚的土层，应用人工挖除并清理，基坑验槽后，应立即进行基础施工。

（2）施工时，基础底板、内外墙和顶板的支模、钢筋绑扎和混凝土浇筑可采取分块进行，其施工缝的留设位置和处理应符合钢筋混凝土工程施工及验收规范有关要求，外墙接缝应设止水带。

（3）基础的底板、内外墙和顶板宜连续浇筑完毕。为防止出现温度收缩裂缝，一般应设置贯通后浇带，带宽宜不小于 800mm，在后浇带处钢筋应贯通，顶板浇筑后，相隔 2～4 周，用比设计强度提高一级的细石混凝土将后挠带填灌密实，并加强养护。

（4）基础施工完毕，应立即进行回填土。停止降水时应验算基础的抗浮稳定性，抗浮稳定系数宜不小于 1∶2，如不能满足时，应采取有效措施，譬如继续抽水直至上部结构荷载加上后能满足抗浮稳定系数要求为止，或在基础内采取灌水或加重物等，防止基础上浮或倾斜。

3.2.3　学习情境

3.2.3.1　资讯

掌握砖基础施工的过程，按照要求进行砌筑前的准备工作，识读基础施工图，准备基础施工材料，了解基础施工的测量放线、垫层浇筑、基础组砌等施工工艺。

3.2.3.2　下达工作任务

工作任务见表 3-2-8。

表 3-2-8　　　　　　　　　　工　作　任　务　表

任务内容：砖基础砌筑			
小组号		场地号	
任务要求： 1．按图纸进行砖基础的定位放线 （1）审核图纸； （2）根据所给数据进行基础放线。 2．基础砌筑 （1）准备工作； （2）熟悉基础平面图和剖面图； （3）材料准备； （4）按基础组砌形式先摆砖后砌筑	工具准备： 　一套基础施工图、瓦刀、大铲、锤子、刨锛、灰斗、灰槽、卷尺、双轮小推车、皮数杆、白线、厚 10mm 的小木板等	组织： 　全班按每组 4～6 人分组进行，每组选 1 名组长和 1 名副组长； 　组长总体负责本组人员的任务分工，要求组员分工协作，完成任务； 　副组长负责工具的借领、归还和整理	
组长：_____　副组长：_____　组员：_____		____年____月____日	

3.2.3.3 制定计划

制定计划见表 3 - 2 - 9。

表 3 - 2 - 9   计 划 表

小组号			场地号		
组长			副组长		
工具/数量					
分 工 安 排					
序号	工作任务		操作者		备注

3.2.3.4 实施计划

根据组内分工进行操作，并完成工作任务。

3.2.3.5 自我评估与评定反馈

1. 学生自我评估

学生自我评估见表 3 - 2 - 10。

表 3 - 2 - 10   学 生 自 我 评 估 表

实训项目					
小组号		学生姓名		学号	
序号	自检项目	分数权重	评 分 要 求		自评分
1	任务完成情况	40	按要求按时完成任务		
2	实训操作	20	操作正确、规范		
3	实训纪律	20	服从指挥，无安全事故		
4	团队合作	20	服从组长安排，能配合他人工作		
学习心得与反思：					
小组评分：_____ 组长：_____					

2. 教师评定反馈

教师评定反馈见表 3 - 2 - 11。

表 3－2－11　　　　　　　　教 师 评 定 反 馈 表

实训项目					
小组号		学生姓名		学号	
序号	检 查 项 目	分数权重	评 分 要 求		自评分
1	识读构造与工具准备情况	10			
2	实训操作	30			
3	实训纪律	10			
4	成果质量	30			
5	团队合作	20			
6	合计得分				
存在问题：					

思 考 题

（1）浅基础有哪些类型？无筋扩展基础的特点是什么？

（2）基础埋置深度的影响因素有哪些？

（3）简述砖基础的构造要求。

（4）简述砖基础的施工工艺及施工要点。

（5）简述扩展基础的构造要求。

（6）简述扩展基础的施工工艺及施工要点。

（7）简述片筏基础的构造要求及施工要点。

（8）简述箱形基础的构造要求及施工要点。

模块 4 桩 基 础 施 工

课题 1 钢筋混凝土预制桩施工

4.1.1 学习目标

（1）通过本课题的学习，了解桩基础的作用、类型和设计要求。

（2）掌握预制桩的制作、起吊、运输和堆放等过程的施工要求。

（3）了解预制桩施工的各种机械设备及操作方法。

（4）会正确识读桩基础施工图，会钢筋混凝土预制桩的沉桩工艺，知道预制桩沉桩施工注意事项。

4.1.2 学习内容

桩基础是重要的基础形式，使用范围广，能够解决许多浅基础不能克服的问题，尤其适用于不良地基中建造的房屋或高层建筑。通过本课题的学习了解桩基础的作用、设计内容和设计原则，了解桩的分类与构造要求，掌握预制桩的制作、起吊、运输和堆放等过程的施工要求，了解各种预制桩施工机械设备及其使用方法，重点掌握预制桩的施工工艺。

4.1.2.1 桩基础概述

当建筑场地浅层土质不能满足建筑物对地基承载力和变形的要求，也不宜采用地基处理等措施时，往往需要以地基深层坚实土层或岩层作为地基持力层，采用深基础方案。深基础主要有桩基础、沉井基础、墩基础和地下连续墙等几种类型，其中以桩基础的历史最为悠久，应用最为广泛。如我国秦代的渭桥、隋朝的郑州超化寺、五代的杭州湾大海堤及南京的石头城和上海的龙华塔等，都是我国古代桩基础应用的典范。近年来，随着生产技术的进步和科技水平的提高，桩基础在设计理论、桩基础类型、施工技术、应用范围等方面都得到了很大的发展。目前我国桩基础最大入土深度已达 100 多 m，桩径超过 5m。

桩基础通常由桩体与连接桩顶的承台组成。根据承台是否设于地面以下，可分为高承台桩基础和低承台桩基础（图 4-1-1）。低承台基础是指承台埋设于室外设计地坪以下的桩基础，常用于陆地上的工业与民用建筑中；高承台桩基础是指承台底面高出地面的桩，主要用于海洋、港湾等水域工程结构中。

与其他深基础相比，桩基础的技术最成熟，适用范围最广。对以下情况，可考虑应用桩基础方案。

（1）当建筑物的高度较高，承受的竖向或水平荷载较大，天然地基难以满足承载力和变形要求时，需采用桩基础。

（2）当地基上部存在湿陷性土、膨胀土、冻胀土、软土、侵蚀性土及可液化土等不良土层，而在其下面有较好的或坚硬的土层时，考虑地基的承载力和稳定性，可采用桩基础穿越这些不良土层，将荷载传递到下部相对坚硬和稳定的土层中。

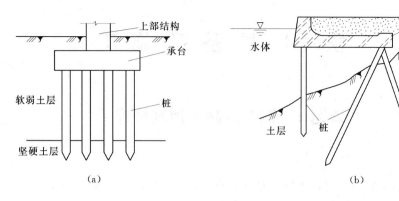

图 4 - 1 - 1　桩基础

(a) 低承台桩；(b) 高承台桩

（3）当建筑物建在斜坡上或其他不利地形位置上时，为减少建筑物的水平位移和倾斜，常采用桩基础。

（4）兴建码头沿岸平台栈桥和海上采油平台输油管道支架等水上结构物时，需将桩穿过水体打入深部良好的岩土层中，采用高承台桩基础。

（5）其他特殊情况下，如受到施工方法、经济条件及工期紧张等因素的限制不适于进行软土地基处理，也不适于采用沉井、沉箱、地下连续墙等深基础，此时通常采用桩基础，通过灵活调整桩的类型、长短、布置等来适应环境与结构的要求。

桩基础的主要特点是能够将上部结构荷载穿越一定厚度的软弱土层，传到地下一定深度处的坚实土层上，或通过桩与土之间的摩擦力来承载上部结构传来的荷载效应，以满足上部结构对地基承载力、稳定性和变形的要求。桩基础具有较高的承载能力和稳定性，对减少建筑物的沉降和不均匀沉降有良好的效果，具有良好的抗震性和布置的灵活性。对结构体系、范围及荷载的变化等有较强的适应能力。

4.1.2.2　桩基础的设计内容和设计原则

1. 桩基础的设计内容

桩基础的设计应该满足三方面的要求：①应该满足竖向及水平方向承载力的要求；②桩基的沉降、水平位移及桩身侧向挠曲应该控制在允许范围之内；③桩体本身的强度能够满足承载力的要求。另外，还应考虑技术上的可行性和经济上的合理性。

一般桩基础的设计包括以下几方面的内容。

（1）选择桩的类型和几何尺寸。

（2）确定单桩竖向（和水平向）承载力设计值。

（3）确定桩的数量、间距和布置方式。

（4）验算桩基的承载力和沉降。

（5）桩身结构设计。

（6）承台设计。

（7）绘制桩基施工图。

另外，在设计桩基础之前，应先对场地及周边环境进行调查研究，收集有关资料。根据工程地质勘探资料、荷载情况及上部结构的条件要求等，合理确定持力层。

2. 桩基础的设计原则

桩基础的设计方法是以概率理论为基础的极限状态设计法，具体体现为极限状态设计表达式，桩基础的极限状态分为两类，即承载能力极限状态和正常使用极限状态。承载能力极限状态是对应于桩基受荷达到最大承载能力而导致整体失稳或发生不适于继续承载的变形时的状态；正常使用极限状态是对应于桩基变形达到为保证建筑物正常使用所规定的限值或桩基达到耐久性要求的某项限值时的状态。

为保证桩基础的安全和正常使用，按 GB 50007—2002《建筑地基基础设计规范》的要求，桩基础必须进行以下计算和验算。

（1）所有桩基均应进行承载能力极限状态计算，内容如下。

1）根据桩基的使用功能和受力特征进行桩基础的竖向（抗压或抗拔）承载力和水平承载力计算，对某些条件下的群桩基础宜考虑由桩、土、承台相互作用产生的群桩效应。

2）当桩端平面以下存在软弱下卧层时，应对其软弱下卧层的承载力进行验算。

3）承台及桩身的承载力计算（包括对混凝土预制桩吊、运、锤击时的强度验算和软土、液化土中细长桩身的屈曲验算等）。

桩基承载能力极限状态计算应采用作用效应的基本组合和地震作用效应组合。

（2）对以下建筑物的桩基应进行沉降验算。

1）地基基础设计等级为甲级的建筑物的桩基。

2）体型复杂、荷载不均匀或桩端以下存在软弱土层的设计等级为乙级的建筑物桩基。

3）摩擦型桩基。

（3）建筑桩基础地基稳定性验算。对经常受水平荷载作用的高层建筑、高耸结构，以及建造在坡地岸边或者边坡附近的建筑桩基础，应该验算地基的整体稳定性。

（4）抗震验算。抗震设防地区建筑桩基，按现行 GB 5001—2010《建筑抗震设计规范》的有关规定进行地基抗震验算。

4.1.2.3　桩的分类与构造要求

4.1.2.3.1　桩的分类

桩的种类很多，可以按不同的分类标准对其进行分类。

1. 按桩的承载性状分类

桩基础的工作原理是：由桩与桩侧岩土间的侧阻力和桩端的端阻力共同承担上部结构传来的荷载。由于桩侧、桩端岩土的物理力学性质及桩的尺寸和施工工艺不同，桩侧和桩端阻力的大小及它们分担荷载的比例有很大差异，据此将桩分为摩擦型桩和端承型桩，如图 4-1-2 所示。

（1）摩擦型桩。指桩顶竖向荷载全部或主要由桩侧阻力承担，桩端阻力可以忽略不计的桩。根据桩侧阻力分担荷载的大小，摩擦型桩又可以分为摩擦桩和端承摩擦桩两类。摩擦桩是指桩顶荷载绝大部分由桩侧阻力承担，桩端阻力可以忽略不计的桩；端承摩擦桩是指桩顶荷载由桩侧阻力和桩端阻力共同承担，但桩侧阻力分担荷载较大的桩。

（2）端承型桩。指竖向荷载全部或主要由桩端阻力承担，桩侧阻力相对于桩端阻力可

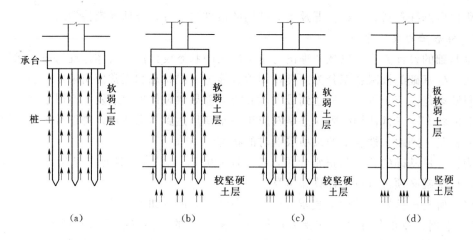

图 4-1-2　摩擦型桩和端承型桩

(a) 摩擦桩；(b) 端承摩擦桩；(c) 摩擦端承桩；(d) 端承桩

忽略不计的桩。根据桩端阻力发挥的程度和分担荷载的比例，端承型桩又可分为摩擦端承桩和端承桩两类。桩顶极限荷载由桩侧阻力和桩端阻力共同承担，但桩端阻力分担荷载较大的，称其为摩擦端承桩。桩顶极限荷载绝大部分有桩端阻力承担，桩侧阻力可以忽略不计的，称为端承桩。

2. 按使用功能分类

根据桩的使用功能不同，可把桩分为竖向抗压桩、竖向抗拔桩、抗水平荷载桩和抗复合荷载桩。

(1) 竖向抗压桩。指主要用来承受竖向荷载的桩。工程中竖向抗压桩应用较为广泛，设计时应进行桩基础的竖向地基承载力计算，必要时还要进行桩基础沉降验算。

(2) 竖向抗拔桩。指用来承受向上拉拔荷载的桩，工程中多用于高层建筑在水平荷载作用下抵抗倾覆而设置于桩群外缘的桩，设计时应该进行抗拔承载力计算、桩身强度验算及抗裂验算。

(3) 抗水平荷载桩。指主要用来承受水平方向荷载的桩。

(4) 抗复合荷载桩。指同时承受竖向、水平向荷载，且两种荷载的值均较大的桩。

3. 按桩身材料分类

(1) 混凝土桩。混凝土桩为工程中应用最多的桩，混凝土桩又可分为普通混凝土桩和预应力混凝土桩，普通混凝土桩的抗压、抗弯和抗剪强度均较高，对桩身根据施工阶段和使用阶段的受力特点进行配筋设计。预应力混凝土桩的最大特点是可以增强桩身强度和提高施工阶段、使用阶段的抗裂性能，同时充分地利用了高强钢筋的强度，可减少钢筋用量。

(2) 钢桩。主要有钢管桩和 H 形钢桩等。钢桩的抗弯抗压强度均较高，施工进度快，但是抗锈蚀能力差，成本高，目前仅应用于重要工程。

(3) 组合材料桩。指用两种材料组合而成的桩，采用在钢管中浇灌混凝土，或者下部为混凝土而上部为钢管等组合形式，目前工程中采用不多。

4. 按成桩方法分类

成桩过程对建筑场地内的土层结构有扰动，可能产生挤土效应。挤土效应对成桩的质量、桩的地基承载力和场地环境影响较大。根据成桩方法和挤土效应将桩划分为非挤土桩、部分挤土桩和挤土桩三类。

(1) 非挤土桩。指施工成桩过程中，自桩孔将桩身处土体向外排出，而后浇筑混凝土的桩。可采用干作业法、泥浆护壁法或套管护壁法施工。一般来说，灌注桩多为非挤土桩。

(2) 部分挤土桩。指施工成桩过程中，自桩孔内向外部分排土，桩身处土体部分挤向周边的桩。一般是在地层中存在较为坚实的夹层，采用预制桩难以贯入，为了使预制桩达到设计深度，往往采取打入敞口桩或预钻孔排土再沉桩到设计深度的方法，形成部分挤土桩。

(3) 挤土桩。指施工成桩过程中，桩周土体被挤开而产生挤土效应的桩。如打入、振入或者静压预制桩、沉管灌注桩等均为挤土桩。在非饱和的松散土层中采用挤土桩时，沉桩挤土使桩侧土体水平方向挤密，起到了加固地基的作用，其桩侧摩阻力明显高于非挤土桩。在饱和的软土层中采用挤土桩，软土的灵敏度高，施工成桩过程的振动将破坏土的天然结构，施工成桩以后还可能因为饱和软土中的孔隙水压力消散而使土层产生再固结，对桩产生负摩擦阻力作用，从而降低了桩的地基承载力，增大桩基的沉降量。沉管灌注桩施工若沉管顺序不当，挤土效应可能导致相邻已经形成的灌注桩断裂。挤土效应可能使相邻已经施工完成的桩上涌，导致桩侧产生负摩擦阻力和平面位移，此外挤土效应有时还会损坏邻近的原有建筑。

5. 按桩径大小分类

桩径的大小直接影响桩的承载力、施工成桩的方法等。桩按照桩径的大小可分为小直径桩、中直径桩和大直径桩三种。

(1) 小直径桩。指桩径 $d \leqslant 250\text{mm}$ 的桩。小直径桩多用于基础加固和复合桩基础，其施工工艺简便、设备简单。

(2) 中直径桩。指桩径为 $250\text{mm} < d < 800\text{mm}$ 的桩。中等直径桩在桩基础中使用量最大，成桩方法和施工手段较多。

(3) 大直径桩。指桩径 $d > 800\text{mm}$ 的桩。大直径桩的特点是单桩承载力较高，可以实现柱下单桩的基础形式；大直径桩的成孔可以采用钻孔、冲孔和挖孔等方法。当采用柱下单桩的基础形式时，一定要控制好桩的勘察、设计和施工质量。因为一旦其中一根桩失效，就可能危及整个建筑物的安全。

6. 按施工方法分类

按桩的施工方法可分为预制桩和灌注桩两种。

(1) 预制桩。指先在工厂或施工现场预制的各种形式和材料的桩，而后用成桩设备将桩打入、压入、旋入、冲入、振入土中。

1) 打入桩。打入桩是靠机具动力冲击将桩体打入地基土中的成桩施工方法。古代木桩就是人工打入桩，而现代打入桩使用专业打桩机械施工。

打桩过程可在桩体内引起很强的拉、压应力波，因而对桩身材料强度及成桩质量要求较高。打入桩对土的挤压作用较大，尤其在饱和软土地基中会引起土体侧移及隆起，对邻近建筑物及设施可能造成损坏，同时还产生强烈的振动及噪声，影响周边环境。

为了避免上述不利影响，采用预钻孔打入桩能够起到良好的效果。也就是在打桩之前，先在地基桩位处钻一浅孔或较细的桩孔，然后再将桩体打入。这种方法在遇到局部硬土时也常用到。

2）压入桩。压入桩是靠专门的压桩机以静力方式将预制桩体压入地基中的方法。压入法几乎不产生振动和噪声，因而具有良好的环境适应性。

3）旋入桩。旋入桩是在桩端处设一螺旋板，利用外部机械的扭力将其逐渐转入地基中的一种成桩方法。这种桩的直径一般较小，而螺旋板相对较大。施工过程中对桩侧土体的扰动较大。

4）振沉桩。振沉桩是利用振动沉桩机械的上下振动而将预制桩沉入地基中的成桩方法。

（2）灌注桩。指在工程现场通过机械钻孔、钢管挤土或人力挖掘等手段在地基土中形成桩孔，然后在桩孔内放置钢筋笼、灌注混凝土而形成的桩。灌注桩的直径可以达到 0.3～2.0m，桩长可达 100 多 m。根据成孔方法不同，灌注桩又可分为钻孔灌注桩、挖孔灌注桩、冲孔灌注桩、沉管灌注桩及爆扩桩等。

1）钻孔灌注桩。钻孔灌注桩是各类灌注桩中应用最广的一种。钻孔灌注桩是利用钻孔机械先行钻孔，然后在孔中放置钢筋笼，灌注混凝土而形成的桩。钻孔灌注桩的桩径和桩长都远远超过了预制桩，能适用于多种土质土层条件。

2）沉管灌注桩。沉管灌注桩属于套管保护作业桩。可分为振动沉管桩和锤击沉管桩两种。这种方法的特点是先在土中沉管，而后边拔管边在管中浇注混凝土。

3）挖孔桩。挖孔桩是采用人工或机械挖孔，然后制作钢筋混凝土桩的成桩方法。挖孔时每挖一段就要浇制一圈混凝土护壁。人工挖孔时应该有可靠的护壁，以及有防止落物、强制送风等保护措施。

4.1.2.3.2　桩及桩基础的构造要求

（1）摩擦型桩的中心距宜不小于桩身直径的 3 倍；扩底灌注桩的中心距不宜小于扩底直径的 1.5 倍。当扩底直径大于 2m 时，桩端净距宜不小于 1m。在确定桩距时，尚应考虑施工工艺中挤土等效应对邻近桩的影响。

（2）扩底灌注桩的扩底直径应不大于桩身直径的 3 倍。

（3）桩底进入持力层的深度，根据地质条件、荷载及施工工艺确定，宜为桩身直径的 1～3 倍。在确定桩底进入持力层深度时，尚应考虑特殊土、岩溶及震陷液化等影响。嵌岩灌注桩周边嵌入完整和较完整的未风化、微风化、中风化硬质岩体的最小深度，不宜小于 0.5m。

（4）布置桩位时宜使桩基承载力合力点与竖向永久荷载合力作用点重合。

（5）预制桩的混凝土强度等级不应低于 C30；灌注桩不应低于 C20；预应力桩不应低于 C40。

（6）桩的主筋应经计算确定。打入式预制桩的最小配筋率宜不小于 0.8%；静压预制桩的最小配筋率宜不小于 0.6%；灌注桩的最小配筋率宜不小于 0.2%～0.65%（小直径桩取最大值）。

（7）配筋长度。

1）受水平荷载和弯矩较大的桩，配筋长度应通过计算确定。

2）桩基承台下存在淤泥、淤泥质土或液化土层时，配筋长度应穿过淤泥、淤泥质土或液化土层。

3）坡地岸边的桩、地震烈度Ⅷ度及Ⅷ度以上地震区的桩、抗拔桩、嵌岩端承桩应通长配筋。

4）桩径大于 600mm 的钻孔灌注桩，构造钢筋的长度宜不小于桩长的 2/3。

（8）桩顶嵌入承台内的长度宜不小于 50mm。主筋伸入承台内的锚固长度宜不小于钢筋直径的 30 倍（HPB235 级）和钢筋直径的 35 倍（HRB335 级、HRB400 级）。对于大直径灌注桩，当采用一柱一桩时，可设置承台或将桩和柱直接连接，柱纵筋插入桩身的长度应满足锚固长度的要求。

（9）承台及地下室周围的回填土，应满足填土密实性的要求。

4.1.2.4　桩的承载力

在桩基础设计中，一旦确定了桩的类型，接下来就需要确定桩的截面尺寸和桩的数量，这就需要先确定单根桩的承载力。根据桩受荷载性质的不同，单桩的承载力有竖向承载力和水平承载力之分。承台下面通常不止一根桩（称为群桩）。群桩基础因承台、桩、土的相互作用使其桩侧阻力、桩端阻力、沉降等性状发生变化而与单桩明显不同，承载力往往小于各单桩承载力之和，称之为群桩效应。所以，在确定单桩承载力时，必须根据具体情况考虑群桩效应后最终确定。

1. 单桩竖向承载力

单桩竖向承载力的确定，取决于桩身的材料强度和地层的支承力两方面。按材料强度计算低承台桩基的单桩承载力时，考虑桩周存在土的约束作用，可把桩视作轴心受压杆件，而且不考虑纵向压缩屈服的影响（取纵向弯曲系数为 1）。对于通过很厚的软黏土层且支承在岩层上的端承型桩或承台底面以下存在可液化土层的桩以及高承台桩基，则应考虑压缩屈服影响。可按桩身强度确定单桩竖向抗压承载力、按土的支承力确定单桩竖向抗压承载力、按 JGJ 94—2008《建筑桩基技术规范》确定单桩竖向极限承载力，并应进行软弱下卧层验算，且考虑桩身负摩擦阻力的影响。

2. 单桩轴向抗拔力

抗拔桩的设计，目前仍套用抗压桩的方法，即以桩的抗压侧阻力乘一个经验折减系数后的侧摩擦阻力作为抗拔承载力。

一般认为，抗拔的侧摩擦阻力小于抗压的侧摩擦阻力，而且抗拔侧摩擦阻力在受荷后经过一段时间会因土层松动和残余强度等因素有所降低，所以抗拔承载力更要通过抗拔荷载试验来确定。我国有些行业如港口、电网工程规范规定的抗拔侧摩擦阻力为抗压摩擦侧阻力的 0.6～0.8；有的规定为 0.4～0.7，有的相当于 0.6（交通行业）并将桩重考虑在抗拔允许承载力之内。

影响单桩抗拔承载力的因素主要有桩的类型、施工方法、桩的长度、地基土的类别、土层的形成过程、桩形成后承受荷载的历史、荷载特性（只受上拔力或和其他类型荷载组合）等。确定抗拔承载力时，要考虑上述因素的影响，选用计算方法与参数。具体计算可参照 JGJ94—2008《建筑桩基技术规范》的有关规定。

3. 群桩承载力计算

对端承型桩基，桩的承载力主要是桩端较硬土层的支承力。由于受压面积小，各桩间相互影响小，其工作性状与独立单桩相近，桩基的承载力就是各单桩承载力之和。对摩擦型桩基，由于桩周摩擦力要在桩周土中传递，并沿深度向下扩散，桩间土受到压缩，产生附加应力。在桩端平面，附加压力的分布直径比桩径 d 大得多，当桩距小于附加压力的分布直径时在桩尖处将发生应力叠加（图 4-1-3）。因此，在相同条件下，群桩的沉降量比单桩的大。

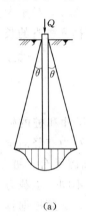

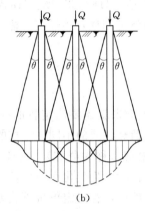

影响群桩承载力和沉降量的因素较多，可以用群桩的效率系数 η 与沉降比 υ 两个指标反映群桩的工作特性。效率系数 η 是群桩极限承载力与各单桩单独工作时极限承载力之和的比值，可用来评价群桩中单桩承载力发挥的程度。沉降比 υ 是相同荷载下群桩的沉降量与单桩工作时沉降量的比值，可反映群桩的沉降特性。

试验表明，摩擦型群桩效率系数具有以下特点。

（1）砂土：$\eta>1$。

（2）黏性土：高承台 $\eta\leqslant1$；桩距足够大时 $\eta\approx1$；低承台 $\eta>1$。

图 4-1-3 群桩下土体内应力叠加

(a) 单桩；(b) 群桩

（3）粉土：$\eta>1$，与砂土相近。

群桩的工作状态分为两类：

（1）端承桩，中心距 $s_d\geqslant3d$ 且 $n<9$ 根的摩擦桩，条形基础下不超过两排的桩基，竖向抗压承载力为各单桩竖向抗压承载力的总和。

（2）中心距 $s_d<6d$，$n\geqslant9$ 根的摩擦桩基，可视作一假想的实体深基础，群桩承载力即按实体基础进行地基强度设计或验算，并验算该桩基中各单桩所承受的外力（轴心受压或偏心受压）。当建筑物对桩基的沉降有特殊要求时，应作变形验算。

4.1.2.5 钢筋混凝土预制桩施工

钢筋混凝土预制桩的施工，主要包括预制、起吊、运输、堆放、沉桩等过程。

4.1.2.5.1 桩的制作、起吊、运输和堆放

1. 桩的制作

钢筋混凝土预制桩有实心桩和管桩两种。

实心桩一般为正方形断面，常用断面边长为 200～450mm，如图 4-1-4 所示。单根桩的最大长度，根据打桩架的高度确定。30m 以上的桩可将桩预制成几段，在打桩过程中逐段接长，如在工厂制作，每段长度不宜超过 12m。管桩的外径通常为 $\phi400mm$、$\phi500mm$，壁厚 8～10mm，采用离心法生产制作。

钢筋混凝土预制桩的混凝土强度等级不宜低于 C30，桩身配筋与成桩方法有关，锤击沉桩的纵向钢筋配筋率宜不小于 0.8％，压入桩宜不小于 0.5％，但压入桩的桩身细长时，桩的纵向配筋率宜不小于 0.8％。桩的纵向钢筋通常不小于 4 根，直径宜不小于 14mm，桩身宽度或直径不小于 350mm 时，纵向钢筋应不少于 8 根；箍筋直径 6～8mm，间距不小于 200mm，桩的两端箍筋间距加密，桩靴部分用螺旋形箍筋，螺距 50mm；为加强桩靴抗冲击能力，在桩顶布置钢筋网，钢筋网间距 50mm；钢筋保护层厚度不得小于 35mm。

钢筋混凝土预制桩可在工厂或施工现场预制。一般较长的桩在打桩现场或附近场地预制，较短的桩多在预制厂生产。

为了节省场地，采用现场预制的桩多用叠浇法施工，其重叠层数取决于地面允许荷载和施工条件，一般不宜超过 4 层。场地应平整、坚实，不得产生不均匀沉降。桩与桩

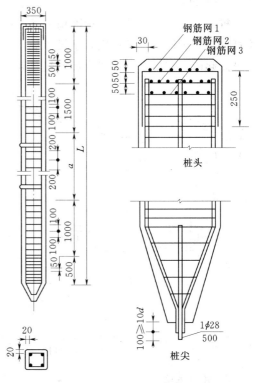

图 4-1-4　钢筋混凝土预制桩构造

间应做隔离层，桩与邻桩、底模间的接触面不得黏结。上层桩或邻桩的浇筑，必须在下层桩或邻桩的混凝土达到设计强度的 30％以后方可进行。

钢筋混凝土预制桩的制作程序为：现场布置→场地地基处理、整平→场地地坪浇筑混凝土→支模→扎筋、安设吊环→浇筑混凝土→养护→（至 30％强度后）拆模→支间隔端头模板、刷隔离剂、扎筋→浇筑间隔桩混凝土→同法间隔重叠制作第二层桩→…→养护至 75％强度起吊→达 100％强度后运输。

钢筋骨架的主筋连接宜用对焊，同一截面内的接头数量不得超过 50％。同一根钢筋两个接头的距离应大于 30d（d 为主筋直径）且不小于 500mm。

对于多节桩，上节桩和下节桩应尽量在同一纵轴线上制作，使上、下两节桩的钢筋和桩身减少偏差。桩预制时的先后次序应与打桩次序对应，以缩短养护时间。预制桩的混凝土浇筑应由桩顶向桩靴连续进行，严禁中断。浇筑完毕应覆盖洒水养护不少于 7d，如用蒸汽养护，在蒸养后，尚应适当自然养护，30d 后方可使用。

桩的制作质量除应符合有关规范的允许偏差规定外，还应符合以下要求。

（1）桩的表面应平整、密实、掉角的深度不应超过 10mm，且局部蜂窝和掉角的缺损总面积不得超过该桩表面全部面积的 0.5％，并不得过分集中。

（2）混凝土收缩产生的裂缝深度不大于 20mm，宽度不大于 0.25mm；横向裂缝长度不得超过 0.5 倍的边长（圆柱或多边形桩不得超过直径和对角线的 1/2）。

（3）桩顶和桩尖处不得有蜂窝、麻面、裂缝和掉角。

2．桩的起吊

桩的强度达到设计强度标准值的 75% 后方可起吊，如提前起吊，必须采取措施并经验算合格方可进行。吊索应系于设计规定之处，如无吊环，可按图 4-1-5 所示的位置设置吊点起吊。在吊索与桩间应加衬垫，起吊应平稳提升，防止撞击和受振动。

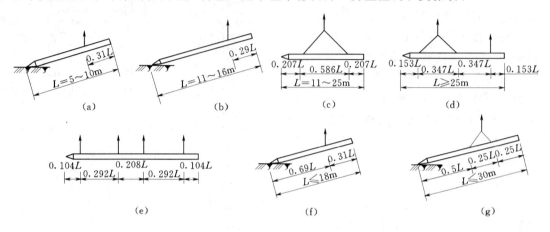

图 4-1-5　吊点位置

(a)、(b) 一点吊法；(c) 二点吊法；(d) 三点吊法；(e) 四点吊法；
(f) 预应力管桩一点吊法；(g) 预应力管桩二点吊法

3．桩的运输

混凝土预制桩达到设计强度的 100% 方可运输。当运距不大时，可用起重机吊运或在桩下垫以滚筒，用卷扬机拖拉。运距较大时，可采用平板拖车或轻轨平板车运输，桩下宜设活动支座，运输时应做到平稳并不得损坏，经过搬运的桩要进行质量检查。

4．桩的堆放

桩堆放时，地面必须平整、坚实，垫木间距应与吊点位置相同，各层垫木应位于同一垂直线上，最下层垫木应适当加宽。堆放层数不宜超过 4 层，不同规格的桩应分别堆放。

4.1.2.5.2　沉桩机械设备

打桩设备主要包括桩锤、桩架和动力装置三部分。

1．桩锤

桩锤的作用是对桩顶施加冲击力，把桩打入土中。桩锤主要有落锤、汽锤、柴油锤、振动锤等，目前应用较广的是柴油锤。

(1) 落锤。落锤构造简单，使用方便，能随意调整落距。落锤的工作原理是利用锤的重力和一定的落距，对桩顶产生冲击作用将桩打入土中。锤重一般为 5~20kN，落距以不小于 1m 为宜，一般使用卷扬机拉升施打。适用于黏土和含砂、砾石较多的土层。但落锤打桩速度慢、工效低（每分钟锤击次数为 6~12 次），对桩的损伤较大，施工时产生噪音大，影响环境。一般只在使用其他类型的桩锤不经济，或在小型工程中使用。

(2) 汽锤。汽锤以蒸汽或压缩空气为动力对桩顶进行锤击。根据其工作情况又可分为单动汽锤和双动汽锤。单动汽锤的冲击力较大，可以打各种桩，常用锤重 30~150kN，每分钟锤击次数为 60~80 次。双动汽锤的外壳（汽缸）是固定在桩顶上的，冲击体在外壳内上下往复运动，冲击频率高，每分钟 100～120 次，工效较高，适宜打各种桩，还可用于打斜桩、水下打桩、打钢板桩，拔桩。

（3）柴油锤。柴油锤是以柴油为燃料，利用柴油燃烧膨胀产生推动活塞往复运动进行锤击打桩。柴油锤分导杆式和筒式。每分钟锤击次数约 40～80 次。柴油锤结构简单、移动灵活、使用方便，不需从外部提供能源。但在过软的土中由于桩的贯入度（每打击一次桩的下沉量）过大，容易熄火，使打桩中断。另一缺点是施工噪声大、排出的废气污染环境。

（4）振动锤。振动锤是利用偏心轮引起激振，通过刚性连接的桩帽将振动力传到桩上，宜于打钢板桩、钢管桩、钢筋混凝土管桩，还能帮助卷扬机拔桩，适用于在砂土、塑性黏土及松软砂黏土上打桩，卵石夹砂及紧密黏土中效果较差。

桩锤的类型应根据施工现场情况、机具设备条件及工作方式、工作效率等条件来选择。

2. 桩架

桩架的作用是支撑桩身和悬吊桩锤，在打桩过程中引导桩身方向并保证桩锤沿着所要求方向冲击的打桩设备。桩架的类型很多，主要有履带式、滚管式、轨道式、步履式。

履带式打桩架（图 4-1-6）是以履带式起重机为主机的一种多功能打桩机。机架移动与转向最灵活，移动速度快。桩架的移动只需驾驶员单独操纵即可。可以悬挂筒式柴油锤、液压锤和振动锤，可分别施工各种类型的预制桩，也可进行灌注桩施工。

滚管式打桩架行走靠两根滚管在枕木下滚动，结构比较简单，制作容易，成本低，但平面转向不灵活，操作人员多。

轨道式打桩架由立柱、斜撑、回转工作台、底盘及转动机构组成。它的适应性较好，在水平方向可 360°回转，导架可伸缩和前后倾斜。底盘下装有铁轮，可在轨道上行走，这种桩架可适应各种预制桩及灌注桩施工。缺点是机构较庞大，现场装卸和转运比较困难。可配合柴油锤、振动锤，但其机动性能较差，需铺设枕木和钢轨，施工不方便。

液压步履式打桩架下部装有前后左右两对对称的液压船垫结构，以步履方式移动，不需铺枕木和钢轨，机动灵活，移动桩位方便，打桩效率高。

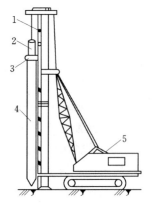

图 4-1-6 履带式打桩架
1—导架；2—桩锤；3—桩帽；
4—桩；5—吊车

3. 动力装置

锤击成桩的动力装置取决于所选的桩锤。落锤以电源为动力，需配置电动卷扬机、变压器、电缆等；蒸汽锤以高压蒸汽为动力，需配置蒸汽锅炉和卷扬机；空气锤以压缩空气为动力，需配置空气压缩机、内燃机等；柴油锤以柴油作为能源，桩锤本身有燃烧室，不需外部动力设备。

4.1.2.5.3 沉桩工艺

钢筋混凝土预制桩的沉装方法有锤击法、振动法、水冲沉桩法、钻孔锤击法、静力压桩法等。

1. 锤击法沉桩

锤击法沉桩简称锤击法，又称打入法，是利用桩锤的冲击力克服土体对桩体的阻力，使桩沉到预定深度或达到持力层。

（1）打桩准备。

1）定桩位、确定打桩顺序。由于打桩时桩对基土产生挤密作用，使先打入的桩受到水平推挤而产生偏移，或被垂直挤涌造成浮桩；而后打入的桩则难以达到要求的入土深度，造成土体隆起和挤压，从而造成截桩过大。打桩顺序决定着挤土的方向，桩体打设的前进方向即是基土被推挤的方向。打桩顺序直接影响打桩速度和打桩质量。所以，群桩施打前，应根据桩群的密集程度、桩的规格、长短和桩架移动方便来正确选择打桩顺序。可选用如下的打桩顺序：逐排打设、自中间向两侧对称打设、自中间向四周打设等（图 4-1-7）。

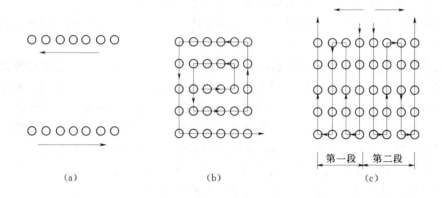

| | 第一段 | 第二段 |

（a）　　　　　　　　　　（b）　　　　　　　　　　（c）

图 4-1-7　打桩顺序
（a）逐排打设；（b）自中部向四周打设；（c）分段打设

当桩较稀疏时（桩中心距大于 4 倍桩径时），打桩顺序对打桩速度和打桩质量影响不大，可根据施工方便选择打桩顺序。

当桩较密集时（桩中心距不大于 4 倍桩径时），应由中间向两侧对称施打，或由中间向四周施打，当桩数较多时，也可采用分区段施打。

当桩规格、埋深、长度不同时，宜"先大后小、先深后浅、先长后短"施打。当一侧毗邻建筑物时，由毗邻建筑物处向另一方向施打。当桩头高出地面时，桩机宜采用向后退打，否则可采用向前顶打。

2）设置水准点。打桩现场附近需设置不少于 2 个水准点。在施工过程中可据此检查桩位的偏差以及桩的入土深度。

3）垫木、桩帽和送桩。桩锤与桩帽间安装垫木用以减轻对桩帽的直接冲击。若桩顶要求打到桩架导杆底端以下，或要求打入土中时，则需要利用"送桩"，送桩是一种可重复使用的工具桩，一般用钢材制作，其长度和截面尺寸视需要而定。

4）设置标尺。标尺用以控制桩的入土深度。桩在打入前应在桩的侧面上画标尺或在桩架上设置标尺，用以观察桩的入土深度。

5）其他。打桩前应清理现场，清除施工现场的地面和地上的障碍物，平整施工场地；设置供电、供水系统；培训施工人员，进行技术交底，特别是地质情况和设计要求的交底，准备好桩基工程施工记录和隐蔽工程记录等。

（2）沉桩工艺。工艺流程：桩机就位→桩起吊→对位插桩→打桩→接桩→打桩→送桩→检查验收→桩机就下一桩位。

1）桩机就位。打桩机就位时，应对准桩位，保证垂直、稳定，确保在施工中不发生倾斜、移动。在打桩前，用2台经纬仪对打桩机进行垂直度调整，使导杆垂直，或达到符合设计要求的角度。

2）桩起吊。钢筋混凝土预制桩应在混凝土达到设计强度的75%方可起吊，达到设计强度的100%才能运输，达到要求强度与龄期后方可打桩。如提前吊运，应采取措施并经验算合格后方进行。桩在起吊和搬运时，吊点应符合设计规定。先拴好吊桩用的钢丝绳和索具，然后应用索具捆绑在桩上端吊环附近处，一般不宜超过300mm，再启动机器起吊预制桩，使桩尖垂直或按设计要求的斜角准确地对准预定的桩位中心，缓缓放下插入土中，位置要准确，再在桩顶扣好桩帽或桩箍，即可除去索具。如无吊环，吊点位置的选择随桩长而异，并应符合起吊弯矩最小的原则。

3）对位插桩。桩尖插入桩位后，先用较小落距轻锤1～2次，待桩入土一定深度，再调整桩锤、桩帽、桩垫及打桩机导杆，使之与打入方向成一直线，并使桩稳定。10m以内短桩可用线坠双向矫正，打10m以上的桩或打接桩，必须用经纬仪双向校正，不得用目测。打斜桩时必须用角度仪测定、校正角度。观测仪器应设在不受打桩机移动及打桩作业影响的地点，并经常与打桩机成直角移动。桩插入土时垂直度偏差不得超过0.5%。

4）打桩。用落锤或单动汽锤打桩时，锤的最大落距不宜超过1m；用柴油锤打桩时，应使锤跳动正常。打桩宜重锤低击，锤重的选择应根据工程地质条件、桩的类型、结构、密集程度及施工条件选用。

打桩顺序根据基础的设计标高，先深后浅；依桩的规格先大后小，先长后短。合理的打桩顺序可使土挤密均匀，防止位移或偏斜。

打入初期应缓慢、间断地试打，在确认桩中心位置及角度无误后再转入正常施打。打桩期间应经常校核桩机导杆的垂直度或设计角度。

5）接桩。混凝土预制长桩，受运输条件和打（沉）桩架高度限制，一般要分节制作，在现场接桩，分节沉入。

桩的常用接头方式有焊接接桩、法兰接桩及硫磺胶泥锚接桩三种。焊接接桩、法兰接桩可用于各类土层；硫磺胶泥接适用于软土层。接桩前应先检查下节桩的顶部，如有损伤应适当修复，并清除两桩端的污染和杂物等。如下节桩头部严重破坏时，应补打新桩。

焊接时，其预埋件表面应清洁，上下节之间的间隙应用铁片垫实焊牢。施焊时，先将四角点固定，然后对称焊接，并应采取措施，减少焊缝变形。焊缝应连续焊满，并采取减少焊缝变形的措施，焊缝质量应符合设计要求。0℃以下时须停止焊接作业，否则需采取预热措施。

硫磺胶泥锚接法接桩时，接头间隙内应填满熔化了的硫磺胶泥，硫磺胶泥温度控制在145℃左右。接桩后应停歇至少7min后才能继续打桩。

接桩时，一般在距地面0.5～1m时进行。上下节桩的中心线偏差视接桩方法而异，上下节桩段应保持顺直，错位偏差不宜大于2mm。接桩处入土前，应对外露铁件再次补刷防腐漆。

桩的接头应尽量避免下述位置：①桩尖刚达到硬土层的位置；②桩尖将穿透硬土层的位置；③桩身承受较大弯矩的位置。

6）送桩。设计要求送桩时，送桩的中心线应与桩身吻合一致方能进行送桩。送桩下端宜设置桩垫，要求厚薄均匀。若桩顶不平可用麻袋或厚纸垫平，送桩留下的桩孔应立即回填密实。

7）检查验收。打桩质量包括两个方面的内容：①能否满足贯入度或标高的设计要求；②打入后的偏差是否在施工及验收规范允许的范围以内。

贯入度是指每锤击一次桩的入土深度，而在打桩过程中常指最后贯入度，即最后一击桩的入土深度。实际施工中一般是采用最后10击桩的平均入土深度作为其最后贯入度。测量最后贯入度应在桩顶没有破坏、锤击没有偏心、锤的落距符合规定、桩帽和弹性垫层正常的条件下进行。

预制桩打入深度以最后贯入度（一般以连续锤击均能满足为准）及桩尖标高为准，即"双控"。停止锤击的控制原则为：①桩端（指桩的全断面）位于一般土层时，以控制桩端设计标高为主，贯入度可作参考；②桩端达到坚硬、硬塑的黏土、中密以上粉土、砂土、碎石类土、风化岩时，以贯入度控制为主，桩端标高可作参考；③贯入度已达到而桩尖标高未达到时，应继续锤击3次，按每次10击的贯入度不大于设计规定的数值加以确认，必要时，控制贯入度应通过试验与有关单位会商确定。

符合设计要求后，填好施工记录。然后移桩机到新桩位。如与要求相差较大时，应会同有关单位研究处理，一般采取补桩方法。

8）在每根桩桩顶打至场地标高时应进行中间验收，待全部桩打完后，开挖至设计标高，做最后检查验收，并将技术资料提交总承包方。

9）打桩过程中，遇见以下情况应暂停，并及时与有关单位研究处理。①贯入度剧变；②桩身突然发生倾斜、位移或有严重回弹；③桩顶或桩身出现严重裂缝或破碎。

2.静力压桩法

静力压桩法是利用无振动、无噪声的静压力将桩压入土中。静力压桩的方法较多，有锚杆静压、液压千斤顶加压、绳索系统加压等，凡属非冲击力沉桩均可归属于静力压桩法。

静力压桩法适用于在软土、淤泥质土中沉桩。施工中无噪声、无振动、无冲击力，与普通打桩和振动沉桩相比可减少对周围环境的影响，适合在对震动敏感的建筑物附近施工。

常用的静力压桩机（图4-1-8）有机械式和液压式两种。

机械式静力压桩机是利用桩架的自重和压重，通过卷扬机牵引滑轮组，将整个压桩机的重力经压梁传至桩顶，以克服桩身下沉时与土的摩阻力，将桩压入土中。

液压式静力压桩机由压桩机构、行走机构和起吊机构三部分组成。液压式静力压桩机产生的压力可达4000kN。压桩一般是分节压入，逐段结长。当第一节桩压入土中，其上端距地面2m左右时将第二桩接上，继续压入。同一根桩应连续施工。液压式静力压桩机移动方便迅速、送桩定位准确、压桩效率高，已逐渐取代机械式静力压桩机。

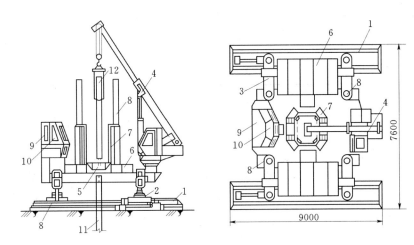

图 4-1-8 全液压式静力压桩机压桩示意图

1—长船行走机构；2—短船行走及回转机构；3—支腿式底盘结构；4—液压起重机；
5—夹持与压板装置；6—配重铁块；7—导向架；8—液压系统；9—电控系统；
10—操纵室；11—已压入下节桩；12—吊入上节桩

静力压桩法施工顺序为：测量定位→桩机就位→吊桩插桩→桩身对中调直→静压沉桩→接桩→再沉桩→终止压桩→切割桩头。

3. 其他沉桩方法

预制桩的其他沉桩方法还有振动法、水冲沉桩法、钻孔锤击法等。

（1）振动法。振动沉桩与锤击沉桩的施工方法相同，振动法是借助固定于桩顶的振动器产生的振动力，减少桩与土之间的摩擦阻力，使桩在自重和振动力的作用下沉入土中。振动法在砂土中运用效果较好，对黏土地区效率较差。

（2）水冲沉桩法。水冲沉桩法是锤击沉桩的一种辅助方法。水冲沉桩法利用高压水流经过桩侧面或空心桩内部的射水管冲击桩靴附近土层，减少桩与土之间的摩擦力及桩靴下土的阻力，使桩在自重和锤击作用下迅速沉入土中。一般是边冲水边打桩，当沉桩至最后1~2m 时停止冲水，用锤击至规定标高。水冲法适用于砂土和碎石土，有时对于特别长的预制桩，单靠锤击有一定困难时，也可用水冲法辅助施工。

（3）钻孔锤击法。钻孔锤击法是钻孔与锤击相结合的一种沉桩方法。当遇到土层坚硬，采用锤击法遇到困难时，可以先在桩位上钻孔后再在孔内插桩，然后锤击沉桩。钻孔深度距持力层 1~2m 时停止钻孔，提钻时注入泥浆以防止塌孔，泥浆的作用是护壁。钻孔直径应小于桩径。钻孔完成后吊桩，插入桩孔锤击至持力层深度。

4.1.3 学习情境

4.1.3.1 资讯

通过本课题的学习，班级可分组完成以下任务：由专业教师联系在建工程施工单位，组织同学到预制桩施工现场进行实习，通过现场观察、询问技术人员和实际动手操作，认识桩基础的组成和作用，熟悉预制桩的施工机械、工艺技术，掌握施工的各项关键环节，并做好实习记录。

4.1.3.2 下达工作任务

工作任务见表 4 - 1 - 1。

表 4 - 1 - 1 工 作 任 务 表

指导教师：	工地名称：
任务要求： 　1. 现场认识桩基础的组成和作用； 　2. 通过现场观察、询问和操作，熟悉预制桩的施工机械、施工工艺，掌握施工的各项关键环节，并做好实习记录； 　3. 本次实习的实习报告	组织： 　全班按每组 4～6 人分组进行，每组选 1 名组长和 1 名副组长；组长总体负责联系施工单位，制定本组人员的任务分工，要求组员分工协作，完成任务；副组长负责本组人员的实习安全，负责借领、归还安全帽，负责整理实习记录

4.1.3.3 制定计划

制定计划见表 4 - 1 - 2。

表 4 - 1 - 2 计 划 表

指导教师		工地名称	
组长		副组长	
序号	姓名	主要任务	

4.1.3.4 实施计划

（1）了解实习工地的位置、工程概况。

（2）了解实习工地桩基础的特点，查阅桩基础施工图，了解施工机械及其相关参数和使用方法。

（3）了解预制桩的制作、堆放、运输过程，认真观察预制桩的沉桩施工过程，掌握施工工艺。

（4）参与桩基础的验收，了解预制桩沉桩施工的检验标准、验收程序。

（5）实习记录（表 4 - 1 - 3）。

（6）撰写实习报告。

4.1.3.5 自我评估与评定反馈

1. 学生自我评估

学生自我评估见表 4 - 1 - 4。

2. 教师评定反馈

教师评定反馈见 4 - 1 - 5。

表 4 - 1 - 3 实 习 记 录 表

实 习 记 录
实习时间：_____　　　　工地名称：_____
指导教师：_____　　　　记 录 人：_____
桩基类型：_____　　□预制桩　　　　　　□灌注桩
打桩机械：_____
施工步骤：_____
_____
关键环节：_____
_____
注意事项：_____

表 4 - 1 - 4 学 生 自 我 评 估 表

实习项目					
工地名称		学生姓名		学号	
序号	自检项目	分数权重	评分要求		自评分
1	学习纪律	15	服从指挥，无安全事故		
2	团队合作	15	服从组长安排，能配合他人工作		
3	任务完成情况	20	按要求按时完成任务		
4	实习记录	20	实习记录详细规范		
5	实习报告	30	能发现问题，有心得体会		
学习心得与反思：					
小组评分：_____　　　　　组长：_____					

表 4 - 1 - 5 教 师 评 定 反 馈 表

实习项目					
工地名称		学生姓名		学号	
序号	检查项目	分数权重	评分要求		自评分
1	学习纪律	15	服从指挥，无安全事故		
2	团队合作	15	服从组长安排，能配合他人工作		
3	任务完成情况	20	按要求按时完成任务		
4	实习记录	20	实习记录详细规范		
5	实习报告	30	能发现问题，有心得体会		
存在问题：					
小组评分：_____　　　　　组长：_____					

思　考　题

（1）试述桩基的作用和分类。

（2）钢筋混凝土预制桩在制作、起吊、运输和堆放过程中各有什么要求？

（3）打桩前要做哪些准备工作？打桩设备如何选用？

（4）预制桩的沉桩方法主要有哪几种？

（5）静力压桩有何特点？适用范围如何？施工时应注意哪些问题？

（6）为什么要在打桩前确定合理的打桩顺序？预制桩的施工质量应如何控制？

课题 2　钢筋混凝土灌注桩施工

4.2.1　学习目标

（1）通过本课题的学习了解如何进行灌注桩的施工准备，会按照图纸在现场确定桩位、安排成孔顺序，会制作桩的钢筋笼、配制混凝土，会原材料的见证取样检验。

（2）掌握按照现场岩土工程资料选择适当的灌注桩施工工艺。

（3）掌握灌注桩的典型成桩工艺，会桩基础的检验，会正确控制桩基础的施工质量。

4.2.2　学习内容

钢筋混凝土灌注桩是直接在桩位上使用人工或机械等方法成孔，然后在孔内浇筑混凝土成桩的工艺。灌注桩施工，在成孔后，还需在桩孔内安放钢筋笼，再浇筑混凝土成桩。根据成孔方法不同，灌注桩可分为钻孔灌注桩、套管成孔灌注桩、爆扩成孔灌注桩及人工挖孔灌注桩等。

4.2.2.1　灌注桩的施工准备

1. 确定桩位和成孔顺序

灌注桩定位放线与预制桩定位放线基本相同，确定成孔顺序时应注意以下各点。

（1）机械钻孔灌注桩、干作业成孔灌注桩等，成孔时对土有挤密作用，一般按现场条件和桩机行走最方便的原则确定成孔顺序。

（2）冲孔灌注桩、振动成孔灌注桩、爆扩桩等，成孔时对土有挤密作用和振动影响，一般可结合现场施工条件，采用下列方法确定成孔顺序。

1）间隔 1～2 个桩位成孔。

2）在邻桩混凝土初凝前或终凝后再成孔。

3）5 根单桩以上的群桩基础，位于中间的桩先成孔，周围的桩后成孔。

4）同一个承台下的爆扩桩，可根据不同的桩距采用单爆或联爆法成孔。

2. 制作钢筋笼

绑扎钢筋笼时，要求纵向钢筋沿环向均匀布置，箍筋的直径和间距、纵向钢筋的保护层、加劲箍的间距等应符合设计规定。箍筋和纵向钢筋（主筋）之间采用绑扎时，应在其两端和中部采用焊接，以增加骨架的牢固程度，便于吊装入孔。

钢筋笼直径除按设计要求外，还应符合以下规定。

（1）套管成孔的桩，应比套管内径小 60～80mm。

（2）用导管法灌注水下混凝土的桩，应比导管连接处的外径大 100mm 以上。

（3）钢筋笼制作、运输和安装过程中，应采取措施防止变形，并应有保护层垫块。

（4）钢筋笼吊放入孔时不得碰撞孔壁，浇筑混凝土时应采取措施固定钢筋笼的位置，防止上浮和偏移。

3. 混凝土配制

混凝土配制时，应选用合适的石子粒径和混凝土坍落度。石子粒径要求：卵石宜不大于 50mm，碎石宜不大于 40mm，配筋的桩宜不大于 30mm，石子最大粒径不大于钢筋净距的 1/3。坍落度要求：水下灌注的混凝土宜为 16～22cm；干作业成孔的混凝土宜为 8～10cm；套管成孔的混凝土宜为 6～8cm。

灌注桩的混凝土浇灌应连续进行。水下浇灌混凝土时，钢筋笼放入泥浆后 4h 内必须浇灌混凝土，并要做好施工记录。

4.2.2.2　灌注桩的施工工艺

4.2.2.2.1　钻孔灌注桩

钻孔灌注桩是指利用钻孔机械钻出桩孔，并在桩孔中浇灌混凝土（或先在孔中吊放钢筋笼）而成的桩。根据钻孔机械的钻头是否在土壤的含水层中施工，又分为干作业成孔和泥浆护壁成孔两种方法。

1. 干作业成孔灌注桩

干作业成孔灌注桩是用钻机在桩位上成孔，在孔中吊放钢筋笼，再浇筑混凝土的成桩工艺。干作业成孔适用于地下水位以上的各种软硬土层，施工中不需设置护壁而直接钻孔取土形成桩孔。目前常用的钻孔机械是螺旋钻机。

（1）螺旋钻成孔灌注桩施工工艺。螺旋钻机是利用动力旋转钻杆，钻杆带动钻头上的螺旋叶片旋转切削土层，土渣沿螺旋叶片上升排出孔外。螺旋钻机成孔直径一般为 300～600mm 左右，钻孔深度 8～12m。钻杆按叶片螺距的不同可分为密螺纹叶片和疏螺纹叶片，密螺纹叶片适用于可塑或硬塑黏土或含水量较小的砂土，钻进时速度缓慢而均匀。疏螺纹叶片适用于含水量大的软塑土层，由于钻杆在相同转速时，疏螺纹叶片较密螺纹叶片向上推进快，所以可取得较快的钻进速度。

螺旋钻成孔灌注桩施工流程为：钻机就位→钻孔→检查成孔质量→孔底清理→盖好孔口盖板→移动桩机至下一桩位→移走盖口板→复测桩孔深度及垂直度→安放钢筋笼→放混凝土串筒→浇灌混凝土→插桩顶钢筋。

钻进时要求钻杆垂直，钻孔过程中如发现钻杆摇晃或进钻困难时，可能是遇到石块等硬物，应立即停钻检查，及时处理，以免损坏钻具或导致桩位偏斜。

施工中，如发现钻孔偏斜时，应提起钻头上下反复扫钻数次，以便削去硬土。如纠正无效，应在孔中回填黏土至偏孔处以上 0.5m，再重新钻进。如成孔时发生塌孔，宜钻至塌孔处以下 1～2m 处，用低强度等级的混凝土填至塌孔以上 1m 左右，待混凝土初凝后再继续下钻，钻至设计深度，也可用 3∶7 的灰土代替混凝土。

钻孔达到要求深度后，进行孔底土清理，即钻到设计深度后，必须在深处进行空转清土，然后停止转动，提钻杆，在提钻过程中不得回转钻杆。

提钻后应检查成孔质量：用测绳（锤）或手提灯测量孔深、垂直度及虚土厚度。虚土等于测量深度与钻孔深的差值，虚土厚度一般不应超过 100mm。如清孔时，少量浮土泥浆不易清除，可投入 25～60mm 厚的卵石或碎石插捣，以挤密土体。或用夯锤夯击孔底虚土，也可用压力在孔底灌入水泥浆，以减少桩的沉降和提高其承载力。

钻孔完成后应尽快吊放钢筋笼并浇筑混凝土。混凝土应分层浇筑，每层高度不得大于 1.5m，混凝土的坍落度在一般黏性土中为 50～70mm，砂类土中为 70～90mm。

（2）螺旋钻孔压浆成桩法施工工艺。螺旋钻孔压浆成桩法是在螺旋钻孔灌注桩的基础上发展起来的一种新工艺。它的工艺原理是，用螺旋钻杆钻到预定的深度后，通过钻杆芯管底部的喷嘴，自孔底由下而上向孔内高压喷射以水泥浆为主剂的浆液，使液面升至地下水位或无塌孔危险的位置以上。提起钻杆后，在孔内安放钢筋笼并在孔口通过漏斗投放骨料，最后自孔底向上多次高压补浆成桩。

它的施工特点是连续一次性成孔，多次自下而上高压注浆成桩。该工艺既具有无噪声、无振动、无排污的优点，又能在流砂、卵石、地下水、易塌孔等复杂地质条件下顺利成桩。由于水泥浆能在周围土体中扩散渗透，可提高桩体的质量，其承载力为一般灌注桩的 1.5～2 倍，在国内很多工程中已经得到成功应用。

它的施工顺序如图 4-2-1 所示。

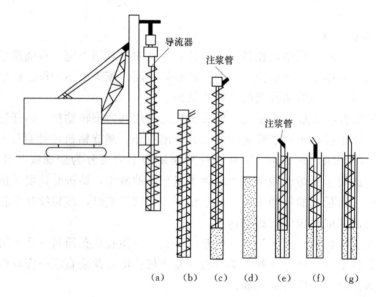

图 4-2-1 螺旋钻孔压浆成桩施工顺序

（a）钻机就位；（b）钻进；（c）一次压浆；（d）提出钻杆；
（e）下钢筋笼；（f）下碎石；（g）二次补浆

1）钻机就位。

2）钻至设计深度，空钻清底。

3）一次压浆。把高压胶管一头接在钻杆顶部的导流器预留管口，另一头接在压浆泵上，将配制好的水泥浆由下而上边提钻边压浆。

4）提钻。压浆到易塌孔地层以上 500mm 后提出钻杆。

5）下钢筋笼。将塑料压浆管固定在制作好的钢筋笼上，使用钻机的吊装设备吊起钢筋笼对准孔位，垂直缓慢放入孔内，下到设计标高，固定钢筋笼。

6）下碎石。碎石通过孔口漏斗导入孔内，用铁棍捣实。

7）二次补浆。与第一次压浆的间隔不得超过 45min，利用固定在钢筋笼上的导管进行第二次压浆，压浆完成后立即拔管洗净备用。

2. 泥浆护壁成孔灌注桩

泥浆护壁成孔是利用泥浆保护孔壁，通过循环泥浆裹携悬浮孔内钻挖出的土渣并排出孔外，从而形成桩孔的一种成孔方法。

泥浆在成孔过程中所起的作用是护壁、携渣、冷却和润滑，其中最重要的作用是护壁。

泥浆相对密度较大，当孔内泥浆液面高于地下水位时，泥浆对孔壁产生的静水压力相当于一种水平方向的液体支撑，可以稳固孔壁、防治塌孔；泥浆在孔壁上形成一层低透水性的泥皮，避免孔内水分漏失，稳定护筒内的泥浆液面，保持孔内壁的净水压力，以达到护壁的目的。泥浆有较高的黏性，通过循环泥浆可将切削破碎的土渣悬浮起来，随同泥浆排出孔外，起到携渣排土的作用。循环的泥浆对钻具起着冷却和润滑的作用，可减轻钻具的磨损。

泥浆护壁成孔灌注桩的施工工艺流程为：测定桩位→埋设护筒→桩机就位→制备泥浆→成孔→清孔→安放钢筋骨架→浇筑水下混凝土。

（1）定桩位、埋设护筒。桩位放线定位后即可在桩位上埋设护筒。

护筒的作用是固定桩位、防止地表水流入孔内、保护孔口和保持孔内水压力、防止塌孔以及成孔时引导钻头的钻进方向等。

护筒一般用 4～8mm 钢板制作，其内径应大于钻头直径 100～200mm，其上部开设 1～2 个溢浆孔。护筒的埋设深度为：黏土中宜不小于 1.0m；砂土中宜不小于 1.5m，其高度尚应满足孔内泥浆面高度的要求，一般高出地面或水面 400～600mm；受水位涨落影响或水下施工的钻孔灌注桩，护筒应加高加深，泥浆面应高出最高水位 1.5m，必要时护筒应打入不透水层。

（2）制备泥浆。制备泥浆的方法根据土质确定。在黏性土中成孔时可在孔中注入清水，钻机旋转时，切削土屑与水旋拌，用原土造浆；在其他土中成孔时，泥浆制备应选用高塑性黏土或膨胀土。

泥浆的浓度应适当控制，注入干净泥浆的相对密度（泥浆密度与水的密度之比）应控制在 1.1 左右，排出的泥浆相对密度宜为 1.2～1.4；当穿过砂类卵石层等容易塌孔的土层时，泥浆的相对密度可增大至 1.3～1.5。在施工过程中，应勤测泥浆密度，并应定期测定含黏土、砂量和胶体率。

（3）成孔。泥浆护壁成孔灌注桩有回转钻成孔、潜水钻成孔、冲击钻成孔、冲抓锥成孔等不同的成孔方法。

1）回转钻机成孔。回转钻机是由动力装置带动钻机回转装置，再经回转装置带动装有钻头的钻杆转动，钻头切削土壤而形成桩孔。按泥浆循环方式不同，可分为正循环回转钻机（图 4-2-2）和反循环回转钻机（图 4-2-3）。

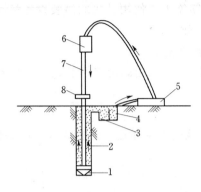

图 4-2-2　正循环回转钻机成孔工艺原理
1—钻头；2—泥浆循环方向；3—沉淀池；
4—泥浆池；5—泥浆泵；6—水龙头；
7—钻杆；8—钻机回转装置

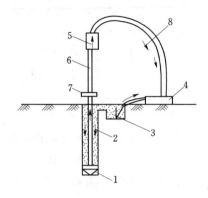

图 4-2-3　反循环回转钻机成孔工艺原理
1—钻头；2—新泥浆流向；3—沉淀池；
4—砂石泵；5—水龙头；6—钻杆；
7—钻机回转装置；8—混合液流向

正循环回转钻机成孔工艺为：从空心钻杆内部空腔注入的加压泥浆或高压水，由钻杆底部喷出，裹携钻削出的土渣沿孔壁向上流动，由孔口排出后流入泥浆池。

与正循环相反，反循环回转钻机成孔工艺为：反循环作业的泥浆或清水是由钻杆与孔壁间的环状间隙流入钻孔，由于吸泥泵的作用，在钻杆内腔形成真空，钻杆内外的压强差使得钻头下裹携土渣的泥浆，由钻杆内部空腔上升返回地面，再流入泥浆池。反循环工艺的泥浆向上流动的速度较大，能携带较多的土渣。

2）潜水钻成孔。潜水钻机是一种将动力装置、变速机构密封后和钻头连在一起，可潜入水中工作、体积小而轻的旋转式钻孔机械。其钻头有多种形式，以适应不同的桩径和土质。钻头靠桩架悬吊吊杆定位，钻孔时钻杆不旋转，仅钻头部分旋转削土，同时用泥浆泵压送高压泥浆，泥浆从钻头底端射出与切碎的土颗粒混合，然后不断由孔底向孔口溢出，用正循环方式排泥渣，如此连续钻进、排泥渣，直至形成所需深度的桩孔。

潜水钻机成孔直径 500～1500mm，深 20～30m，最深可达 50m，适用于地下水位较高的软硬土层，也可钻入岩层。

潜水钻成孔前，孔口也要埋设钢板护筒。钻孔达到设计深度后应进行清孔，再放置钢筋笼。清孔可用循环换浆法，即让钻头在原位旋转，持续注水，用清水换浆，使泥浆相对密度控制在 1.1 左右。如孔壁土质较差，宜用泥浆循环清孔，使泥浆相对密度控制在 1.15～1.25，清孔过程中应及时补给稀泥浆，并保持浆面稳定。

潜水钻成孔具有设备定型、体积小、移动灵活、维修方便、无噪声、无振动、钻孔深、成孔精度和效率高、劳动强度低等特点。

3）冲击钻成孔。冲击钻主要用于岩土层中成孔。冲击钻头的形式有十字形、工字形、人字形等，一般宜用十字形钻头。在钻头锥顶和提升钢丝绳之间，设有自动转向装置，因而能保证冲钻成圆孔。成孔时，冲击钻机将冲锤提升至一定高度后自由下落，以产生的冲击力破碎岩层，然后用泥浆循环或抽渣筒掏出。

冲孔前应埋设护筒，护筒内径比钻头直径大 200mm。然后使机械就位，冲锤对准护筒中心。开始时用低锤密冲（落距 0.4～0.6m），并及时加块石和黏土泥浆护壁，使孔壁挤压密实，直到护筒以下 3～4m 后，才可加大冲击钻头的冲程，提高钻进效率。孔内冲碎的石渣，一部分随泥浆挤入孔壁，大部分石渣用抽渣筒掏出。进入基岩后应低锤冲击或间断冲击，每钻进 100～500mm 应清孔取样一次，以备终孔验收。如冲孔发生倾斜，应回填片石（厚 300～500mm）后重新冲孔。

（4）清孔。当钻孔达到设计深度后，应进行验孔和清孔，清理孔底沉渣和淤泥。清孔的目的是减少桩基的沉降量，提高其承载能力。对于不易塌孔的桩孔，可用空气吸泥机清孔，气压为 0.5MPa，使管内形成强大高压气流向上涌，被搅动的泥渣随着高压气流上涌从喷口排出，直至孔口喷出清水为止。对于稳定性差的孔壁应用泥浆（正、反）循环法或抽渣筒排渣。清孔时，保持孔内泥浆面高出地下水位 1.0m 以上，受水位涨落影响时，泥浆面要高出最高水位 1.5m 以上。

孔底沉渣厚度指标应符合规定：端承桩不大于 50mm，摩擦端承桩、端承摩擦桩不大于 100mm，摩擦桩不大于 300mm。若不能满足要求，应继续清孔，清孔满足要求后，应立即安放钢筋笼、浇筑混凝土。

沉渣厚度可用重锤法或孔底沉渣厚度检测仪进行检测。重锤法是依据手感来判断沉渣面位置，然后依靠测锤重夯入沉渣的厚度作为测量值。孔底沉渣厚度检测仪是专用于检测孔底沉渣的钻孔灌注桩孔径检测系统的配套仪器，采用特制的微电极系探管和电路设计，可以准确地测出孔底沉渣的厚度。

（5）浇筑水下混凝土。泥浆护壁成孔灌注桩混凝土的浇筑是在泥浆中进行的，所以属于水下浇筑混凝土。水下混凝土浇筑的方法很多，最常用的是导管法。导管法是将密封连接的钢管作为混凝土水下灌注的通道，混凝土沿竖向导管下落至孔底，置换泥浆而成桩。导管的作用是隔离环境水，使其不与混凝土接触。

导管直径一般为最大石子粒径的 8 倍，施工时，为防止水流、杂物进入导管，下管前可将管子底端塞住，借第一罐混凝土的重量把塞子冲开。深水作业时要防止管子浮起，下管时可将管子充水，在管顶装一紧贴管壁的橡胶球，然后灌入混凝土，将球顺管子压出，即可进行灌注。边灌注边将管子缓慢提起，每次提升幅度约为 15～60cm 或经计算确定拔管速度，确保管口始终埋在混凝土内，避免桩体夹泥或形成断桩。灌注时应防止导管摆动，以免混凝土产生空洞。

4.2.2.2.2　沉管灌注桩

沉管灌注桩，又称套管成孔灌注桩、打拔管灌注桩，施工时是使用振动式桩锤或锤击式桩锤将一定直径的钢管沉入土中形成桩孔，然后在钢管内吊放钢筋笼，边灌注混凝土边拔管而形成桩体的一种成桩工艺。它包括振动沉管灌注桩、锤击沉管灌注桩、夯压成型沉管灌注桩等。

1. 振动沉管灌注桩

根据工作原理可分为振动沉管施工法和振动冲击施工法两种。

（1）振动沉管施工法。振动沉管施工法，是随振动锤在竖直方向往复振动作用下，桩管也以一定的频率和振幅产生竖向往复振动，减少桩管与周围土体间的摩阻力，当强迫振

185

动频率与土体的自振频率相同时（砂土自振频率为 900～1200r/min，黏性土自振频率为 600～700r/min），土体结构因共振而破坏。与此同时，桩管受加压作用而沉入土中，在达到设计要求深度后，在钢管内放置钢筋笼，再边拔管、边振动、边灌注混凝土，最后养护成桩。

振动冲击施工法是利用振动冲击锤在冲击和振动的共同作用，桩尖对四周的土层进行挤压，改变土体排列结构，使周围土层挤密，桩管迅速沉入土中，在达到设计标高后，在钢管内放置钢筋笼，再边拔管、边振动、边灌注混凝土，最后养护成桩。

振动沉管灌注桩施工流程如图 4-2-4 所示。

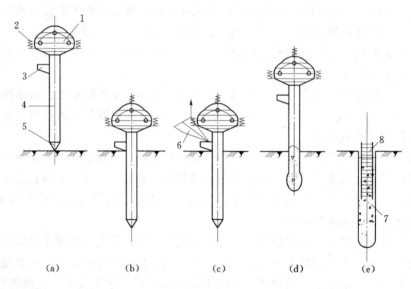

图 4-2-4 振动沉管灌注桩施工工艺流程
(a) 桩机就位；(b) 振动沉管；(c) 浇筑混凝土；(d) 边拔管、边振动、边灌注混凝土；(e) 成桩
1—振动锤；2—加压减振弹簧；3—加料口；4—传管；5—活瓣桩靴；
6—上料斗；7—混凝土；8—钢筋笼

1) 桩机就位。施工前，应根据土质情况选择适用的振动打桩机，桩尖宜采用活瓣式。施工时先安装好桩机，将桩管对准桩位中心，桩尖活瓣合拢，放松卷扬机钢丝绳，利用振动机及桩管自重，把桩尖压入土中，勿使偏斜。

2) 振动沉管。埋好桩尖后即可启动振动箱沉管。沉管时为了适应不同土质条件，常用加压方法来适应土的自振频率。桩尖压力改变可利用卷扬机滑轮处钢绳把桩架的部分自重传到桩管上，并根据钢管沉入速度，随时调整离合器，防止桩架抬起发生事故。

3) 混凝土浇筑。桩管沉到设计位后，停止振动，用上料斗将混凝土灌入桩管内，一般应灌满或略高于地面。

4) 边拔管、边振动。开始拔管时，先启动振动箱片刻再拔管，并用吊铊探测桩尖活瓣是否张开，且混凝土已从桩管中流出后，方可继续抽拔桩管，边拔边振。在拔管过程中，桩管内应至少保持 2m 以上高度的混凝土，或不低于地面，可用吊铊探测，不足时要及时补灌以防混凝土中断，形成缩颈。

振动灌注桩的中心距宜不小于桩管外径的 4 倍，相邻的桩施工时。其间隔时间不得超过水泥的初凝时间，中间需停顿时，应将桩管在停歇前先沉入土中。

5）安放钢筋笼或插筋。第一次浇筑至笼底标高，然后安放钢筋笼，再灌注混凝土至设计标高。

（2）振动冲击施工法。振动冲击沉管施工法一般有单打法、复打法、反插法等。应根据土质情况和荷载要求选用。

单打法适用于含水量较小的土层，且宜采用预制桩尖；反插法及复打法适用于软弱饱和土层。

1）单打法，即一次拔管法。拔管时每提升 0.5～1m，振动 5～10s，再拔管 0.5～1m，如此反复进行，直至全部拔出为止，一般情况下振动沉管灌注桩均采用此法。注意事项为：桩管内灌满混凝土后，先振动 5～10s，再开始拔管，控制好拔管速度。在一般土层内，拔管速度宜为 1.2～1.5m/min，用活瓣桩尖时宜放慢拔管速度，用预制桩尖时适当加快拔管速度；在软弱土层中，宜控制在 0.6～0.8m/min。

2）复打法。在同一桩孔内进行两次单打，即按单打法成桩后再在混凝土桩内成孔并灌注混凝土。采用此法可扩大桩径，大大提高桩的承载力。注意事项为：第一次灌注混凝土应达到自然地面；前后两次沉管的轴线应重合；复打施工必须在第一次灌注的混凝土初凝之前完成。

3）反插法。将套管每提升 0.5m，再下沉 0.3m，反插深度不宜大于活瓣桩尖长度的 2/3，如此反复进行，直至拔离地面。此法也可扩大桩径，提高桩的承载力。注意事项为：在桩尖处的 1.5m 范围内，宜多次反插以扩大桩的端部断面；在拔管过程中，应分段添加混凝土，保持管内混凝土面始终不低于地表面或高于地下水位 1.0～1.5m，拔管速度应小于 0.5m/min。穿过淤泥夹层时，应当放慢拔管速度，并减少每次拔管高度和反插深度，在流动性淤泥中不宜使用反插法。

混凝土的允盈系数不得小于 1.0，对于混凝土允盈系数小于 1.0 的桩，宜全长复打，对可能有断桩和缩颈的桩，应采用局部复打。成桩后的桩身混凝土顶面标高应不低于设计标高 500mm。全长复打桩的入土深度宜接近原桩长，局部复打应超过断桩或缩颈区 1m 以上。

2. 锤击沉管灌注桩

锤击沉管施工法，是利用桩锤将桩管和预制桩尖（桩靴）打入土中，边拔管、边振动、边灌注混凝土、边成桩。在拔管过程中，由于保持对桩管进行连续低锤密击，使钢管不断得到冲击振动，从而密实混凝土。与振动沉管灌注桩一样，锤击沉管灌注桩也可根据土质情况和荷载要求，分别选用单打法、复打法、反插法。

锤击沉管灌注桩施工顺序如图 4-2-5 所示。

（1）桩机就位。将桩管对准预先埋设在桩位上的预制桩尖或将桩管对准桩位中心，然后把桩尖活瓣合拢，放松卷扬机钢丝绳，利用桩机和桩管自重，把桩尖沉入土中。

（2）锤击沉管。检查桩管与桩锤、桩架等是否在一条垂直线上之后，检查桩管垂直度偏差是否不大于 5‰，满足后即可先用桩锤低锤轻击桩管，观察偏差在容许范围内，再正式施打，直至将桩管打入至设计标高或达到要求的贯入度。

（3）首次灌注混凝土。沉管至设计标高后，应立即灌注混凝土，尽量减少间隔时间；

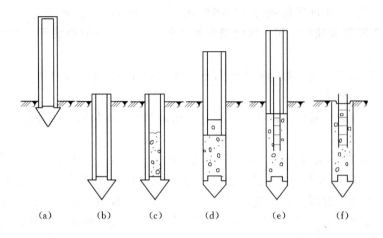

图 4 - 2 - 5 锤击沉管灌注桩施工程序示意图

(a) 就位；(b) 锤击沉管；(c) 首次灌注混凝土；(d) 边拔管、边锤击、
边继续灌注混凝土；(e) 安放钢筋笼，继续灌注混凝土；(f) 成桩

在灌注混凝土之前，必须先检查桩管内是否吞食桩尖，并用吊铊检查桩管内无泥浆、无渗水后，再用吊斗将混凝土通过灌注漏斗灌入桩管内。

（4）边拔管、边锤击，继续灌注混凝土。当混凝土灌满桩管后，便可开始拔管，一边拔管，一边锤击，拔管的速度要均匀，对一般土层以 1m/min 为宜，在软弱土层和软硬土层交界处宜控制在 0.3～0.8m/min。桩锤的冲击频率视锤的类型而定。单动汽锤采用倒打拔管，打击次数不得少于 50 次/min；自由落锤轻击（小落距锤击）不得少于 40 次/min。在管底未拔至桩顶设计标高之前，倒打和轻击不得中断。在拔管过程中应向桩管内继续灌入混凝土，以满足灌注量的要求。

（5）放钢筋笼灌注成桩。当桩身配钢筋笼时，第一次混凝土应先灌至笼底标高，然后放置钢筋笼，再灌混凝土至桩顶标高。第一次拔管高度应控制在能容纳第二次所需灌入的混凝土量为限，不宜拔得过高。在拔管过程中应有专用测锤或浮标检查混凝土面的下降情况。

3. 夯压成型灌注桩

夯压成型灌注桩是利用静压或锤击法将内外钢管沉入土层中，由内夯管夯扩端部混凝土，使桩端形成扩大头，再灌注桩身混凝土，用内夯管和桩锤顶压管内混凝土面形成桩身混凝土。夯压桩桩身直径一般为 400～500mm，扩大头直径一般可达 450～700mm，桩长可达 20m。适用于中低压缩性黏土、粉土、砂土、碎石土、强风化岩石等土层。

外管底部采用开口，内夯管采用闭口平底或闭口锥底。内外管底部间隙不宜过大，一般内管底部比外管内径小 20～30mm，内管比外管短，一般内外管高低差 100mm。

施工工艺过程如图 4 - 2 - 6 所示。

沉管过程，外管封底可采用干硬性混凝土、无水混凝土，经夯击形成阻水、阻泥管塞，其高度一般为 100mm。当不出现由内、外管间隙涌水、涌泥时，也可不采用上述封底措施；当地下水较大，出现涌水、涌泥现象严重时，也可在底部加一块镀锌铁皮或预制混凝土桩尖。

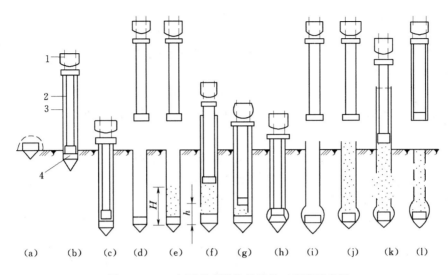

图 4-2-6 夯压成型灌注桩的施工程序示意图

(a) 设置管塞；(b) 放内外管；(c) 静压或锤击；(d) 抽出内管；(e) 灌入部分混凝土；

(f) 放入内管，稍提外管；(g) 静压或锤击；(h) 内外管沉入设计深度；(i) 拔出内管；

(j) 灌满桩身混凝土；(k) 上拔外管；(l) 拔出外管，成桩

1—顶梁或锤击；2—内夯管；3—外管；4—管塞

　　桩的长度较大或需配置钢筋笼时，桩身混凝土宜分段灌注；拔管时内夯管和桩锤应施压于外管中的混凝土顶面，边压边拔。

　　工程施工前宜进行试验成桩，详细记录混凝土的分次灌入量、外管上拔高度、内管夯击次数、双管同步沉入深度，检查外管的封底情况，有无进水、涌泥等，经核定后作为施工控制依据。

　　为满足扩大头直径的要求，可采用一次夯扩、二次夯扩、三次夯扩，但每次夯扩，混凝土灌入量不宜过多，一般为 2～3m。为防止内夯管回弹夯扩不下，夯扩料宜采用干硬性混凝土。

4.2.2.2.3　人工挖孔灌注桩

　　人工挖孔灌注桩简称人工挖孔桩，是指采用人工挖掘方法进行成孔，然后安放钢筋笼，浇筑混凝土而形成的桩。

　　人工挖孔桩的优点是：设备简单；施工现场较干净；噪音小、振动少，对周围建筑影响小；施工速度快，可按施工进度要求确定同时开挖桩孔的数量；土层情况明确，可直接观察到地质变化情况；沉渣

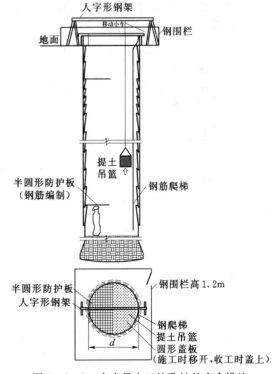

图 4-2-7　大直径人工挖孔桩的安全措施

能清除干净，施工质量可靠。

人工挖孔的缺点是：工人在井下作业，施工安全性差。因此，施工安全应予以特别重视，要严格按操作规程施工，要制定可靠的安全措施（图 4 - 2 - 7），部分地区对人工挖孔桩的使用进行了限制使用。

人工挖孔桩的直径除了能够满足设计承载力的要求外，还应考虑施工操作的要求，所以桩径都较大，最小宜不小于 800mm，一般为 1000～3000mm，桩底一般都采用扩底措施。

人工挖孔桩必须考虑防止土体坍滑的支护措施，以确保施工过程中的安全。常用的护壁方法有现浇混凝土护圈、沉井护圈、钢套管护圈三种，如图 4 - 2 - 8 所示。

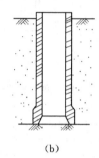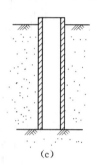

　　　（a）　　　　　　　　（b）　　　　　　　　（c）

图 4 - 2 - 8　护圈类型

（a）混凝土护圈；（b）沉井护圈；（c）钢套管护圈

现浇混凝土护圈的结构型式为斜阶形，如图 4 - 2 - 9 所示。对于土质较好的地层，护壁可用素混凝土，土质较差地段应增加少量钢筋（环筋 $\phi 10～12$mm 间距 200mm，竖筋 $\phi 10～12$mm，间距 400mm）。

下面以设置现浇混凝土护圈的人工挖孔桩为例说明其施工过程。

1. 机具准备

（1）挖土工具：铁镐、铁锹、钢钎、铁锤、风镐等挖土工具。

（2）出土工具：电动葫芦或手摇轳辘和提土桶。

（3）降水工具：潜水泵，用于抽出桩孔内的积水。

（4）通风工具：常用的通风工具为 1.5kW 的鼓风机，配以 $\phi 100$mm 的薄膜塑料送风管，用于向桩孔内强制送入风量不小于 25L/s 的新鲜空气。

（5）通信工具：摇铃、电铃、对讲机等。

（6）护壁模板：常用的有木结构式和钢结构式两种。

2. 施工工艺

（1）测量放线、定桩位。

（2）桩孔内土方开挖。采取分段开挖，每段开挖深度取决于土的直立能力，一般为 0.5～1.0m 为一施工段，开

图 4 - 2 - 9　人工挖孔桩构造

1—护壁；2—主筋；3—箍筋；
4—地梁；5—桩帽

挖范围内按设计桩径增加护壁厚度。

（3）支护壁模板。常在井外预拼成 4～8 块工具式模板。

（4）浇护壁混凝土。护壁起着防止土壁坍塌与防水的双重作用，因此护壁混凝土要捣实，第一节护壁厚度宜增加 100～150mm，上下节用钢筋拉接。

（5）拆模，继续下一节的施工。当护壁混凝土强度达到 1MPa（常温下约 24h）以上方可拆模，拆模后开挖下一节的土方，再支模浇护壁混凝土，如此循环，直到挖到设计深度。

（6）浇筑桩身混凝土。排除桩底积水后浇筑桩身混凝土至钢筋笼底面设计标高，安放钢筋笼，再继续浇筑混凝土。混凝土浇筑时应用溜槽或串筒，用插入式振动器捣实。

3. 施工时应注意的问题

（1）开挖前，桩位定位应准确，在桩位外设置龙门桩，安装护壁模板时须用桩心点校正模板位置，并由专人负责。

（2）保证桩孔的平面位置和垂直度。桩孔中心线的平面位置偏差不宜超过 20mm，桩的垂直度偏差不超过 1%，桩径不得小于设计直径。为保证桩孔平面位置和垂直度符合要求，每开挖一段，安装护圈模板时，可用十字架放在孔口上方，对准预先标定的轴线标记，在十字架交叉点悬吊垂球对中，务必使每一段护壁符合轴线要求，以保证桩身的垂直度。

（3）防止土壁坍落及流砂。在开挖过程中遇到特别松散的土层或流砂层时，为防止土壁坍落及流砂，可采用钢套管护圈或沉井护圈作为护壁，或将混凝土护圈的高度减小到 300～500mm。流砂现象严重时可采用井点降水法降低地下水位，以确保施工安全和工程质量。

（4）人工挖孔桩混凝土护壁厚度宜不小于 100mm，混凝土强度等级不得低于桩身混凝土强度等级，采用多节护壁时，应用钢筋拉结起来。第一节井圈顶面应比场地高出 150～200mm，壁厚比下面井壁厚度增加 100～150mm。

（5）浇筑桩身混凝土时，应及时清孔及排除井底积水。桩身混凝土宜一次连续浇筑完毕，不留施工缝。浇筑前，应认真清除孔底的浮土、石渣。在浇筑过程中，要防止地下水流入，保证浇筑层表面无积水层，如果地下水穿过护壁流入量较大无法抽干时，应采用导管法浇筑。

4.2.2.2.4　爆扩成孔灌注桩

爆扩成孔灌注桩是先在桩位上钻孔或爆扩成孔，然后在孔底放入炸药，再灌入适量的压爆混凝土，引爆炸药使孔底形成球形扩大头，再放置钢筋骨架，浇灌桩身混凝土而形成的桩。

爆扩成孔灌注桩的施工顺序为：成孔→检查修整桩孔→安放炸药包→注入压爆混凝土→引爆→检查扩大头→安放钢筋笼→浇筑桩身混凝土→成桩养护。

1. 成孔

成孔方法包括人工成孔法、机钻成孔法和爆扩成孔法。机钻成孔所用设备和前述钻孔方法相同，下面只介绍爆扩成孔法。

爆扩成孔法是先用小直径（如 $\phi50$mm）洛阳铲或手提麻花钻等钻出导孔，然后根据不同土质放入不同直径的炸药条，经爆扩后形成桩孔，其施工工艺流程如图 4-2-10 所示。

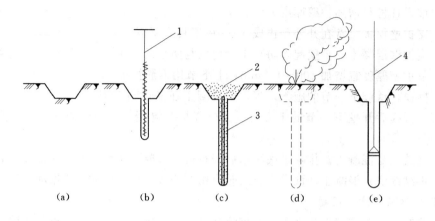

图 4 - 2 - 10　爆扩成孔工艺流程图

(a) 挖喇叭口；(b) 钻导孔；(c) 安放炸药条并填砂；(d) 引爆成孔；(e) 检查并修整桩孔

1—手提钻；2—砂；3—炸药条；4—洛阳铲

采用爆扩成孔法，必须先在爆扩灌注桩施工区域进行试验，找出在该场区地质条件下导管、装药量及形成桩孔直径的有关数据，以便指导施工。

装炸药的管材，以玻璃管较好，既防水又透明，又能查明炸药情况，又便于插到导孔底部，管与管的接头处要牢固和防水，炸药要装满振实，药管接头处不得有空药现象。

2. 爆扩大头

爆扩大头的工作，包括放入炸药包，灌入压爆混凝土，通电引爆，测量混凝土下落高度（或直接测量扩大头直径）及捣实扩大头混凝土等几个操作过程，其工艺流程如图 4 - 2 - 11 所示。

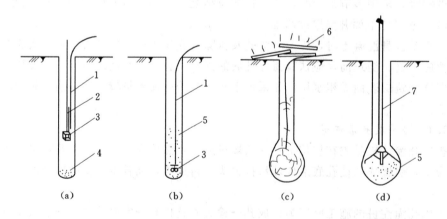

图 4 - 2 - 11　爆扩大头工艺流程图

(a) 填砂，下药包；(b) 灌压爆混凝土；(c) 引爆；(d) 检查扩大头直径

1—导线；2—绳；3—药包；4—砂；5—压爆混凝土；6—木板；7—测孔器

(1) 确定炸药用量。爆扩桩施工中所使用的炸药多为硝铵炸药或 TNT 炸药。炸药的用量应经过试爆确定，同一种土质中，试爆的数量宜不少于 2 个。

(2) 包扎、安放药包。为避免药包受潮湿而出现瞎炮，药包必须用塑料薄膜等防水材料紧密包扎，包扎口用沥青等防水材料密闭。药包宜包扎成扁圆球形，其高度与直径之比以 1：2 为宜。药包中心最好并联放置两个雷管，以保证顺利引爆。

药包用绳子吊入桩孔内放于孔底正中，如果桩孔内有水，则必须在药包上绑以重物使之沉至孔底，以免药包上浮。药包放正后盖上 150～200mm 厚的砂子，防止浇压爆混凝土时药包受冲击破坏。

（3）灌入压爆混凝土。首先应根据不同的土质条件，选择适宜的混凝土坍落度：黏性土 9～12cm；砂类土 12～15cm；黄土 17～20cm。当桩径为 250～400mm 时，混凝土集料粒径最大不宜超过 30mm。

压爆混凝土的灌入量要适当。过少，混凝土在起爆时会飞扬起来，影响爆扩效果；过大，混凝土可能积在扩大头上方的桩柱内，回落不到底部，产生"拒落"的问题。一般情况下，第一次灌入桩孔的混凝土量应达 2～3m 高，或约为将要爆成的扩大头体积的 1/2 为宜。

（4）引爆。压爆混凝土灌入桩孔后，从浇筑混凝土开始至引爆时的间隔时间不宜超过 30min，否则，引爆时很容易出现"拒落"问题，而且难以处理。引爆时为了安全，20m 范围内不得有人。为了保证爆扩桩的质量，应根据不同的桩距、扩大头标高和布置情况，严格遵守引爆顺序。当相邻桩的扩大头在同一标高时，应根据设计规定的桩距大小决定引爆顺序。当桩距大于爆扩影响间距时，可采用单爆方式；当桩距小于爆扩影响间距时，宜采用联爆方式。相邻爆扩桩的扩大头不在同一标高时，引爆的顺序必须先浅后深，否则会引起柱身变形或断裂。

（5）振捣扩大头底部混凝土。扩大头引爆后，灌入的压爆混凝土即自行落入扩大头空腔的底部，接着应予振实。振捣时，最好使用经接长的软轴振动棒。

3. 浇筑混凝土

扩大头和桩柱混凝土要连续浇筑完毕，不留施工缝。混凝土浇筑完毕后，根据气温情况，可用草袋覆盖，浇水养护，在干燥的砂类土地区，桩周围还需浇水养护。

4.2.2.3　常见施工质量问题及防治

桩基础施工过程，由于工程情况不同，影响桩基质量的因素也不尽相同，有些比较直观，易于控制，如钢筋笼的加工制作与安装、混凝土的制备、桩位偏差等；而有些是隐蔽的，难以完全检测，因而控制起来比较困难，如桩孔垂直度、桩顶混凝土强度等。

1. 钻孔垂直度

目前桩孔垂直度的检测绝大多数仅限于测上部钻杆的垂直度来推测桩孔垂直，或者不测，仅有少部分工程中使用了测孔仪器对桩孔进行全断面检测，规范要求桩孔的垂直度偏差不大于 1%，然而从测孔仪反映的资料可知，对于一个桩孔，其垂直度上下是不一致的，多数情况存在上部直，下部偏，而且偏心的轨迹也不一致，可能越钻越偏，成孔时一旦发现孔斜，再进行纠偏难度很大，费时费料，应对桩孔的垂直度问题引起足够的重视。

钻机的成孔垂直度较差，其主要原因是钻机自重轻，易移位，钻杆刚度相对较小，并且有些钻杆连接后不同轴。因此开钻前一定要支稳、调平钻机，并保证立轴的垂直度，钻进过程中要随时观察、判断，不断校核钻杆垂直度，发生偏斜及时调整。

2. 确保桩位、桩顶标高和成孔深度

泥浆护壁成孔灌注桩，在护筒定位后及时复核护筒的位置，严格控制护筒中心与桩位中心线偏差不大于 20mm，并认真检查回填土是否密实，以防止钻孔过程中发生漏浆的现象。在施工过程中自然地坪的标高会发生一些变化，为准确地控制钻孔深度，在桩架就位后及时复核底梁的水平标高和桩具的总长度并做好记录，以便在成孔后根据钻杆在钻机上的留出长度来校验成孔达到的深度。

虽然钻杆到达的深度已反映成孔深度，但是如在第一次清孔时泥浆比重控制不当，或在提钻具时碰撞了孔壁，就可能会发生塌孔、沉渣过厚等现象，这将给二次清孔带来很大的困难。因此，在提出钻具后应用测绳复核成孔深度，如测绳的测深比钻杆的钻探小，就要重新下钻杆复钻并清孔。同时还要考虑在施工中常用的测绳遇水后缩水的问题，其最大收缩率可达 1.2%，为提高测绳的测量精度，在使用前要预湿后重新标定，并在使用中经常复核。

3. 钢筋笼制作质量和吊放

钢筋笼制作前首先要检查钢材的质保资料，检查合格后再按设计和施工规范要求验收钢筋的直径、长度、规格、数量和制作质量。在验收中还要特别注意钢筋笼吊环长度能否使钢筋准确地吊放在设计标高上。由于钢筋笼吊放后是暂时固定在钻架底梁上的，因此要根据底梁标高逐根复核吊环长度，来确保钢筋的埋入标高满足设计要求。

在钢筋笼吊放过程中，应逐节验收钢筋笼的连接焊缝质量，对质量不符合规范要求的焊缝、焊口则要进行补焊。同时，要注意钢筋笼能否顺利下放，沉放时不能碰撞孔壁；当吊放受阻时，不能加压强行下放，因为这将会造成塌孔、钢筋笼变形等现象。应停止吊放并寻找原因，如果是因为钢筋笼没有垂直吊放而造成的，应提出后重新垂直吊放；如果是成孔偏斜而造成的，则要求进行复钻纠偏，并在重新验收成孔质量后再吊放钢筋笼。

4. 混凝土灌注问题及处理方法

水下灌注混凝土施工易出现的问题包括以下几点。

（1）导管接头严重漏水，造成断桩。发生这种问题的后果非常严重，进水使混凝土形成松散层次或囊体，出现浮浆夹层造成断桩，严重影响混凝土质量，导致废桩。

（2）护筒外壁冒水，引起地基下沉，护筒倾斜和位移，使桩孔偏斜，无法施工。

（3）孔壁坍塌。施工中发生孔壁坍塌，往往都有前兆。有时是排出的泥浆中不断出现气泡，有时护筒内的水位突然下降，这都是塌孔的迹象。

因此为防止导管漏水，须保证导管具有足够的抗拉强度，确保水密性。此外，导管不要埋入混凝土过深，严格控制混凝土配合比、和易性等技术指标。

5. 桩顶混凝土强度

由于桩顶部混凝土受力最大，其质量的控制也比较关键，桩顶的质量比桩身混凝土的质量难控制。水下浇注混凝土时，当首灌混凝土冲出导管后向四周扩散，与孔内泥浆相互混合形成一定厚度的稀释混合层。随着混凝土的继续灌入，该部分始终被顶升在最上层，把泥浆与桩身混凝土分开，最终在桩顶凝固成含浮浆、泥渣的混杂层。施工中混杂层的厚度难以掌握，并且在灌注过程中由于导管要上下抽动，可能使部分浮浆随导管混入桩身混凝土一定深度，使桩芯夹泥。

桩顶混凝土常见的质量问题有：混凝土强度不够、桩芯夹泥、未灌注到位等。影响因素主要包括以下几点。

（1）泥浆性能。当清孔不彻底，泥浆比重大，含泥渣较多时，水下灌注时就影响混凝土的扩散，并使混凝土的顶升困难，这时混杂层厚度必然较大。

（2）灌注工艺。一般要求导管埋深 2～6m，但当导管埋深过大，灌注则困难，一则容易埋管，二则要不停地上下抽动导管促使混凝土下落，这样必然会使桩顶部分浮浆进入桩身，形成桩顶混凝土芯夹泥。

（3）清孔工艺。清孔的方式、时间都影响到孔内泥浆的性能，泥浆比重大不利于灌注，混杂层必厚。

另外要有适宜的初灌量，灌注混凝土时要及时拆导管；及时测孔内混凝土面高度，还要保持一定的超灌量。

6. 断桩、夹泥、堵管

为防止发生断桩、夹泥、堵管等现象，在混凝土灌注时应加强对混凝土搅拌时间和混凝土坍落度的控制，并随时了解混凝土面的标高和导管的埋入深度。导管在混凝土面的埋置深度一般宜保持在 2～4m，不宜大于 5m 和小于 1m，严禁把导管底端提出混凝土面。当灌注至距桩顶标高 8～10m 时，应及时将坍落度调小至 12～16cm，以提高桩身上部混凝土的抗压强度。在施工过程中，要控制好灌注工艺和操作，抽动导管使混凝土面上升的力度要适中，保证有程序的拔管和连续灌注，升降的幅度不能过大。在灌注过程中必须每灌注 2m³ 左右测 1 次混凝土面上升的高度，同时要认真进行记录。

4.2.3　学习情境

4.2.3.1　资讯

通过本课题的学习，要求学生掌握钢筋混凝土灌注桩施工工艺。班级可分组完成以下任务：分析下述工程案例，并讨论回答相关问题。

某建筑场地上的砖混结构房屋采用桩基础，建筑物长 48.5m，宽 9.9m，±0.000 标高为黄海高程 83.60m。室内外高差 0.90m，底层外墙厚度 370mm，承台梁埋深 1.5m，荷载效应标准组合上部结构作用于承台顶面的竖向力为 30kN/m；施工图单桩设计完成，采用桩径为 450mm 的灌注桩为端承桩。拟建场区上部覆盖层为第四系全新统（Q4）一般黏性土及第四系上更新统（Q3）黏性土组成。工程区未见明显的构造断裂，区域地壳稳定，场区地震基本烈度为Ⅵ度，设计地震分组为第一组；建筑物场地类别为Ⅱ类，中软场地土，可不考虑地震砂土液化问题；地下水对混凝土无腐蚀性，对钢结构具有弱腐蚀性。根据地质勘查报告，常年地下水位为 −2.0～−1.5m，场地土层的分布及主要特征：从上往下，第一层为素填土，厚度 2.3m，第二层为饱和软塑粉质黏土，层厚 4.5m，第三层为饱和可塑粉质黏土，层厚 2.3m；第四层为强风化玄武岩，厚度 0.5～1.2m，其下为中风化和微风化玄武岩。

结合案例请回答以下问题：

（1）本工程钢筋混凝土灌注桩可采用哪种施工工艺？为什么？试述其具体施工步骤？

（2）钢筋混凝土灌注桩常用施工方法有哪些？各类施工方法的工艺如何？

（3）各类灌注桩施工工艺有哪些注意事项？

（4）试编写该工程的灌注桩施工方案（提示：主要内容包括：工程概况、施工方案、技术措施、机械设备、人员配置、安全措施）。

4.2.3.2　下达工作任务

工作任务见表 4-2-1。

表 4-2-1　　　　　　　　　　　工 作 任 务 表

任务内容：灌注桩施工方案编写			
小组号：	小组成员		
任务要求： 　1. 按照所在组号，回答指定问题，并编制桩基施工方案； 　2. 各组只需上交一份书面材料，要求交打印稿（包括封面、目录、正文），小组成员共同署名	备注： 　1. 可到图书馆查阅相关工程资料； 　2. 利用互联网络查阅相关工程案例		组织： 　全班按每组 4～6 人分组进行，每组选 1 名组长负责协调工作
组长：_____	_____年___月___日		

4.2.3.3　制定计划

制定计划见表 4-2-2。

表 4-2-2　　　　　　　　　　　计 划 表

小组号		成员			组长	
分工安排						
组员		任务内容				

4.2.3.4　实施计划

教师组织学生分组完成灌注桩施工方案编写任务，集中安排 2 学时要求学生完成资料查阅并回答相关问题，施工方案编制在 2 周内完成并上交成果，期间教师指导学生查阅资料，整理文档，并进行相关答疑。

最后可汇总各组的结果，组织讨论方案的规范性、合理性，结合成果质量及学生讨论表现评定成绩。

4.2.3.5　自我评估与评定反馈

通过方案编制，学生可以反馈对知识的掌握情况，教师也可以结合学生任务完成情况进行查漏补缺及成绩评定。

1. 学生自我评估

学生自我评估见表 4-2-3。

表 4 - 2 - 3　　　　　　　　　　学 生 自 我 评 估 表

任务	灌注桩施工方案编写				
小组号		学生姓名		学号	
序号	自检项目	分数权重	评分要求		自评分
1	任务完成情况	40	按要求按时完成任务		
2	成果质量	20	文本规范、内容合理		
3	学习纪律	20	按照平时表现		
4	团队合作	20	服从组长安排，能配合他人工作		
学习心得与反思：					
小组评分：_____		组长：_____		时间：_____	

2. 教师评定反馈

教师评定反馈见表 4 - 2 - 4。

表 4 - 2 - 4　　　　　　　　　　教 师 评 定 反 馈 表

任　务	灌注桩施工方案编写				
小组号		学生姓名		学号	
序号	检查项目	分数权重	评分要求		自评分
1	任务完成速度	20	按要求按时完成任务		
2	学习纪律	10	按照平时表现		
3	成果质量	50	文本规范、内容合理		
4	团队合作	20	服从组长安排，能配合他人工作		
存在问题：					
教师评分：_____		教师：_____		时间：_____	

思　考　题

(1) 现浇混凝土灌注桩的成孔方法有几种？各种方法的特点及适用范围如何？

(2) 灌注桩常易发生哪些质量问题？如何预防处理？

(3) 干作业成孔灌注桩与泥浆护壁成孔灌注桩在使用条件上有何区别？

(4) 泥浆护壁成孔灌注桩施工过程中泥浆起什么作用？泥浆的制备有何要求？

（5）试述人工挖孔灌注桩的施工工艺和施工中应注意的主要问题。

（6）试述爆扩桩的成孔方法和施工中常见的问题。

（7）振动沉管灌注桩在拔管施工时为什么要控制拔管速度？

（8）灌注桩采用水下浇筑混凝土时应采取什么措施？可能会产生哪些工程质量问题？

模块 5　基础防水施工

课题 1　基础工程刚性防水施工

5.1.1　学习目标

（1）通过本课题的学习，了解基础工程刚性防水施工的分类和材料组成。

（2）掌握基础工程混凝土防水施工工艺。

（3）掌握基础工程砂浆防水施工工艺。

5.1.2　学习内容

建筑基础长期受到地下水的影响，并影响基础的耐久性和使用功能，因此须做好基础的防水施工。基础刚性防水施工是指以水泥、砂石为原材料，或其内掺入少量外加剂、高分子聚合物等材料，采用适当配合比，配制成具有一定抗渗透能力的防水混凝土或防水砂浆等刚性材料，进行基础工程防水的施工。

5.1.2.1　基础工程防水混凝土施工

5.1.2.1.1　防水混凝土

防水混凝土是以调整混凝土的配合比，掺外加剂或使用新品种水泥等方法提高自身的密实性、憎水性和抗渗性，使其满足抗渗压力大于 0.6MPa 的憎水性混凝土的要求。防水混凝土可兼起承重、围护、防水三重作用，也可满足一定的耐冻融与耐侵蚀的要求。

1. 防水混凝土的一般要求

（1）防水混凝土的种类与适用范围。防水混凝土一般分为普通防水混凝土、添外加剂防水混凝土和膨胀水泥防水混凝土三种，其种类与适用范围见表 5-1-1。

表 5-1-1　　　　　　　　不同类型防水混凝土的适用范围

种　类		最高抗渗压（MPa）	特　点	使　用　范　围
普通防水混凝土		＞3.0	施工简便、材料来源广泛	适用于一般工业、民用建筑及公共建筑的地下防水工程
外加剂防水混凝土	引气剂防水混凝土	＞2.2	抗冻性好	适用于北方高寒地区，抗冻性要求较高的防水工程及一般防水工程，不适用于抗压强度等级＞20MPa 或耐磨性要求较高的防水工程
	减水剂防水混凝土	＞2.2	拌和物流动性好	适用于钢筋密集或捣固困难的薄壁型防水构筑物，也适用于对混凝土凝结时间和流动性有特殊要求的防水工程
	三乙醇胺防水混凝土	＞3.8	早期强度高	适用于工期紧迫，要求早强及抗渗性较高的防水工程及一般防水工程
	氯化铁防水混凝土	＞3.8	抗渗性能好、抗压强度高、施工方便、成本低	适用于水中结构的无筋、少筋、厚大防水混凝土工程及一般地下防水工程，砂浆修补抹面工程。在接触直流电源或预力混凝土及重要的薄壁结构上不宜使用
膨胀水泥防水混凝土		＞3.6	密实性好、抗裂性好	适用于地下工程和地上防水构筑物、山洞、非金属油罐和主要工程的后浇带

除了以上三类防水混凝土外，在混凝土的外表面涂防水膜或黏结防水卷材或三种材料结合使用，可用于特殊或重要建筑物，如沿海地区的高层建筑、抽水泵站等，具有耐酸、耐碱功能。

（2）抗渗等级。应据结构厚度及地下水的最大水头选用，见表 5-1-2，抗渗性能试验应符合 GB/T 50082—2009《普通混凝土长期性能和耐久性能试验方法》的有关规定。

表 5-1-2　　　　　　　　防水混凝土抗渗等级选用

最大水头（H）与防水混凝土壁厚（h）的比值（H/h）	设计抗渗等级（MPa）
<10	P6（0.6）
10～15	P8（0.8）
15～25	P12（1.2）
25～35	P16（1.6）
>35	P20（2.0）

2. 普通防水混凝土的原材料和配合比要求

（1）水泥。配备普通防水混凝土用的水泥，要求抗水性好，泌水性好，水化热低，有一定抗侵蚀性。标号不能低于 32.5 级，过期或受潮结块的水泥不得使用，不同品种水泥不得混用。可根据不同使用要求选用（表 5-1-3）。

表 5-1-3　　　　　　　　防水混凝土水泥品种的选择

水泥品种	普通硅酸盐水泥	火山灰质硅酸盐水泥	矿渣硅酸盐水泥
优点	早期及后期强度都较高，在低温下强度增长比其他水泥快，泌水性小，干缩率小，抗耐磨性好	耐水性强，水化热低，抗硫酸盐侵蚀能力较好	水化热低，抗硫酸盐侵蚀性优于普通硅酸盐水泥
缺点	抗硫酸盐侵蚀能力及耐水性比火山灰水泥差	早期强度低，在低温环境中强度增长较慢，干缩变形大，抗冻和耐磨性均差	泌水性和干缩变形大，抗冻和耐磨性均较差
适用范围	一般地下结构及受冻融作用及干湿交替的防水工程，应优先采用本品种，受含硫酸盐地下水侵蚀时不宜采用	适用于有硫酸盐侵蚀介质的地下防水工程，受反复冻融及干湿交替作用的防水工程不宜采用	须采用提高水泥研磨细度或掺入外加剂的办法减小或消除泌水现象后，方可用于一般地下防水工程

（2）骨料。砂宜用中砂，含泥量不得大于 3.0%，泥块含量不大于 1.0%，参见表 5-1-4；碎石或卵石的粒径宜为 5～40mm，含泥量不大于 1.0%，泥块含量不大于 0.5%，参见表 5-1-5。

表 5-1-4　　　　　　　　防水混凝土中砂材质要求

中砂	筛孔尺寸（mm）	5.0	2.50	1.25	0.63	0.315	0.16
	累计余筛（质量分数，%）	0～5	10～55	20～55	45～75	75～95	100
	含泥量	应不大于 3%，泥土不得呈块状或包裹砂子，泥块含量不大于 1.0%					
	材质要求	（1）应选用洁净的中粗黄砂，内含一定的粉细料； （2）采用颗粒坚实的天然砂或由坚硬的岩石粉制成的人工砂					

表 5 - 1 - 5　　　　　　　　　　　防水混凝土石料材质要求

	颗粒级配	最大粒径 40mm	1/2 最大粒径	3mm
碎石或卵石	累计筛余量（质量分数,%）	0～5	30～60	95～100
	含泥量	应不大于 1% 且不得呈块状或包裹石子表面		
	材质要求	（1）坚硬的卵石、碎石（含矿渣碎石）均可； （2）石子吸水率不大于 1.5%； （3）粒径宜不大于 40mm		

（3）配合比要求。

1）水泥用量应不少于 300kg/m³，当掺用活性粉细料时，水泥用量不少于 280kg/m³。

2）水灰比可据表 5 - 1 - 6 选用，且不大于 0.55。

表 5 - 1 - 6　　　　　　　　　普通防水混凝土水灰比参考表

防水混凝土抗渗标号（MPa）	水灰比	
	C20～C30	＞C30
S6～S8	0.6	0.55～0.6
S8～S12	0.55～0.6	0.5～0.55
S12 以上	0.5～0.55	0.45～0.5

3）混凝土拌和用水量。拌和用水量可根据表 5 - 1 - 7 选用，应采用不含有害物质的洁净水。

表 5 - 1 - 7　　　　　　　　普通防水混凝土拌和用水量　　　　　　　单位：kg/m³

坍落度（mm）	砂　　率		
	35%	40%	45%
10～30	175～185	185～195	195～205
30～50	180～190	190～200	200～210

注　1. 表中碎石料粒径为 5～20mm，若粒径最大为 40mm，用水量应减少 5～10kg/m³。

　　2. 表中石子为卵石，若为碎石应增加 5～10kg/m³。

　　3. 表中采用的是火山灰质水泥，若用普通水泥则水量可减少 5～10kg/m³。

混凝土坍落度 h 与构件尺寸有关，可根据表 5 - 1 - 8 选择。

表 5 - 1 - 8　　　　　　　　　普通防水混凝土坍落度　　　　　　　　单位：mm

结构种类	要求坍落度	允许偏差
厚度不小于 25cm 结构	20～30	±10
厚度小于 25cm 结构	30～50	±15
厚度大的少筋混凝土结构	＜30	±10
大体积混凝土和立墙	沿高度逐渐减少坍落度	

注　掺外加剂或采用泵送商品混凝土，泵送时入泵坍落度应为 100～200mm（具体根据混凝土浇注输送高度要求进行确定，输送高度越高，坍落度越大），允许偏差±20mm，普通防水混凝土坍落度宜不大于 50mm，在浇注地点，每个班至少检查两次。

4）砂率选用。防水混凝土的砂率宜为 35%～45%，对于钢筋密集、不易浇捣的工程也可提高到 45%，见表 5-1-9。

表 5-1-9　　　　　　　　砂 率 参 考 表　　　　　　　　　%

砂　　　率	石子空隙率				
	30	35	40	45	50
0.70	35	35	35	35	35
1.18	35	35	35	35	36
1.62	35	35	35	36	37
2.16	35	35	36	37	38
2.71	35	36	37	38	39
3.23	36	37	38	39	40

注　1. 石子空隙率 $=\left(1-\dfrac{石子表观密度}{石子密度}\right)\times100\%$。

　　2. 本表按石子粒径为 5～40mm 计算的，若采用 5～20mm 石子时，砂率应增加 2%。

5）确定配合比，可参考建筑材料课程，按绝对体积法计算，施工时应根据现场情况适当调整。

6）拌制防水混凝土所用材料的品种、规格和用量每工作班检查不少于两次，计量结果的允许偏差应控制在：水泥、掺合料为每盘±2%，粗、细骨料为每盘±3%，水、外加剂为每盘±2%。

3. 外加剂防水混凝土

外加剂可以提高混凝土的防水质量。依据现行规范要求，外加剂的技术性能应达到国家或行业标准一等品及以上的质量要求。

（1）减水剂防水混凝土。减水剂防水混凝土指在防水混凝土中掺用各种减水剂，以降低混凝土拌和用水量来提高混凝土的密实性和抗渗性。

表 5-1-10　不同品种减水剂对混凝土坍落度的影响

减水剂品种	坍落度增长（mm）
MF、JN、FDN、UNF	100～150
木钙及糖蜜	80～100

由于减水剂对水泥有强烈的分散作用，从而使混凝土的和易性得到大大改善。在混凝土配合比相同的情况下，掺用减水剂的混凝土的坍落度明显增大，增大数值与减水剂品种、掺量、水泥品种等因素有关，见表 5-1-10。

掺有减水剂的防水混凝土施工，坍落度一般控制在 50～100mm 为宜。

在相同坍落度的情况下，掺加减水剂的混凝土结构，其抗渗性可提高 1 倍以上，见表 5-1-11。

（2）防水剂防水混凝土。防水剂防水混凝土是指在混凝土中按比例掺入一定量的防水剂，以达到防水目的的混凝土。常用防水剂的品种和性能见表 5-1-12。

（3）其他防水剂混凝土。其他添加防水剂的混凝土的品种还有很多，如三乙醇胺防水混凝土、氯化铁防水混凝土等。防水剂的品种较多，使用不同品种的防水剂时，混凝土施工配合比均不相同，应根据设计和产品说明进行使用。

表 5-1-11   减水剂防水混凝土的抗渗性

减水剂		水泥胶结材料		水灰比	坍落度	抗渗性	
品种	掺量（%）	标号及品种	用量（kg/m³）		（cm）	等级（MPa）	渗透高度（cm）
未使用	0	42.5级普通硅酸盐水泥	360	0.6	1～3	S8	全透
NNO	1		264	0.6	1～3	S15	全透
未使用	0	42.5级普通硅酸盐水泥	380	0.54	5.2	S6	全透
木钙	0.25		380	0.48	5.6	S30	全透
未使用	0	42.5级普通硅酸盐水泥	350	0.57	3.5	S8	全透
MF	0.5		350	0.49	8.0	S10	全透
木钙	0.25		350	0.51	3.5	>S20	10.5

表 5-1-12   常用防水剂的品种和性能

种类	技术指标	砂浆及混凝土性能	掺用量（%）	适用范围
D-G氯化铁防水剂	主要成分是氯化铁、氯化铝、氯化钙等，pH为1～2，密度不小于1.4g/cm³，深棕色水溶液	提高强度13%～15%，不锈蚀钢筋	3	可配制防水砂浆和防水混凝土，用于地下室、水池、水塔及设备基础等处刚性防水、防潮等
防水粉	由氢氧化铝、硫酸亚铁、硫酸铜、硬酯酸钡、氧化钙等材料组成。320目筛余5%以下，初凝2h40min，终凝4h，标准稠度26.75%	受力性能（试验用水泥42.5级加占水泥用量10%的防水粉），3d抗拉强度为2.19MPa，抗压强度为29.6MPa，28d抗拉强度为2.32MPa，抗压强度为44.0MPa，抗渗性合格	一般为2.5～5，地下防空洞、地下仓库为8～12	防水砂浆或防水混凝土
LHT型防水剂	深棕色黏稠状的水溶性液体，无毒呈碱性，在10%水溶液中pH值为8～9，密度为1.09～1.1g/cm³，减水率为10.7%，抗渗比为300%	28d抗压强度比基准混凝土提高10%以上，28d混凝土的抗渗性比基准混凝土提高3倍以上	0.1	广泛应用于储水池、水塔及其他水下建筑物
709防水剂	可溶性金属皂液体，含固量为20%～26%，密度为1.2g/cm³	砂浆吸水率为4.6%，收缩为0.023%～0.039%，初凝3h，终凝4h，抗渗压力不小于4MPa	1.5～5	防水涂料或防水砂浆
无机铝盐防水剂	是以铝和碳酸钙为主要原料，通过多种无机化学原料化合反应而成的油状液体，颜色呈淡黄色或褐色，相对密度不小于1.3，抗渗性1.5～2.5MPa	掺入混凝土和砂浆中，能产生促进水泥构件密实的复盐，填充水泥砂浆和混凝土在水化过程中形成的孔隙及毛细通道，形成刚性防水层	3～7	适用于仓库、人防工程、卫生间、隧洞、沟道中的防水混凝土和防水砂浆
JK-7防水剂	暗红色粉末，175目筛余不大于15%，pH值为7～9	混凝土减水率10%～15%，引气量小于4%，抗渗比大于2，抗压强度比大于130%，砂浆抗压强度比大于110%，不锈蚀钢筋	2.5	防水砂浆或防水混凝土

种类	技　术　指　标	砂浆及混凝土性能	掺用量（%）	适用范围
PC 防水剂	系由有机材料、无机材料复合而成的一种粉状高效防水剂	本品掺入混凝土拌和物中，能提高硬化混凝土的抗裂性能、抗压强度、抗渗性能、抗冻性。减水率不小于 10%，空气含量不大于 40%，初凝不小于 45min，终凝不大于 12h，抗渗标号不小于 S20，对钢筋无腐蚀性	混凝土为 8；砂浆为 6	地下建筑物；各种水池、电站、大坝等抗渗要求较高的工程，防水屋面防水层、防潮层等
水必克-2 型防水剂	以无机材料和少量有机材料为基料制成，外观呈灰黄色粉剂，无载体、无毒，不含有害成分	减水率 12%～20%，泌水率为 0，抗渗标号不小于 S40，28d 抗压强度比为 102%，不锈蚀钢筋	8	防水混凝土工程、防水砂浆工程和伸缩缝灌浆等
FS-Ⅱ混凝土防水剂	为高效防水剂，外观为灰黄色粉剂，不含载体，不含氯盐	掺入混凝土或砂浆中，能提高强度、抗渗性和抗裂性，还有减水和节约水泥的作用。减水率 5%～10%，初凝 8.25h，终凝 12～13h，抗渗标号可达 S40 以上	6～8	适用于蓄水池、储罐、水电站大坝等对抗渗要求较高的工程，也适用于地下工程、屋面工程和补强等工程
FS-Ⅲ混凝土防水剂	为一种早强抗冻性防水剂，除具有明显抗渗能力外，还有早强、抗冻多重效果，并对混凝土有明显补偿作用，减水率 18.2%，初凝 206min，终凝 269min	抗压强度比 3d 为 213%，28d 为 124%，抗冻融次数不小于 200 次，抗渗标号不小于 S20，施工环境允许下限温度为 -10℃	9	各种钢筋混凝土、预应力混凝土、泵送混凝土、各种现浇混凝土
FS-Ⅳ混凝土防水剂	为缓凝型减水剂，除具有明显抗渗功能外，还有缓凝降低水化热的效果，对混凝土收缩有明显补偿作用。该防水剂不含氯盐，对钢筋无锈蚀作用	减水率 15%～19%；初凝 320min，终凝 505min，抗压强度比 3d 为 16%，28d 为 26%；抗渗标号不小于 S20	10	南方和北方夏季商品混凝土、泵送混凝土、现浇混凝土和高标号混凝土

4. 补偿收缩混凝土

补偿收缩混凝土是采用膨胀水泥或在普通混凝土中掺入适量膨胀剂，配制的一种微胀混凝土。补偿收缩混凝土可用于：地下防水结构；水池、水塔等结构建筑物；人防、洞库、压力灌浆；混凝土后浇带等。

补偿收缩混凝土是依靠水泥水化过程中形成（或掺入微量膨胀剂形成）大量膨胀性结晶水化物，其固相体积可增大 1.22～1.75 倍，使混凝土产生一定的膨胀能。这些膨胀能在相邻物体、基础或钢筋的约束下，转变为自应力，使混凝土处于受压状态，从而提高了混凝土的抗裂能力，并改善混凝土孔隙结构，使大孔减小，孔隙率降低，抗渗性提高。

常用的膨胀水泥品种分硫铝酸钙型、氧化钙型，其固相体积膨胀倍率为 0.98～1.75

倍。在普通混凝土内掺入一定量的膨胀剂也能使混凝土体积在水化过程中产生一定膨胀，以补偿混凝土收缩，达到抗裂目的。

5.1.2.1.2　构造的要求

1. 穿墙管（盒）与穿墙对拉螺栓

（1）穿墙管（盒）应在浇筑混凝土前埋设。

（2）结构变形或管道伸缩量较小时，穿墙管可采用主管直接埋入混凝土的固定式防水法。主管埋入前，应加止水环，环与主管应满焊或黏结密实，如图 5-1-1 所示。

（3）结构变形或管道伸缩量较大或有更换要求时，应采用套管式防水法，套管应加止水环，如图 5-1-2 所示。

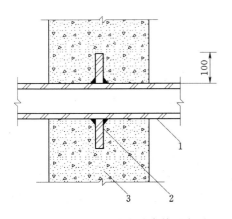

图 5-1-1　固定式穿墙套管示意图
1—主管；2—止水环；3—围护结构

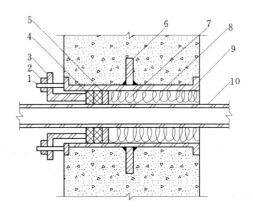

图 5-1-2　套管式穿墙管示意图
1—双头螺栓；2—螺母；3—压紧法兰；4—橡胶圈；
5—挡圈；6—止水环；7—嵌填材料；8—套管；
9—翼环；10—主管

（4）当穿墙管线较多时，宜相对集中，采用穿墙盒方式，穿墙盒的封口钢板应与墙上的预埋角钢焊牢，并从钢板上的浇注孔注入柔性密封材料，如图 5-1-3 所示。

（5）防水混凝土结构内部设置的各种钢筋或绑扎铁丝，均不得接触模板，固定模板用

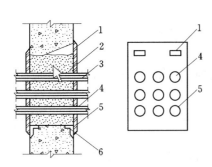

图 5-1-3　群管做法示意图
1—浇注孔；2—柔性材料；3—穿墙管；4—穿管预留孔；
5—封口钢板；6—固定角钢

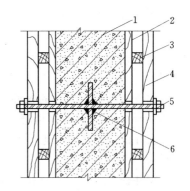

图 5-1-4　螺栓加焊止水环示意图
1—围护结构；2—模板；3—小龙骨；
4—大龙骨；5—螺栓；6—止水环

的螺栓必须穿过混凝土结构时，可采用以下止水措施。

1）在螺栓或套管上加焊止水环，止水环必须满焊，如图 5-1-4 和图 5-1-5 所示。

2）螺栓加堵头，如图 5-1-6 所示。

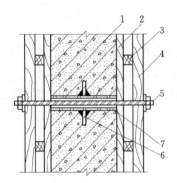

图 5-1-5　预埋套管加焊止水环示意图

1—围护结构；2—模板；3—小龙骨；4—大龙骨；
5—螺栓；6—止水环；7—套管（拆模后将螺栓
拔出，套管内用膨胀水泥封堵）

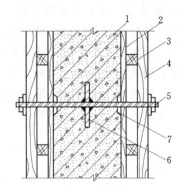

图 5-1-6　螺栓加堵头示意图

1—围护结构；2—模板；3—小龙骨；4—大龙骨；
5—螺栓；6—止水环；7—堵头

2. 预埋件

（1）围护结构上的预埋件应在混凝土浇筑前预埋准确，浇筑后严禁打洞。预埋件端部或预留孔（槽）底部的混凝土厚度不得小于 200mm，当厚度小于 200mm 时，必须局部加厚或采取其他防水措施，如图 5-1-7 所示。

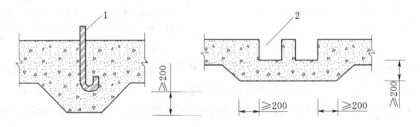

图 5-1-7　预埋件或预留孔（槽）处理示意图

1—预埋件；2—预留孔槽

（2）预留孔（槽）内的防水层，应与孔（槽）外的结构附加防水层保持连续。

3. 孔口

（1）地下工程通向地面的各种孔口应设置预防地下水倒灌的措施，出口处应高出地面不小于 300mm，并应有防雨措施。

（2）窗井的底部在最高地下水位以上时，窗井的底板和墙宜与主体断开，如图 5-1-8（a）所示。

（3）窗井或窗井的一部分在最高地下水位以下时，窗井应与主体结构连成整体，如果采用附加防水层，其防水层也应连成整体，如图 5-1-8（b）所示。

（4）窗井内的底板，必须比窗下缘低 200～300mm，窗井墙高出地面不得小于 300mm，窗井外的地面宜做散水。

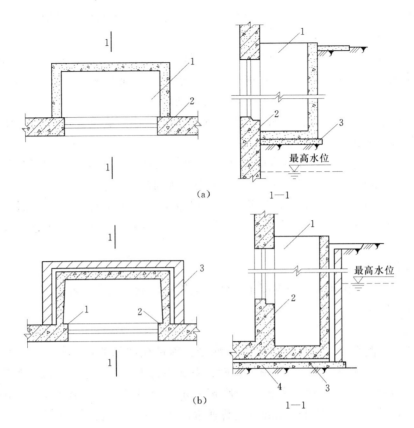

图 5-1-8 窗井防水示意图

(a) 窗井底部在最高地下水位以上；(b) 窗井或其一部分在最高地下水位以下

1—窗井；2—主体结构；3—垫层；4—防水层

（5）通风口应与窗井同样处理，竖井窗下缘离室外地面高度不得小于 500mm。

4. 坑、池

（1）坑、池、储水库宜用防水混凝土整体浇筑，内设附加防水层，受振动作用时应设柔性附加防水层。

（2）底板以下的坑、池，其局部底板必须相应降低，并应使防水层保持连续，如图 5-1-9 所示。

5.1.2.1.3 防水混凝土施工

1. 施工准备

（1）材料及主要机具。

1）材料：水泥，砂、碎石，水，膨胀剂。

2）主要机具：搅拌机、翻斗车、手推车、振捣器、溜槽、串桶、铁板、铁锹、吊斗、计量器具磅秤等。

（2）作业条件。

1）施工期间，应做好基坑降排水工作，使

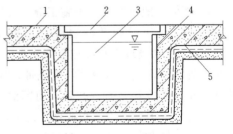

图 5-1-9 底板下坑、池防水示意图

1—围护结构底板；2—坑、池盖板；3—坑、池；
4—附加防水层；5—围护结构附加防水层

地下水面低于施工底面30cm以下，严禁地下水和地表水流入基坑造成积水。

2）模板、钢筋制作。

a. 模板固定尽量少用穿墙螺栓、不用对穿铁丝，以避免形成引水通路，如固定模板的螺栓必须穿过防水混凝土结构时，应采取止水措施，在螺栓或套管上加焊止水环或螺栓加堵头。管道或预埋件穿过处也应着重做好防水处理。

b. 模板应表面平整，拼缝严密，结构坚固，吸水性小。浇筑前模板应提前浇水湿润，并将落在横板内的杂物清理干净。

c. 钢筋须用同配合比的细石混凝土或砂浆块做垫块，并确保钢筋保护层厚度不小于30mm。结构内部的钢筋需用铁丝绑扎时，不得触碰到模板。

3）根据施工方案，做好技术交底。大体积防水混凝土浇筑，应选择低水化热的水泥品种，并采取措施降低温差分区浇筑，减少温度裂缝的形成，尽可能一次连续浇筑完成。

2. 施工作业

（1）工艺流程：作业准备→混凝土搅拌→运输→混凝土浇筑→养护。

（2）施工要点。

1）混凝土搅拌。

a. 按照施工配合比，原材料必须准确称量。称量允许偏差：水泥、水、外加剂、掺合料为±1%；砂、石为±2%。在雨季，砂、石必须每天测定含水率，以调整用水量。

b. 投料顺序：碎石→砂→水泥→膨胀剂→水。投料后，先干拌0.5~1min再加水，水分三次加入，加水后搅拌1~2min（比普通混凝土搅拌时间长0.5min），按要求控制混凝土的坍落度。

2）细部构造处理。细部构造处理是防水的薄弱环节，施工前应审核图样，特殊部位如变形缝、施工缝、穿墙管、预埋件等细部要精心处理，隐蔽前全数检查，浇筑时预埋件周围混凝土要细心振捣密实、防止漏振，主管与套管按设计要求用防水密封膏封严。

3）混凝土运输。运输混凝土应保持连续均衡，间隔不应超过1.5h，夏季施工或运距较远时可适当掺入缓凝剂。如出现离析，浇筑前可进行二次拌和。

4）混凝土浇筑。

a. 防水混凝土构件最小厚度应在250mm以上，应保证迎水面钢筋保护层达到50mm。一般按设计要求，顶板、底板应连续浇筑，不留施工缝。

b. 墙体一般只留设水平施工缝，宜留在高出底板表面不少于200mm的墙身上。墙体如有孔洞，施工缝距孔洞边缘宜不少于300mm。水平施工缝形式有凸缝（墙厚大于300mm）、阶梯缝或平直缝加金属止水片（墙厚小于300mm）。施工缝宜做成企口缝并用止水条处理。垂直施工缝宜与后浇带、变形缝相结合。结构变形缝应严格按设计要求进行处理，止水带位置要固定准确，周围混凝土要细心浇筑振捣，保证密实，止水带不得偏移，变形缝内填沥青木丝板或聚乙烯泡沫棒，缝内填防水密封膏，在迎水面上加铺一层防水卷材，并抹20mm防水砂浆保护。

c. 施工缝上浇筑混凝土前，应将混凝土表面凿毛，清除杂物，冲净并湿润，再补一层2~3cm厚水泥砂浆。浇筑第一步的高度为40cm，以后每步浇筑50~60cm，严格按施工方案规定的顺序浇筑。

d. 应采用机械振捣，以保证混凝土密实，振捣时间一般为 10s 为宜，不应漏振或过振，振捣延续时间应使混凝土表面开始泛浆、无气泡、不下沉为止。铺灰和振捣应选择对称位置开始，防止模板移动。

e. 混凝土入模自由倾落高度应不大于 1.5m，否则须用串筒、溜槽等辅助工具送入混凝土。浇筑和振捣困难的部位严格按分层浇筑、分层振捣的要求操作。结构断面较小，可从侧模预留口处浇筑；管线或钢筋密集的部位，可用相同抗渗标号的细石混凝土进行浇筑。结构浇筑到最上层表面必须用木抹抹平，使表面密实平整。

5）混凝土养护。

a. 常温（20~25℃）浇筑后终凝（约 4~6h）即应开始覆盖浇水养护，要保持混凝土表面湿润，养护不少于 14d。

b. 防水混凝土的地下结构部分，拆模后应及时回填土，以利于混凝土后期强度的增长和获得预期的抗渗性能。

6）冬季施工。

a. 防水混凝土冬季施工，水泥要用普通硅酸盐水泥，施工时可在混凝土中掺入早强剂、抗冻剂，原材料可采用预热法，应保证混凝土入模温度不低于 5℃。水和骨料及混凝土的最高允许温度见表 5-1-13。

表 5-1-13　　　　　　　冬季施工防水混凝土及材料最高允许温度　　　　　　　单位：℃

水 泥 种 类	最 高 允 许 温 度		
	水进搅拌机时	骨料进搅拌机时	混凝土出搅拌机时
32.5 级普通水泥	70	50	40
42.5 级普通水泥	60	40	35

b. 浇筑好的混凝土需保温养护，不宜过早拆模，拆模时混凝土表面温度与环境温度差应不大于 15℃。防水混凝土冬季养护宜采用蓄热法，采用暖棚法应保持一定湿度，防止混凝土早期脱水。

c. 大体积防水混凝土工程以蓄热法施工时，要防止水化热过高，内外温差过大，造成混凝土表面开裂。混凝土浇筑后应及时用草袋覆盖保持温度，控制内外温差不超过 25℃。

7）后浇带施工。后浇带留设的位置和宽度应符合设计要求，其浇筑应待其两侧混凝土浇筑完毕 42d 后再进行施工。应采用补偿收缩混凝土，浇筑前应将接缝处凿毛并清理干净，保持湿润；浇筑时宜选择较低的施工温度，浇筑后养护时间不应少于 28d。

（3）减水剂防水混凝土施工。按施工需要控制水灰比，在满足施工和易性和坍落度的前提下，尽量降低水灰比，水灰比愈小，防水混凝土的抗渗性能愈好。

施工中要严格控制减水剂掺量，误差宜控制在 1% 以内。应进行现场施工配合比试验，确定适宜掺量。减水剂掺入时严禁将干粉直接加入，宜将干粉先溶化在 60℃ 左右的热水中搅拌，制成 20% 浓度的均匀溶液再加入，同时应从混凝土拌和水量中扣除配制减水剂溶液的用水量。

当混凝土内掺入粉煤灰时，由于粉煤灰中含有一定量的碳，可降低减水效果，应调整减水剂掺量。

减水剂防水混凝土浇筑完毕要注意养护，特别是早期养护。

（4）补偿收缩混凝土的施工。补偿收缩混凝土搅拌时间要比普通混凝土时间稍长，用强制式搅拌机搅拌，要比普通混凝土延长 30s 以上；采用自落式搅拌机要延长 1min 以上，搅拌时间的长短，以拌和均匀为准。

浇筑温度不宜高于 35℃，也不宜低于 5℃。当施工温度低于 5℃时，应采取保温措施。施工时若温度超过 30℃或混凝土运输、停放时间超过 30～40min，应加大坍落度措施。混凝土搅拌后，不得随意加水。

浇筑完的混凝土，应避免阳光直射，及时用草袋等覆盖，常温下 8～12h 后进行浇水养护，养护时间不少于 14d，使混凝土经常保持湿润状态，也可用塑料薄膜覆盖，或喷涂养护剂的方法养护。

5.1.2.1.4　质量要求和检验方法

1. 过程质量检验

防水混凝土拌制和浇筑过程中的质量，应按以下要求进行检查。

（1）检查拌制混凝土所用材料的品种、规格和用量，每工作班检查不应少于两次。每盘混凝土各组成材料计量结果的偏差应控制在如下范围：水泥、掺合料为每盘±2%，粗、细骨料为每盘±3%，水、外加剂为每盘±2%。

（2）在拌和地点和浇筑地点测定混凝土坍落度，每班不应少于两次。实测坍落度与要求坍落度之间偏差应符合表 5-1-8 的规定。

（3）防水混凝土抗渗性能的试件留置应符合以下规定。

1）连续浇筑混凝土每 500m³ 应留置一组抗渗试件，每组 6 块，且每项工程不得少于 2 组。如使用的原材料、配合比或施工工艺有变化时，均应另行留置试块。

2）试件在浇筑地点制作，采用标准条件下养护混凝土抗渗试件的试验结果评定。抗渗性能试验应符合现行 GB/T 50082—2009《普通混凝土长期性能和耐久性能试验方法》的有关规定。

2. 工后质量检验

（1）防水混凝土的施工质量检验数量，按混凝土外露面积每 100m² 抽查 1 处，每处 10m²，且不少于 3 处，细部构造应按全数检查。

（2）防水混凝土的质量要求及检验方法应符合表 5-1-14 规定。

表 5-1-14　　　　　防水混凝土的质量要求及检验方法

项　目	质　量　要　求	检　验　方　法
主控项目	原材料、配合比及坍落度必须符合设计要求	检查出厂合格证、质量检验报告、计量措施和现场抽样试验报告
	防水混凝土的抗渗压力和抗压强度必须符合设计要求	检查防水混凝土抗压、抗渗试验报告
	防水混凝土的施工缝、变形缝、后浇带、穿墙管道、预埋件等设置和构造，均须符合设计要求，严禁有渗漏	观察检查和检查隐蔽工程验收记录

项　目	质 量 要 求	检 验 方 法
一般项目	防水混凝土表面应坚实、平整，不得有露筋、蜂窝等缺陷，预埋件位置应正确	观察和尺量检查
	防水混凝土结构表面的裂缝宽度应不大于 0.2mm 并不得贯通	用刻度放大镜检查
	防水混凝土结构厚度应不小于 250mm，其允许偏差为 +15m，-10mm；迎水面钢筋保护层厚度应不小于 50mm，允许偏差 ±10mm	尺量检查和检查隐蔽工程验收记录

5.1.2.2　基础工程砂浆防水施工

防水砂浆是在水泥砂浆中掺入适量的防水剂、高分子聚合物等材料，提高砂浆的密实性，以达到抗渗防水目的的一种刚性防水材料，水泥砂浆防水层一般称为防水抹面。

砂浆防水仅适用于结构刚度较大，建筑物变形小、埋深不大，对防水要求相对较低的工程。水泥砂浆防水与混凝土、卷材等其他防水材料相比，虽具有一定防水功能，且具有施工操作简便，造价低，容易修补等优点。但由于其韧性差、抗拉强度较低，易开裂，难以满足较高要求的防水工程。近年来，利用高分子聚合物材料制成聚合物改性砂浆来提高材料的拉伸强度和韧性，聚合物品种主要有氯丁胶乳、天然胶乳、丁苯胶乳、氯偏胶乳、丙烯酸酯胶乳以及布胶硅水溶性聚合物等。

5.1.2.2.1　防水砂浆材料

1. 刚性多层抹面防水层

（1）原材料及要求。

1）水泥。宜采用普通硅酸盐水泥、火山灰质硅酸盐水泥或膨胀水泥，也可用矿渣硅酸盐水泥，水泥等级不能低于 32.5 级。在受侵蚀物质作用时，使用的水泥应按设计要求采用，严禁使用受潮、过期和结块的水泥，不同的品种和等级的水泥，不得混合使用。

2）砂。宜采用中砂，粒径一般在 1～3mm，最大粒径不得大于 3mm，含泥量不应大于 1%，有机杂质等不应大于 3%。

（2）配合比要求。刚性多层抹面防水层水泥浆和水泥砂浆的配合比要根据防水要求、原材料性能与施工工艺确定，可按表 5-1-15 选用。

表 5-1-15　　　　　　　　水泥砂浆和水泥浆的配合比

名称	配合比（重量比）		水灰比	适 用 范 围	配 制 方 法
	水泥	砂			
水泥浆	1	—	0.55～0.6	水泥防水砂浆的第一层	将水泥放于容器中，然后加水搅拌
水泥浆	1	—	0.37～0.4	水泥防水砂浆的第三、第五层	
水泥砂浆	1	1.5～2.0	0.6～0.65	水泥防水砂浆的第二、第四层	宜用机械搅拌，将水泥和砂拌到色泽一致时，再加水搅拌 1min

2. 掺外加剂水泥砂浆防水层

常用的外加剂有防水剂、膨胀剂和聚合物等，其品种和技术性能见表 5-1-16。

表 5-1-16 外加剂的常用品种和性能特点

名称	主要成分	性能特点
氯化物金属盐类防水剂	氯化钙、氯化铝	加入水泥浆后，与水泥和水起作用生成含水氯硅酸钙、氯铝酸钙等化合物，能填补砂浆中空隙，增强防水性能
金属皂类防水剂	硬脂酸、氢氧化钾、碳酸钠	该防水剂有塑化作用，可降低水灰比，同时在水泥浆中生成不溶性物质，堵塞毛细孔道，提高抗渗性
氧化铁防水剂	三氯化铁、氯化亚铁	掺入水泥浆中，三氯化铁等氯化物能与水泥水化生成的氢氧化钙作用，生成不溶于水的氢氧化铁等胶体，堵塞砂浆中的微孔及毛细管道，提高抗渗性
无机铝盐防水剂	铝和碳酸钙	掺入水泥砂浆或混凝土中，产生促进水泥构件密实的复盐，填充水泥砂浆和混凝土在水化过程中形成的孔隙及毛细孔通道，形成刚性防水层
WJ1 防水剂	以无机盐为主体的多种无机盐类混合而成，淡黄色液体	掺入水泥砂浆中与水泥中水化过程中生成的氢氧化钙发生化学反应，生成氢氧化铝、氢氧化铁等不溶于水的胶体物质，同时与水泥中水化铝酸钙作用，生成具有一定膨胀性的复盐硫铝酸钙晶体
有机硅	甲基硅醇钠，高沸硅醇钠	该防水剂为无色透明液体，是外墙饰面的良好保护剂，耐高低温，可冬季施工，具有良好的通风性、防污染性
氯丁胶乳聚合物	氯丁胶乳	氯丁胶乳可改善砂浆的抗折性能、韧性，掺量适宜效果才能理想，但不能改变普通水泥砂浆的干缩性能，与匹配助剂一起使用
丙烯酸共聚乳液聚合物	丙烯酸共聚乳液	掺入水泥砂浆中可大大改善砂浆拌和物的和易性，相同条件下可减水 35%～43%，可提高砂浆的抗裂性和抗渗性，提高砂浆黏结强度 1 倍以上，与匹配助剂一起使用

5.1.2.2.2 砂浆防水层施工

1. 施工准备

（1）主要施工工具。

1）清理基层用工具：铁锤、錾子、剁斧、钢丝刷、胶皮管、水桶、扫帚等。

2）抹灰工具：灰浆搅拌机或拌盘、铁锹、筛子、灰桶、水桶、毛刷、胶皮手套等。

（2）施工环境条件。

1）气温应在 5℃以上、40℃以下，风力在 4 级以下，否则就要采取相应保温或降温、挡风措施，夏天露天施工必须做好防晒、防雨工作。

2）工程在地下水位以下施工时，施工前须将水位降到抹面层以下，并将地面积水排除。施工期间，做好排水工作，直至防水工程全部完工为止。

（3）作业条件。

1）结构验收合格，已办好验收手续。

2）基层混凝土和砌筑砂浆强度应达到设计值的 80%，才能开始防水砂浆施工。

2. 施工工艺

（1）刚性防水多层抹面施工。普通水泥砂浆防水层是通过不同配合比的水泥浆和水泥砂浆通过分层抹压构成防水层，因而又称之为刚性防水多层抹面。

1）工艺流程：墙、地面基层处理→刷水泥浆→抹底层砂浆→刷水泥浆→抹面层砂浆→抹水泥浆→养护。

2）施工要点。

a. 基层处理。基层表面的孔洞、缝隙应用与防水层相同的砂浆填塞抹平。

基层表面如有蜂窝及松散的混凝土，要剔掉并用水冲刷干净，然后用 1∶3 水泥砂浆抹平，或用 1∶2 干性水泥砂浆压实；表面油污应用 10% 火碱水溶液刷洗干净；混凝土表面应凿毛。当凹凸不平处的深度大于 10mm 时，应剔成慢坡形，并浇水清洗干净，抹水泥浆 2mm，再抹水泥砂浆找平，如图 5-1-10（a）所示。

当基层表面有蜂窝孔洞时，应先用錾子将松散石子去掉，并将洞周边剔成斜坡，浇水清洗干净，然后用 2mm 厚水泥浆、10mm 厚水泥砂浆交替抹到与基层面相平，如图 5-1-10（b）所示；当蜂窝麻面不深，只需用水冲洗干净，用 2mm 厚水泥浆打底，用水泥砂浆压实抹平，如图 5-1-10（c）所示。混凝土施工缝要沿缝剔成八字形凹槽，用水冲洗后，再用水泥浆打底，并用水泥砂浆压实找平，如图 5-1-11 所示。

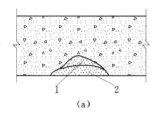
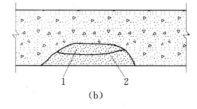
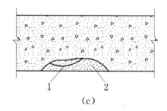

（a）　　　　　　　　　　（b）　　　　　　　　　　（c）

图 5-1-10　混凝土基层处理

（a）基层凹凸不平；（b）基层蜂窝孔洞；（c）基层麻面

1—素灰；2—砂浆层

当基层为砖砌体时，必须在砌砖时划缝，深度为 10～12mm，穿墙预埋管露出基层，在其周围剔成 20～30mm 宽，50～60mm 深的槽，用 1∶2 干硬性水泥砂浆压实，管道穿墙应按设计要求做好防水处理。对于新砌体，应将其表面残留的灰浆等污物清除干净，并浇水冲洗；对于旧砌体，需将砌体疏松表皮及污物清除干净，露出坚硬的砖面，并浇水冲洗干净；对于石灰砂浆或混合砂浆的砖砌体，需将砖砌缝剔成 10mm 深的直角沟槽，如图 5-1-12 所示。

b. 抹灰程序。一般先抹立墙后抹地面，分层铺抹或喷涂，铺抹时应压实、抹平和表

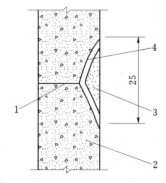

图 5-1-11　混凝土结构施工缝的处理示意图

1—施工缝；2—混凝土结构；

3—水泥砂浆；4—素灰

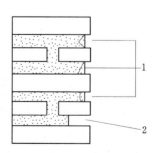

图 5-1-12　砖砌体剔缝

1—剔缝不合格；2—剔缝合格

面压光，使表面坚固密实、平整。

c. 防水层做法。刚性防水多层抹面水泥砂浆防水层一般采用四层抹面法或五层抹面。五层抹面法主要用于防水工程的迎水面（外抹面防水），四层抹面法则主要用于防水工程的背水面（内抹面法防水），五层抹面法见表 5-1-17。

表 5-1-17   五 层 抹 面 法

层　次	水灰比	操　作　要　求	作　用
第一层素灰层厚 2mm	0.4～0.5	(1) 分两次抹压，基层浇水润湿后，先均匀刮抹 1mm 厚素灰作为结合层，并用铁抹子往返用力刮抹 5～6 遍，使素灰填实基层空隙，以增加防水层的黏结力，随后再抹 1mm 厚的素灰找平层，厚度要均匀； (2) 抹完后，用湿毛刷或排笔蘸水在素灰层表面依次均匀水平涂刷一遍，以堵塞和填平毛细孔道，增加不透水性	起到与基层黏结和防水作用
第二层水泥砂浆层厚 4～5mm	0.4～0.5（水泥∶砂=1∶1.5～1∶2.0）	(1) 在素灰初凝时进行，即当素灰干燥到用手指能按入水泥浆厚 1/4～1/2 时进行，抹压要轻，以免破坏素灰层，但也要使水泥砂浆层薄薄压入素灰层约 1/4 左右，以使得第一、二层结合牢固； (2) 水泥砂浆初凝前，用扫帚将表面扫成横条纹	起骨架和保护素灰作用
第三层素灰层厚 2mm	0.37～0.4	(1) 待第二层水泥砂浆凝固并具有一定强度后（一般隔 24h），适当浇水润湿即可进行第三层，操作方法同第一层，其作用也和第一层相同； (2) 施工时如第二层表面析出有游离氢氧化钙形成的白色薄膜，则需要用水冲洗并刷干净后再进行第三层，以免影响二、三层之间的黏结，形成空鼓	防水作用
第四层水泥砂浆层厚 4～5mm	0.4～0.5（水泥∶砂=1∶1.5～1∶2.0）	(1) 配合比与操作方法同第二层水泥砂浆，但抹完后不扫条纹，而是在水泥砂浆凝固前，水分蒸发过程中，分次用铁抹子抹压 5～6 遍，以增加密实性，最后再压光； (2) 每次抹压间隔时间应视施工现场湿度大小、气温高低及通风条件而定，一般抹压前三遍的间隔时间为 1～2h，最后从抹压到压光，夏季约 10～12h，冬季最长 14h，以免因砂浆凝固后反复抹压而破坏表面的水泥结晶，使强度降低，产生起砂现象	起保护第三层素灰和骨架作用，同时还有防水作用
第五层水泥浆层厚 1mm	0.55～0.6	在第四层水泥砂浆抹压两遍后，用毛刷均匀涂刷水泥浆一道，随第四层压光	防水作用

五层抹面法与四层抹面法的区别在于多一道水泥浆。前四层与四层抹面法做法相同，第四层砂浆抹压两遍后，用毛刷均匀地将水泥浆涂刷在第四层表面并随第四层抹压压光。防水层各层应紧密贴合，每层应连续施工，必须留施工缝时应采用阶梯坡形茬，但离开阴阳角处不得小于 200mm，接茬要依次顺序操作，层层搭接紧密。各层抹灰茬子不得留在一条线上，底层与面层搭茬在 15～20cm 之间，接茬时要先刷水泥浆。所有墙的阴角都要做成半径 50mm 的圆角，阳角做成半径为 10mm 的圆角，地面上的阴角都要做成 50mm

以上的圆角，用阴角抹子压光、压实。

防水砂浆一般干缩性大，夏天施工时最好在傍晚天气较凉、无阳光直射下施工，以免水分蒸发太快，表面出现龟裂。

d. 养护。待砂浆终凝后（约 12～24h）要及时进行养护。表面覆盖麻袋或草袋，并经常浇水保持湿润，养护时间不得少于 14d。此期间不得受静水压作用，冬季养护环境温度不宜低于 +5℃，要防止踩踏。

（2）掺防水剂的防水层施工。掺防水剂的水泥砂浆防水层，由防水水泥浆和防水砂浆分层交叉铺抹而成，一般需抹一道防水水泥浆、两道防水砂浆。

一般防水砂浆施工有抹压法和扫浆法两种方法。

抹压法施工是在处理好的基层上涂刷一层水泥浆，随后分层铺抹防水水泥砂浆，每层厚度控制在 5～10mm，累加总厚度小于 20mm，每层均应抹压密实，待下层养护凝固后，再铺抹上一层。

扫浆法施工是在处理好的基层上先薄摊一层防水净浆，随即用棕刷或马连根刷往复涂擦，然后分层铺刷防水砂浆，待第一层防水砂浆经养护凝固后再涂刷第二层，每层厚度约10mm，两层铺刷方向应相互垂直，最后将防水砂浆表面扫出条纹。

3. 细部构造

（1）结构阴阳角的防水层，均需抹成圆角，阴角直径 50mm，阳角直径 10mm。

（2）防水层的施工缝应留斜坡阶梯形茬，茬的搭接应按照层次操作顺序层层搭接，留茬的位置一般留在地面或墙面，并应离阴阳角 200mm 以上，如图 5-1-13 所示。平面留茬、转角留茬如图 5-1-14 和图 5-1-15 所示。

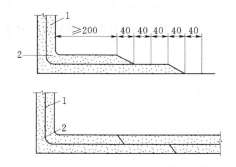

图 5-1-13 防水层接茬处理

1—素灰层；2—砂浆层

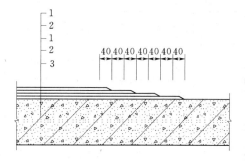

图 5-1-14 平面留茬示意图

1—砂浆层；2—水泥浆层；3—围护结构

（3）各种结构物防水层均应高出室外地坪 150mm，穿透防水层的预埋螺栓等，可沿螺栓四周剔成深 300mm、宽 200mm 凹坑（尺寸可据预埋件大小调整）。在防水层施工前，将预埋件铁锈、油污清除干净，用水灰比约 0.2 的素灰将凹槽嵌实，然后再随其他部位一起抹上防水层，如图 5-1-16 所示。

5.1.2.2.3 质量要求和检验方法

1. 过程质量检验

（1）基层要清理干净，表面平整、坚实、粗糙，施工前充分浇水湿润。

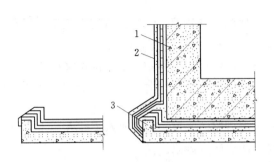

图 5 - 1 - 15　转角留茬示意图

1—围护结构；2—水泥浆防水层；3—混凝土垫层

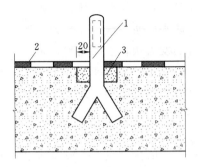

图 5 - 1 - 16　预埋铁件的埋设

1—螺栓；2—防水层；3—素灰嵌槽

（2）材料及各层灰浆配合比应符合设计要求，检查防水层层次是否清楚，厚度是否均匀一致。

（3）施工缝位置和做法严格按要求处理，要求接茬清楚、搭接严密，阴阳角做成圆角。

（4）预埋管道、预埋件周围要采取相应防水措施，保证防水层的严密。

（5）防水层要浇水养护，一般养护期 14d，对有阳光直晒部位要覆盖湿草席或草袋，冬季要采取防冻保温措施。

2. 工后质量检验

（1）检查数量，每 100m² 抽查一处，但应不少于 3 处。

（2）水泥砂浆防水层的外观质量应符合表 5 - 1 - 18 规定。

表 5 - 1 - 18　　　　　　　水泥砂浆防水层的质量要求及检验方法

项　目	质　量　要　求	检　验　方　法
主控项目	原材料、配合比必须符合设计要求	检查出厂合格证、质量检验报告和现场抽样试验报告
	水泥砂浆防水层各层之间必须结合牢固，无空鼓	观察和用小锤轻击检查
一般项目	防水层表面密实、平整，无裂纹、起砂、麻面等缺陷，阴、阳角应做成圆弧形	观察检查
	防水层施工缝留茬位置应正确，接茬应按层次顺序操作，层层搭接紧密	观察和检查隐蔽工程验收记录
	防水层的平均厚度应符合设计要求，最小厚度不小于设计值的 85%	观察和尺量检查

5.1.3　学习情境

5.1.3.1　资讯

通过本课题的学习，班级可分组完成以下任务：由专业教师联系在建工程施工单位，组织同学到采用地下工程刚性防水施工现场进行实习，通过现场观察、询问现场技术员和实际动手操作，认识刚性防水材料的组成和配置，熟悉刚性防水的现场施工工艺，掌握施工的各项关键环节，并做好实习记录。

5.1.3.2　下达工作任务

工作任务见表 5 - 1 - 19。

表 5 - 1 - 19　　　　　　　　　　　　工 作 任 务 表

指导教师：	工地名称：
任务要求： 　1. 现场认识刚性防水材料的组成和配置方法； 　2. 通过现场观察、询问和操作，熟悉刚性防水的现场施工工艺，掌握施工的各项关键环节，并做好实习记录； 　3. 协作完成本次实习的实习报告	组织： 　全班按每组 4～6 人分组进行，每组选 1 名组长和 1 名副组长； 　组长总体负责联系施工单位，制定本组人员的任务分工，要求组员分工协作，完成任务； 　副组长负责本组人员的实习安全，负责借领、归还安全帽，负责整理实习记录

5.1.3.3　制定计划

制定计划见表 5 - 1 - 20。

表 5 - 1 - 20　　　　　　　　　　　　计 划 表

指导教师		工地名称	
组长		副组长	
序号	姓名	主要任务	

5.1.3.4　实施计划

（1）了解实习工地采用何种刚性防水材料。

（2）了解实习工地刚性防水材料组成和配置方法。

（3）熟悉实习工地刚性防水材料施工工艺。

（4）实习记录（表 5 - 1 - 21）。

表 5 - 1 - 21　　　　　　　　　　　　实 习 记 录 表

实习记录
实习时间：＿＿＿＿＿＿＿＿＿＿　　工地名称：＿＿＿＿＿＿＿＿＿＿
指导教师：＿＿＿＿＿＿＿＿＿＿　　记 录 人：＿＿＿＿＿＿＿＿＿＿
防水材料：＿＿＿＿＿＿□地下工程防水混凝土防水　　　□地下工程防水砂浆防水
材料组成：＿＿＿＿＿＿＿＿＿＿＿＿＿＿＿＿＿＿＿＿＿＿＿＿＿＿＿＿＿＿
配置方法：＿＿＿＿＿＿＿＿＿＿＿＿＿＿＿＿＿＿＿＿＿＿＿＿＿＿＿＿＿＿
施工步骤：＿＿＿＿＿＿＿＿＿＿＿＿＿＿＿＿＿＿＿＿＿＿＿＿＿＿＿＿＿＿ ＿＿＿＿＿＿＿＿＿＿＿＿＿＿＿＿＿＿＿＿＿＿＿＿＿＿＿＿＿＿＿＿＿＿
关键环节：＿＿＿＿＿＿＿＿＿＿＿＿＿＿＿＿＿＿＿＿＿＿＿＿＿＿＿＿＿＿ ＿＿＿＿＿＿＿＿＿＿＿＿＿＿＿＿＿＿＿＿＿＿＿＿＿＿＿＿＿＿＿＿＿＿
注意事项：＿＿＿＿＿＿＿＿＿＿＿＿＿＿＿＿＿＿＿＿＿＿＿＿＿＿＿＿＿＿

（5）实习报告。

5.1.3.5 自我评估与评定反馈

1. 学生自我评估

学生自我评估见表5-1-22。

表5-1-22　　　　　　　　　　学生自我评估表

实习项目					
工地名称		学生姓名		学号	
序号	自检项目	分数权重	评分要求		自评分
1	学习纪律	15	服从指挥，无安全事故		
2	团队合作	15	服从组长安排，能配合他人工作		
3	任务完成情况	20	按要求按时完成任务		
4	实习记录	20	实习记录详细规范		
5	实习报告	30	能发现问题，有心得体会		
学习心得与反思：					
小组评分：_____		组长：_____			

2. 教师评定反馈

教师评定反馈见表5-1-23。

表5-1-23　　　　　　　　　　教师评定反馈表

实习项目					
工地名称		学生姓名		学号	
序号	检查项目	分数权重	评分要求		自评分
1	学习纪律	15	服从指挥，无安全事故		
2	团队合作	15	服从组长安排，能配合他人工作		
3	任务完成情况	20	按要求按时完成任务		
4	实习记录	20	实习记录详细规范		
5	实习报告	30	能发现问题，有心得体会		
存在问题：					
小组评分：_____		组长：_____			

思　考　题

（1）地下工程刚性防水有哪些种类？

(2) 防水混凝土和防水砂浆有哪些种类？适用范围有哪些？

(3) 防水混凝土和防水砂浆常用的外加剂有哪些？

(4) 简述防水混凝土和防水砂浆的施工工艺。

(5) 简述防水混凝土和防水砂浆的质量通病和防治措施。

课题 2　基础工程柔性防水施工

5.2.1　学习目标

(1) 通过本课题的学习，了解基础工程柔性防水施工的分类和材料组成。

(2) 掌握基础工程防水卷材防水的施工工艺。

(3) 掌握基础工程防水涂膜防水的施工工艺。

5.2.2　学习内容

5.2.2.1　基础工程卷材防水施工

卷材防水层是用防水卷材和胶结材料胶合而成的一种多层或单层防水层。在基础工程中使用卷材，优点是防水性能好，具有一定的韧性和延伸性，能适应结构的振动和微小变形，不易渗水，并能抗酸碱盐介质的侵蚀；缺点是耐久性差、吸水率高、机械强度低、施工工序多，发生渗漏时难以修补。

5.2.2.1.1　防水卷材性能

1. 材料的一般性要求

卷材防水一般在重要建筑基础中与钢筋混凝土自防水共同设防，刚性和柔性防水共同作用。防水卷材应选用强度高、延伸率大、具有良好的韧性和不透水性、膨胀率小且具有良好的耐腐蚀性的品种，如合成高分子防水卷材或高聚物改性沥青防水卷材。对于特别重要的建筑，优先选用合成高分子卷材，还可增加其他防水措施，如夹壁墙等；对于一般工业民用建筑，应尽量采用合成高分子防水卷材或高聚物改性沥青防水卷材。

2. 防水卷材的规格、外观质量和技术性能

(1) 合成高分子防水卷材。合成高分子防水卷材是无胎体的卷材，亦称片材，特性是拉伸率大、断裂伸长率高、抗撕裂强度大、耐高低温性能好，因而对环境气温变化和结构基层伸缩、变形、开裂等状况具有较强的适应性，并且耐腐蚀性和抗老化性好，可延长卷材的使用寿命，降低建筑防水的综合费用。

1) 分类。合成高分子防水卷材按原料的品质分为橡胶类、树脂类和橡塑共混类，按加工工艺又可将橡胶类划分为硫化型、非硫化型；塑料类划分为交联型、非交联型；按是否增强或复合分为均质型和复合型。橡胶类的有三元乙丙橡胶（EPDM）防水卷材和树脂类的聚氯乙烯（PVC）防水卷材，还有以氯丁橡胶、丁基橡胶、硫磺化聚乙烯为原料生产的卷材。树脂类防水卷材的主要品种是聚氯乙烯防水卷材，产品分为两种型号，P 型以增塑 PVC 树脂为基料，S 型以 PVC 树脂等煤焦油的混溶料为基料。

合成高分子防水卷材主要品种的性能特点和适用范围见表 5-2-1。

表 5-2-1　　　　合成高分子防水卷材主要品种的性能特点和适用范围

名　称	性 能 特 点	适 用 范 围
聚氯乙烯 （PVC）防水卷材	具有良好的弹塑性、不透水性（耐渗透压 30N 以上）、耐高低温及耐老化性，接合性好，无污染，便于施工，使用寿命达 15 年之久	可用于新建屋面大面积覆盖和旧屋面防水修复，也可做防空洞、地下室及设备基础的防潮层以及仓库、水池、储水槽、污水处理和基础工程的防水材料
氯化聚乙烯橡胶共混防水卷材	有较高的强度和延伸率，良好的耐燃、耐油、耐寒、耐酸碱性（尤其是耐臭氧性能），适应范围广（−40～80℃），对基层变形适应性强，冷施工、工艺简单，操作方便	可用于屋面等各类工程的防水、基层防潮和无法使之干燥的环境
三元乙丙橡胶防水片材	防水性能优良，耐候性好，重量轻（2kg/m²），使用温度范围为 −40～80℃，使用寿命为 30～50 年，抗拉强度高（7.5MPa 以上）、延伸率大（450％以上），对基层的伸缩或开裂适应强	用于耐日光、耐腐蚀的屋面，也可用于基础工程，储水池、水库，排灌渠道和污水处理池等处的隔水
彩色三元乙丙复合卷材	具有高弹性、高延伸性、强度高，耐气候性、耐低温性好，使用寿命可长达 20 年以上，可减少对太阳辐射热的吸收，降低表面温度，卷材背面复合有弹性的压敏橡胶黏结剂，具有强内聚力、高黏性，撕去背面隔离纸即可粘贴于基层，施工简便，不污染环境	可用于屋面、地面、基础工程的防水、防潮、隔气，与混凝土、金属、木质材料等基层黏结牢固，适应温度范围为 −40 −80℃

　　2）规格和物理性能。合成高分子防水卷材的规格和物理性能应符合 GB 50208—2002《地下防水工程质量及验收规范》的要求。

　　3）辅助材料。合成高分子防水卷材辅助材料的选用见表 5-2-2。

表 5-2-2　　　　合成高分子防水卷材辅助材料的选用

配套材料	三元乙丙防水卷材	氯化聚乙烯-橡胶共混防水卷材	氯化聚乙烯防水卷材
基层处理剂	聚氨酯甲、乙组份，二甲苯稀释剂	聚氨酯涂料稀释或水乳型涂料喷涂处理	稀释黏结剂，乙酸乙酯：汽油（1：1）
基层胶黏剂	CX-404 胶	CX-404 胶或 409 胶	LXY-603-3 号胶，淡黄色透明黏稠液体，剥离强度不小于 20N/2.5cm
卷材接缝胶黏剂	丁基橡胶黏剂甲、乙组份或单组分丁基橡胶黏剂	氯丁系胶黏剂、CX-404 胶、CX-401 胶	LXY-603-2 号胶，灰色黏稠液体，剥离强度不小于 25N/2.5cm
增强密封膏	聚氨酯嵌缝膏（甲、乙组份）	聚氨酯嵌缝膏	聚氨酯嵌缝膏
着色剂	着色涂料（银灰色）	着色涂料（银灰色）	着色涂料（银灰色）
自硫化胶带		丁基胶带或其他橡胶	

　　（2）高聚物改性沥青防水卷材。通过在石油沥青中添加聚合物，可以改善沥青性能，得到性能优于沥青的高聚物改性沥青类材料。其抗老化性能好，使用年限长，在低温柔韧性、耐高温性、抗腐蚀性等方面均具优异性能。

　　1）分类。高聚物改性沥青防水卷材的主要品种有苯乙烯-丁二烯-苯乙烯共聚物（SBS）弹性体改性沥青防水卷材、无规聚丙烯（APP）塑性体改性沥青防水卷材和橡胶沥青冷自黏防水卷材、PEE 改性沥青聚乙烯胎防水卷材等。

SBS 防水卷材的特点为低温柔性好，弹性和延伸率大，纵向强度均匀性好，不仅可以在低寒、高温气候条件下使用，而且在一定程度上可以避免结构层由于伸缩开裂对防水层构成的威胁。

2）规格和物理性能。高聚物改性沥青防水卷材的规格和物理性能应符合 GB 50208—2002《地下防水工程质量及验收规范》的要求。

3）辅助材料。辅助材料主要包括基层处理剂、胶结材料、嵌缝膏和辅助防水涂料，各类辅助材料可参考表 5-2-3 选用。

表 5-2-3　　　　　　　　　　高聚物改性沥青防水卷材辅助材料

名　　称	橡胶改性沥青冷胶黏剂	橡胶沥青玛琋脂	橡胶沥青乳液
产品概要与适用范围	属溶剂基改性沥青黏结剂，具有极好的黏附力和抗老化性，是防水卷材的专用黏结剂，可冷施工黏到混凝土、陶瓦、木材等基面上	属沥青橡胶基嵌缝膏，能在各种气候条件下使用，具有极好的延伸、黏结、密封和耐久性能。它适宜于各种建、构筑物的伸缩缝、穿墙管、水池、挡水墙等的密封防水	属水溶性沥青橡胶防水涂料，具有很高的黏度，能够支持施工，干燥后可形成一层高质量的弹性防水膜。可以单独用作隔墙、水池、卫生间的防水层、也可用作基层衬层和隔潮层
对黏附基层的要求	对于铺设防水卷材的基层，一般是在基底上做 20mm 厚的水泥砂浆找平层，要求表面平整干燥，不允许有松动、起砂、掉灰等现象	对于混凝土、水泥砂浆、陶瓦等都有很好的黏结性，基面上的油污、尘土要清除干净，为了保证黏附，最好先涂一层改性沥青黏结剂打底	对于混凝土、砖石、金属、陶瓦、木材等，只要表面平整，即使稍潮湿也可很好黏附，但一定要清除油污尘土，去掉基面上松弛颗粒
使用方法	用专用滚刷，将黏结剂涂在基面和卷材上，风干 20～30min。待手按不黏时，将卷材展放到涂好黏结剂的基面上，然后赶平压实即可	先涂一层改性沥青黏结剂打底，待干燥后（约需 20～30min）用手和专用工具配合，将沥青橡胶玛琋脂嵌入缝隙处，并压实黏牢	先涂一层乳水比为 1：3 的稀释混合物打底，待干燥后再涂纯乳液 2～3 层。干燥时间取决于环境温度。一般需 2～3h（湿度较大时约需 24h）
用量	0.5kg/m²	取决于密封部位尺寸	1～2kg/m²
安全卫生	含可燃溶剂，注意通风防火	不含可燃溶剂、不易燃	不含可燃溶剂、不易燃
包装贮存	桶装、库内储存期限一年	桶装、库内储存期限半年	桶装、库温 0℃ 储存、期限一年

5.2.2.1.2　基础工程卷材防水层施工

1. 卷材防水层的适用范围

（1）铺贴卷材的结构要求坚固，结构形式简单，基层表面要干净、平整。

（2）卷材适合承受的压力不大于 0.5MPa，否则应采取结构措施。

2. 施工条件

（1）前续工作。

1）结构经过验收合格后方可开始基础工程防水卷材的施工。

2）地面或墙面的管道、预埋件、变形缝，均应施工完毕，并做好防水处理，严禁在防水层上打眼开洞，同时应进行隐蔽工程检查验收。

3）外防水内贴法施工时，应在立墙防水层的外侧，按设计要求砌筑永久性保护墙，防水层的立墙面抹 1∶3 水泥砂浆找平层，表面干燥后，方可进行防水层的施工。

4）外防水外贴法施工时，清理防水层的接槎部位，待找平层干燥后才能做防水层。

5）在钢筋混凝土底板下铺贴油毡卷材防水层前，应在垫层上抹好水泥砂浆找平层，待干燥后方可进行防水层施工。

（2）地下水排降。为保证基础工程施工质量，应先做好排水和降低地下水位的工作，将地下水位降至垫层标高 300mm 以下，并保持到防水层施工完毕。

（3）基层要求。

1）铺贴防水层的基层应牢固，无松动、空鼓、起砂等缺陷。

2）基层表面应平整光滑，用 2m 直尺检查，基层与直尺间最大空隙不应超过 5mm，空隙处只允许平缓变化，且 1m 长度内不得多于 1 处，阴阳角处应做成圆弧形或钝角。

3）基层应干燥，含水率不应大于 9%。

（4）施工气候及环境条件。

1）铺贴卷材宜在 5～35℃ 气温下施工，高聚物改性沥青和高分子防水卷材不应在负温下施工，热熔法铺贴卷材可以在 −10℃ 以上气温下施工，冬季和雨、霜、雾及湿度过大或大风天气均不宜露天作业，若要施工应采取保温、防雨等措施。

2）因材料多属易燃物品，储存、运输、操作须注意安全，应隔绝火源并配有消防器材。

3. 防水层施工

（1）卷材防水层的铺贴方式。基础工程防水卷材的铺贴方式分为"外防外贴法"和"外防内贴法"两种，视具体施工情况选用。

1）外防外贴法。先在垫层上铺贴底层卷材，四周留出接头，待底板混凝土和立面混凝土浇筑完毕，将立面卷材防水层直接铺设在防水结构的外墙表面，如图 5-2-1 所示。具体施工步骤如下：

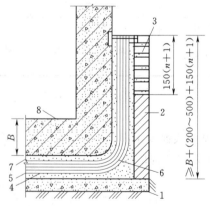

图 5-2-1 外防外贴防水层做法
1—混凝土垫层；2—永久性保护墙；3—临时性保护墙；4—找平层；5—卷材防水层；6—卷材附加层；7—保护层；8—防水结构

a. 浇筑防水结构底板混凝土垫层，在垫层上抹 1∶3 水泥砂浆找平层，抹平压光。

b. 在底板垫层上砌永久性保护墙，保护墙的高度为 $B+$（200～500mm）（B 为底板厚度），墙下平铺卷材条一层。

c. 用石灰砂浆在永久性保护墙上砌临时性保护墙，保护墙的高度为 150mm×（油毡层数 $n+1$）。

d. 在永久性保护墙和垫层上抹 1∶3 水泥砂浆找平层，转角抹成圆弧形。在临时性保护墙上抹石灰砂浆做找平层，并刷石灰浆。若用模板代替临时性保护墙，应在其上涂刷隔离剂。

e. 保护墙找平层基本干燥后，满涂冷底子油一道，但临时性保护墙不涂冷底子油。

f. 在垫层及永久性保护墙上铺贴卷材防水层，

转角处加贴卷材附加层。铺贴时应先底面、后立面，四周接头甩茬部位应交叉搭接，并贴于保护墙上。从垫层折向立面的卷材永久性保护墙的接触部位，应用胶结材料紧密贴严，与临时性保护墙（或围护结构模板）接触部位，应分层临时固定在该墙（或模板）上。

　　g. 卷材铺贴完成，在底板垫层和永久性保护墙卷材面上抹热沥青或玛琋脂，并趁热撒上干净的热砂，冷却后在垫层、永久性保护墙和临时性保护墙上抹 1∶3 水泥砂浆，作为卷材防水层的保护层。

　　h. 浇筑防水结构的混凝土底板和墙身混凝土时，保护墙作为墙体外侧的模板。

　　i. 防水结构混凝土浇筑完工并检查验收后，拆除临时保护墙，清理出甩茬接头的卷材，如有破损处应进行修补，再依次分层铺贴防水结构外表面的防水卷材。此处卷材可错缝接茬，上层卷材盖过下层卷材不应小于 150mm，接缝处加盖条，如图 5-2-2 所示。

　　j. 卷材防水层铺贴完毕，立即进行渗漏检验，有渗漏立即修补，无渗漏时继续砌永久性保护墙。永久性保护墙每隔 5～6m 及转角处应留缝，缝宽不小于 20mm，缝内用油毡条或沥青麻丝填塞。保护墙与卷材防水层之间缝隙，随砌砖随用 1∶3 水泥砂浆填满。保护墙留缝做法如图 5-2-3 所示。

　　k. 保护墙施工完毕，随即回填土。

　　2）外防内贴法。先浇筑混凝土垫层，在垫层上将永久性保护墙全部砌好，抹水泥砂浆找平层，将卷材防水层直接铺贴在垫层和永久性保护墙上，做法如图 5-2-4 所示，其施工顺序如下：

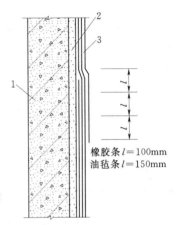

橡胶条 l＝100mm
油毡条 l＝150mm

图 5-2-2　卷材防水层错缝
接茬示意图
1—围护结构；2—找平层；
3—卷材防水层

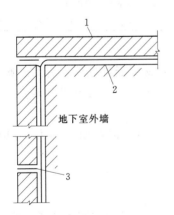

地下室外墙

图 5-2-3　保护墙留缝做法示意图
1—保护墙；2—卷材防水层；
3—油毡或沥青麻丝

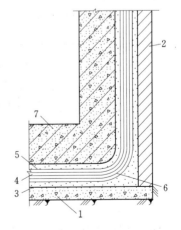

图 5-2-4　外防内贴防水层做法
1—混凝土垫层；2—永久性保护墙；3—找平层；
4—卷材防水层；5—保护层；6—卷材
附加层；7—防水结构

223

a. 做混凝土垫层，如保护墙较高，可采取加大永久性保护墙下垫层厚度的做法，必要时可配置加强钢筋。

b. 在混凝土垫层上砌永久性保护墙，保护墙厚度为一块砖厚，其下干铺卷材一层。

c. 保护墙砌筑好后，在垫层和保护墙表面抹 1∶3 水泥砂浆找平层，阴阳角处应抹成钝角或圆角。

d. 找平层干燥后，刷冷底子油 1～2 遍，冷底子油干燥后，将卷材防水层直接铺贴在保护墙和垫层上。铺贴卷材防水层时应先铺立面，后铺平面，铺贴立面时，应先转角，后大面。

e. 卷材防水层铺贴完毕，及时做好保护层，平面上可浇一层 30～50mm 的细石混凝土或抹一层 1∶3 水泥砂浆，立面保护层可在卷材表面刷一道沥青胶结料，趁热撒一层热砂，冷却后再在其表面抹一层 1∶3 水泥砂浆保护层，10～20mm 厚，并搓成麻面，以利于与混凝土墙体的黏结。

f. 浇筑防水结构的底板和墙体混凝土。

g. 回填土。

3）外防外贴法和外防内贴法的比较。两类方法的优缺点比较见表 5-2-4。

表 5-2-4　　　　　　　　　　外防外贴法和外防内贴法的比较

项　　目	外 防 外 贴 法	外 防 内 贴 法
土方量	开挖土方量较大	开挖土方量较小
施工条件	需有一定工作面，四周无相邻建筑物	四周有无建筑物均可施工
混凝土质量	浇捣混凝土时，不易破坏防水层，易检查混凝土质量，但模板耗费量大	浇捣混凝土时，易破坏防水层，混凝土质量不易检查，模板耗费量小
卷材粘贴	预留卷材接头不易保护好，基础与外墙卷材转角处弄脏受损，操作困难，易产生漏水	底板和外墙卷材一次铺完，转角处卷材施工质量容易保证
工期	工期长	工期短
漏水试验	防水层做完后，可进行漏水试验，有问题及时处理	防水层做完后不能立即进行漏水试验，要等基础和外墙施工完后才能试验，有问题修补困难

（2）提高卷材防水层施工质量的技术措施。

1）卷材铺贴采用点粘、条粘及空铺方法，充分发挥卷材的延伸性能，有效地减少卷材被拉裂的可能性，能适应基础工程变形大、基层潮湿的特点，在施工中使用较广，具体做法如下：

a. 点粘法：每平方米卷材下粘 5 点（100mm×100mm），粘贴面积不大于总面积的 6%。

b. 条粘法：每幅卷材两边各与基层粘贴 150mm 宽。

c. 空铺法：卷材防水层周边与基层粘贴 800mm 宽。

2）复杂部位增加卷材附加层，做加强处理，对变形较大、易遭破坏或易老化的部位，如变形缝、转角、三面角以及穿墙管道周围、地下出入口通道等处，采用同种卷材加铺 1～2 层或使用其他材料做卷材附加层，可起到很好的补强作用。

3）在分隔缝、穿墙管道周围、卷材搭接缝和收头部位做密封处理，可使卷材防水层增强适应变形的能力，提高防水层整体质量。

（3）卷材防水层施工方法。

1）合成高分子卷材防水层施工。

a. 施工工艺：基层清理→聚氨酯底胶配制→涂刷聚氨酯底胶→特殊部位进行增补处理 $\xrightarrow{\text{附加层}}$ 卷材粘贴面涂胶 $\xrightarrow{\text{卷材晾胶}}$ 基层表面涂胶 $\xrightarrow{\text{晾胶}}$ 铺贴防水卷材 $\xrightarrow{\text{排气、压实、接收头处理}}$ 做保护层

b. 主要用具。

a）基层处理用具：高压吹风机，平铲、钢丝刷、扫帚。

b）材料容器：大小铁桶。

c）弹线用具：量尺、小线、色粉袋。

d）裁剪卷材用具：剪刀。

e）涂刷用具：滚刷、油刷，压辊、刮板。

c. 施工要点。

a）涂刷聚氨酯底胶，按甲料：乙料＝1∶3（重量比）的比例配制聚氨酯底胶，搅拌均匀即可进行涂刷施工。在大面积涂刷前先在阴角、管根等复杂部位均匀涂刷一遍，然后用长把滚刷大面积顺序涂刷，涂刷底胶厚度要均匀一致，不得露底，涂刷底胶 4h 干燥后，手摸不黏时，方可进行下道工序。

b）特殊部位增铺处理，或进行附加层施工。增铺涂膜可采用聚氨酯防水涂料，分甲、乙两组分，按重量比甲料：乙料＝1∶1.5 配制搅拌均匀后，即可在地面、墙体的管根、伸缩缝、阴阳角部位，均匀涂刷一层，作为薄弱部位的防水附加层，涂膜固化后可进行下道工序。

c）阴阳角、管根等部位，可用三元乙丙卷材铺贴一层作附加层处理。

d）在基层面上弹线，使其铺贴正确、平直。

e）卷材粘贴面涂胶，将卷材铺展在干净的基层上用长把滚刷蘸 CX-404 胶涂匀，应留出搭接部位不涂胶，晾胶至基本干燥不黏手。

f）基层表面涂胶，底胶干燥后，在清理干净的基层面上，用长滚刷蘸 CX-404 胶涂匀，涂刷面不宜过大，然后晾胶。

g）卷材粘贴，在基层面及卷材粘面已涂刷好 CX-404 胶的前提下，将卷材用 $\phi30mm$ 长 1.5mm 的圆心棒（圆木或塑料管）卷好，由两人抬至铺设端头，注意位置要正确。黏结固定端头，然后沿弹好的标准线向另一端铺贴，操作时卷材不要拉得太紧，并注意方向沿标准线进行，以保证卷材搭接宽度。

h）卷材不得在阴阳角处接头，接头处应间隔错开。操作时要排气，每铺完 1 张卷材，应立即用干净的滚刷从卷材的一端开始，横向用力滚压一遍以便将空气排出。排除空气后，为使卷材黏结牢靠，应用带橡皮的铁辊滚压一遍或几遍，但不得损坏卷材。

i）接头处理，搭接的长边与端头短边的 100mm 范围，用丁基胶黏剂黏结，将甲、乙两组分，按 1∶1 重量比配合搅拌均匀，用毛刷蘸丁基胶黏结剂，涂于搭接卷材的两个面，待其干燥 15～30min 即可进行压合，挤出空气，不许有皱折，然后用铁辊滚压一遍。凡

遇有卷材重叠三层的部位，必须用聚氨酯嵌缝膏填密封严。

j）收头处理，防水层周边用聚氨酯嵌缝，并在其上涂刷一层聚氨酯涂膜。

k）防水层做完后，应按设计要求做好保护层，一般平面为水泥砂浆或细石混凝土保护层，立面为保护墙或水泥砂浆保护层。

2）高聚物改性沥青油毡防水层施工。

a. 施工工艺：基层清理→涂刷基层处理剂→铺贴附加层→热熔铺贴卷材→热熔封边→做保护层。

b. 主要机具：高压吹风机、小平铲、扫帚、电动搅拌器、油毛刷、铁桶、汽油喷灯或专用火焰喷枪、压子、手持压辊、铁辊、剪刀、量尺、长 1500mmϕ30mm 管（铁、塑料）。

c. 施工要点。

a）涂刷基层处理剂，在基层表面满刷一道用汽油稀释的氯丁橡胶沥青胶黏剂，应涂刷均匀，不透底。

b）铺贴附加层，管根、阴阳角部位加铺一层卷材，按规范及设计将卷材裁成相应尺寸形状进行补贴。

c）铺贴卷材，将改性沥青防水卷材按铺贴长度进行裁剪并卷好备用，操作时将已经卷好的卷材，用 ϕ30mm 的管子穿入卷芯，卷材端头对齐铺贴起点。点燃汽油喷灯或专用火焰喷枪，加热基层与卷材交接处，喷枪距加热面保持 300mm 左右的距离，往返喷烤，待卷材的沥青刚刚熔化时，手扶管芯两端向前缓缓滚动铺设，要求用力均匀，并将空气挤出。

d）铺设压边宽度应掌握好，满贴法搭接宽度为 80mm，条粘法搭接宽度为 100mm。

e）热熔封边，卷材搭接缝处用喷枪加热，压合至边缘挤出沥青粘牢。卷材末端收头用橡胶沥青嵌缝膏嵌固填实。

f）保护层施工，平面做水泥砂浆或细石混凝土保护层；立面防水层施工完，应及时稀撒石渣后抹水泥砂浆保护层。

4. 特殊部位的施工

（1）转角部位的施工。平立面的交角处（包括阴角、阳角、三面角）卷材铺贴困难，是防水薄弱环节，应按以下方法加强处理。

1）两面角。

a. 底板与墙的交角处，先增贴 1～2 层和大面相同的卷材，或抗拉强度较高的卷材作附加层（可采用玻璃布卷材或再生胶卷材），然后再铺贴卷材，如图 5-2-5 所示。

b. 在主墙阳角处，先铺一条宽为 200mm 的卷材条作附加层，各层卷材铺贴完后，其上再铺一层 200mm 宽的卷材附加层，如图 5-2-6（a）所示。

c. 在主墙阴角处，先将卷材对折，然后自下而上粘贴左边部分卷材，左边贴好后，用刷油法粘贴右边卷材，如图 5-2-6（b）所示。

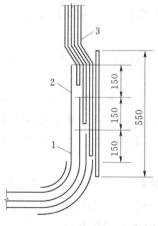

图 5-2-5　两面角卷材铺贴加强处理

1—转角处交叉接法；2—预留外贴搭接头；3—外贴卷材

2）三面角。由三面组成的阴阳角处，先铺二层与大面上相同的卷材，或一层再生橡胶沥青卷材或沥青玻璃丝布卷材作附加层。附加层尺寸为 300mm×300mm，折成图 5-2-7（a）的形状。折叠层之间应满涂沥青胶。附加二层卷材时，先贴一层卷材，另一层则待防水层做完后再贴，如图 5-2-7（b）所示。

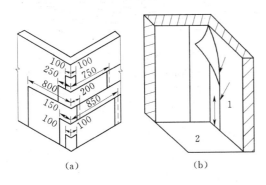

图 5-2-6　主墙两面角卷材铺贴加强处理

（a）主墙阳角增铺附加层；（b）主墙阴角刷油法铺贴

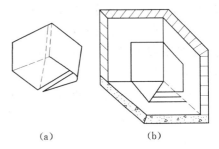

图 5-2-7　三面角卷材附加层示意图

（a）附加层形状；（b）附加二层卷材做法

附加层铺好后，再铺贴第一层卷材。铺贴第一层卷材时，卷材的压边距转角处一侧为 1/3 幅宽，另一侧为 2/3 幅宽，第一层粘贴好后，再粘贴第二层卷材，第二层卷材与第一层卷材长边错开 1/3 幅宽，接头错开 300～500mm。在立面与底面的转角处，卷材的接缝应留在底面上，距离不小于 600mm。

（2）穿墙管部位施工。穿墙管处应埋设带有法兰盘的套管。施工时先将穿墙管穿入套管，然后在套管的法兰盘上做卷材防水层。首先将法兰盘及夹板上的污垢和铁锈清除干净，刷上沥青，其上再逐层铺贴卷材，卷材的铺贴宽度至少为 100mm，铺贴完后表面用夹板夹紧。为防止夹板将油毡压坏，夹板下可衬垫软金属片、石棉纸板、油毡等。具体管道埋设处卷材防水层做法如图 5-2-8 所示。

（3）变形缝施工。变形缝应满足密封防水、适应变形、施工方便、检查容易的要求。在不受水压的地下建筑物或构筑物变形缝处，应用毛毡、麻丝或纤维板填塞严密，并用防水性能好的油膏封缝如图 5-2-9 所示。

在受水压的地下建筑物或构筑物变形缝处，变形缝不仅要填塞防水材料，还要装入止水带，以保证结构变形时有良好的防水能力。变形缝处通常可采用橡胶、塑料止水带、紫铜板或不锈钢板制成的金属止水带等，如图 5-2-10 所示。

当变形缝处于 50℃温度以下并不受强氧化作用

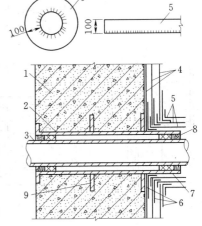

图 5-2-8　管道埋设处卷材
防水层做法

1—防水结构；2—预埋套管；3—管道；
4—三毡四油；5、6—附加卷材；
7—沥青麻丝；8—铅捻口；
9—止水环

下，宜采用橡胶或塑料止水带，如图 5-2-11 所示。当有油侵蚀时，应选用相应的耐油橡胶或塑料止水带；当受高压和水压作用时，变形缝处应采用 1~2mm 厚的紫铜板或不锈钢板制成的金属止水带，金属止水带转角处应做成圆弧形，用螺栓安装，如图 5-2-12 所示。

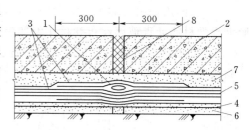

图 5-2-9　不受水压结构的变形缝做法

1—浸过沥青的垫卷；2—底板；3—加铺的油毡；
4—砂浆找平层；5—卷材防水层；6—混凝土垫层；
7—砂浆结合层；8—填缝材料

5.2.2.1.3　质量要求和检验方法

（1）基础工程卷材防水层施工质量的检验数量按铺贴面积每 $100m^2$ 抽查 1 处，每处 $10m^2$，但不少于 3 处。

（2）基础工程卷材防水层的质量要求及检验方法见表 5-2-5。

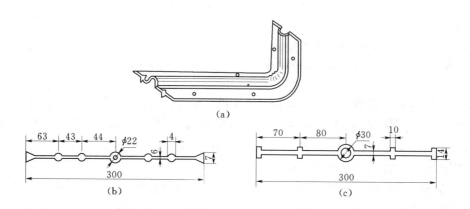

图 5-2-10　止水带

（a）金属止水带；（b）橡胶止水带（剖面）；（c）塑料止水带（剖面）

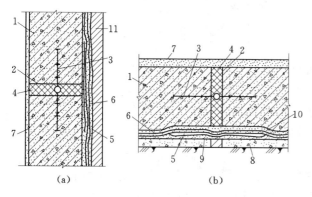

图 5-2-11　橡胶、塑料止水带的埋设

（a）墙身变形缝；（b）底板变形缝

1—结构体；2—浸过沥青的木丝板；3—止水带；4—填缝油膏；
5—卷材附加层；6—卷材防水层；7—砂浆面层；8—混凝土
垫层；9—砂浆找平层；10—砂浆结合层；11—保护墙

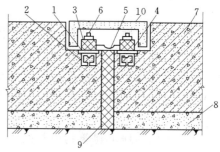

图 5-2-12　金属止水带的埋设

1—预埋铁板；2—锚筋；3—垫圈；4—衬垫
材料；5—金属止水带；6—螺栓；7—钢筋
混凝土底板；8—混凝土垫层；
9—填缝材料；10—盖板

表 5-2-5   基础工程卷材防水层的质量要求及检验方法

项 目		质 量 要 求	检 验 方 法
主控项目		防水卷材及主要配套材料必须符合设计要求	检查出厂合格证、质量检验报告、现场抽样试验报告
		防水层及其转角处、变形缝、穿墙管道等细部做法必须符合设计要求	观察检查和检查隐蔽工程验收记录
一般项目		基层牢固,表面洁净、平整,不得有空鼓、松动、起砂和脱皮现象;阴阳角处呈圆弧形或钝角	观察检查和检查隐蔽工程验收记录
		卷材防水层的搭接缝应黏结牢固、密封严密,不得有皱折、翘边和鼓泡等缺陷	观察检查
		侧墙卷材防水层的保护层与防水层应黏结牢固、结合紧密,厚度均匀一致	观察检查和尺量检查

5.2.2.2　基础工程涂膜防水

涂膜防水是在需要防水的地下混凝土结构或砂浆基层上涂以一定厚度的合成树脂、合成橡胶液体,经过常温交联固化形成具有防水作用的结膜。其优点是重量轻,延伸性、耐水性、耐候性、耐蚀性优良,适用性强,对于异形部位均可涂布形成无缝的连续封闭的防水膜。此外可采用冷作业,施工操作简便安全,易于维修。缺点是防水膜厚度的均匀性难以保证,多数材料抵抗变形能力差,与潮湿基层的黏结力差,作为单一防水层抵抗地下动水压力的能力差。

5.2.2.2.1　防水涂料

1. 主要品种

（1）常用防水涂料的品种和施工方法见表 5-2-6。基础工程防水应采用反应型、水乳型、聚合物水泥防水涂料或水泥基渗透结晶型防水涂料。

表 5-2-6   基础工程常用防水涂料

类 别	名 称	档次	备 注
合成高分子防水涂料	聚氨酯防水涂料	高	薄质材料指涂膜设计总厚度小于3mm的涂料,一般指水乳型或溶剂型高聚物改性沥青防水涂料,一般采用涂刷法或喷涂法施工厚质涂料指涂膜设计总厚度大于3mm,一般指沥青基防水涂料,一般以冷作业为主,采用抹压法、刮涂法进行涂布
	851焦油聚氨酯防水涂料	高	
	硅橡胶防水涂料	中	
	PVC防水涂料	低	
高聚物改性沥青防水涂料	SBS弹性沥青防水涂料	中	
	氯丁橡胶沥青防水涂料	中	
	水型三元乙丙橡胶复合防水涂料	中	
	JG-1橡胶沥青防水涂料	低	
	JG-2橡胶沥青防水涂料	低	
	SR防水涂料	低	
沥青基防水涂料	水性石棉沥青防水涂料	低	
无机物-水泥类防水涂料	确保时	中	
	防水宝防水涂料	中	

（2）涂膜厚度要求。基础工程防水涂料的涂膜厚度应符合表 5-2-7 的要求。

表 5-2-7　　　　　　　　　　　　**涂膜厚度选用表**　　　　　　　　单位：mm

涂料类型		防水等级			
		Ⅰ	Ⅱ	Ⅲ	
		三道或三道以上设防	二道设防	一道设防	复合设防
有机涂料	反应型防水涂料	1.2～2.0	1.2～2.0	—	—
	水乳型	1.2～1.5	1.2～1.5	—	—
	聚合物水泥	1.5～2.0	1.5～2.0	≥2.0	≥1.5
无机涂料	水泥基	1.5～2.0	1.5～2.0	≥2.0	≥1.5
	水泥基渗透结晶型	≥0.8	≥0.8	—	—

5.2.2.2.2　膜防水层施工

基础工程涂膜防水要保证涂膜防水层的质量，关键是保证涂膜厚度。影响涂膜厚度的主要因素有：材料及其配套的胎体增强材料、施工工艺、涂布遍数、厚度、施工间隔时间、基层条件、自然条件和保护层的设置等。

1. 主要机具

主要机具包括电动搅拌机、搅拌桶、小铁桶、小平铲、塑料或橡胶刮板、滚动刷、毛刷、弹簧秤、消防器材、小油漆桶、小抹子、铲刀、扫帚、高压吹风机。

2. 施工条件

（1）水位较高时，应先降低地下水位，做好排水处理，使地下水降至防水层操作标高以下 300mm，并保持到施工完毕。

（2）涂刷防水层的基层要求抹平、压光、压实平整、不起砂，含水率低于 9%，阴阳角处应抹成圆弧角。

（3）涂刷防水涂料不得在霜、雪、雨、露天气和大风天气条件下施工，施工的环境温度有机防水涂料溶剂型 -5～35℃，水溶型不低于 5℃，无机防水涂料 5～35℃，操作时严禁临近火源。

3. 涂膜防水层施工工艺

（1）薄质涂料的施工（以聚氨酯防水层为例，其他薄质涂料施工工艺类似）。

1）构造及材料用量。

a. 基层：水泥砂浆或混凝土。

b. 基层处理剂：聚氨酯底胶，$0.2kg/m^2$。

c. 第一道涂膜防水层：聚氨酯防水涂料，$1～5kg/m^2$。

d. 第二道涂膜防水层：聚氨酯防水涂料，$1kg/m^2$，固化前稀撒砂。

e. 保护层：马赛克、缸砖、瓷砖等。

2）施工工艺：基层清理→涂刷底胶→涂膜防水层施工→做保护层。

3）施工要点。

a. 防水基层表面应抹平压光，不许有凹凸不平、松动和起砂掉灰现象；排水口或地漏部位应低于整个防水层，套管和管道应高出基层表面 20mm 以上；阴阳角处应抹成圆弧形，以利涂料密封。所有管件、卫生设备、排水口或地漏等应安装牢固，接缝严密，收头平滑，不得有任何松动现象。

对于不同基层衔接部位、施工缝处以及基层因变形可能开裂或已开裂的部位，应嵌补缝隙，铺贴橡胶条补强或用伸缩性很强的硫化橡胶条进行补强。

b. 涂刷底胶，其目的是隔断基层潮气，防止防水涂膜起鼓脱落，加固基层，提高涂膜同基层的黏结强度。

a）聚氨酯底胶的配制，可按聚氨酯甲料与专供涂底用的乙料按 1∶3～1∶4（重量比）的比例配制，也可用聚氨酯防水涂料和二甲苯进行配制，重量比为甲组份料∶乙组份料∶二甲苯＝1∶1.5∶2，配制好的底胶应在 2h 内用完。

b）在大面积涂布前，先用油漆刷蘸底胶在阴阳角、排水口、管子根部等复杂部位均匀细致地涂布一遍，再用长把滚刷在大面上均匀地涂布底层胶料。涂布施工必须均匀，不许露白见底，一般涂布用量以 0.15～0.20kg/m² 为宜，底胶涂布后干燥 24h 手感不黏时，即可进行下道工序。

c. 涂膜防水层施工。

a）涂布顺序，先垂直面后水平面，先阴阳角及细部后大面，每次涂抹方向应相互垂直。

b）第一道涂层的施工，应在底胶干燥固化后，用塑料或橡胶刮板均匀涂刷一层涂料，涂刮时要求均匀一致，不得过厚或过薄，涂刮厚度一般约为 1.5mm 为宜（涂布量 1.5kg/m² 为宜）。

c）第二道涂层的施工，在第一道涂层固化 24h 后，再在其表面刮涂第二道涂层，刮涂方法同第一道涂层，为确保防水工程质量，涂刮的方向与第一道的涂刮方向垂直。涂布第二道涂膜与第一道相间隔的时间，应以第一道涂膜的固化程度（手触不黏）确定，一般不少于 24h，也不宜大于 72h。

d）保护层施工。若为石渣保护层，应在第二道涂层尚未固化前，在其表面稀撒粒径为 2mm 的干净石渣；若为铺贴保护层或饰面材料，应在涂膜完全固化干燥后，进行面层铺贴。

d. 涂膜防水层施工注意事项。

a）涂料黏度大，不易施工时，可加入二甲苯稀释，以降低黏度，加入量不大于涂料重量的 10%；或因两组份混合固化快、影响施工时，可加入磷酸或苯磺酰氯作缓凝剂，加入量不大于甲料的 0.05%。若刮涂第一道涂层 24h 后仍有发黏现象时，在第二道涂层施工前，涂上一些滑石粉，可避免黏脚现象，对防水层工程质量无影响。

b）如涂料在金属工具上固化、清洗困难时，可到指定安全区点火焚烧，将其清除。涂层施工完毕，尚未达到完全固化时，不允许上人踩踏，否则将损坏防水层，影响防水工程质量。

c）施工温度宜在 5～35℃ 之间，温度低使涂料黏度大，不易施工，并容易涂厚，影响防水工程质量；温度过高，会加速固化，也不宜施工。不宜在雾、雨、雪、大风等恶劣气候下施工。

d) 易燃、有毒的防水涂料，储存时应密封，放在阴凉、干燥、无强烈日光直晒的场地。施工中使用有机溶剂时，应注意防火。施工人员应采取保护措施，戴手套、口罩、眼镜、工作服、工作鞋，施工现场要求通风良好，以防中毒。

（2）厚质涂料施工。厚质涂料涂膜的总厚度一般为 4～8mm，厚质涂料防水层的施工质量关键在以下三点。

1）搅拌均匀。使用前搅拌均匀，方可便于涂布和保证涂层质量。

2）涂布时间间隔的测定。涂料因品种和涂膜厚度不同，其成膜干燥时间均不同，须在施工前进行成膜干燥时间的测定，方可便于安排和组织施工。

3）总厚度及每层厚度的控制。厚质涂料的厚度控制是在刮板上固定铁丝或木条作为控制涂层厚度的标准，或在涂布面上设立厚度标志。

4. 基础工程涂膜防水层构造

基础工程涂膜防水层只适用于外防外涂法，因而必须在底板垫层与外墙立面及转角处等有较大变形处考虑甩茬构造，以免结构的不同步沉降和较大变形破坏涂膜防水层，如图 5-2-13 和图 5-2-14 所示。

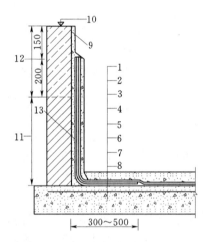

图 5-2-13　涂膜防水层甩茬构造（一）

1—豆石混凝土保护层；2—纸胎油毡隔离层；3—涂三至四道聚氨酯防水层；4—密纹玻璃网布或无纺布；5—道聚氨酯涂层；6—聚氨酯底胶；7—找平层；8—垫层混凝土；9—1：3 白灰砂浆砌临时墙并找平；10—临时墙砌筑高度与施工缝标高一致；11—永久砖墙砌筑高度；12—临时砖墙砌筑高度；13—M5 砂浆找平

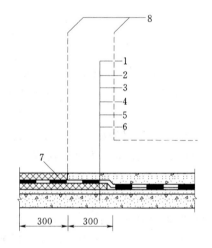

图 5-2-14　涂膜防水层甩茬构造（二）

1—豆石混凝土保护层；2—纸胎油毡隔离层；3—涂三至四道聚氨酯防水层；4—聚氨酯底胶粘贴密纹玻璃网布或无纺布；5—找平层；6—垫层混凝土；7—临时保护层；8—外围轮廓线

5. 成品保护

（1）穿过墙体的管道、预埋件、变形缝处，涂膜施工时不得破损，移位。

（2）已涂好的涂膜固化前，不允许上人和堆放物品，以免涂膜防水层受损坏，造成渗漏。

5.2.2.2.3　质量要求和检验方法

基础工程涂膜防水层质量要求和检验方法见表 5-2-8。

表 5-2-8   基础工程涂膜防水质量要求和检验方法

项 目	质 量 要 求	检 验 方 法
主控项目	原材料、配合比必须符合设计要求	检查出厂合格证、质量检验报告、计量措施和现场抽样试验报告
	涂料防水层及其转角处、变形缝、穿墙管道等细部做法，均须符合设计要求	观察检查和检查隐蔽工程验收记录
一般项目	防水层基层应牢固，基面应洁净、平整，不得有空鼓、松动、起砂和脱皮现象，基层阴阳角应做成圆弧形	观察和尺量检查
	防水层与基层黏结牢固，表面平整，涂刷均匀，不得有流淌、皱折、鼓泡、露胎体和翘边等缺陷	观察检查
	涂料防水层的平均厚度应符合设计要求，最小厚度不小于设计厚度的80%	针测法或割取实样用卡尺测量
	侧墙涂料防水层的保护层与防水层黏结牢固，结合紧密，厚度均匀一致	观察检查

5.2.3 学习情境

5.2.3.1 情境设定

通过本课题的学习，班级可分组完成以下任务：由专业教师联系在建工程施工单位，组织同学到采用基础工程柔性防水施工现场进行实习，通过现场观察、询问现场技术员和实际动手操作，认识卷材、涂膜防水材料及其辅材，熟悉柔性防水的现场施工工艺，掌握施工的各项关键环节，并做好实习记录。

5.2.3.2 下达工作任务

工作任务见表 5-2-9。

表 5-2-9   工 作 任 务 表

指导教师：	工地名称：

任务要求：
1. 现场认识卷材、涂膜防水材料及其辅材；
2. 通过现场观察、询问和操作，熟悉柔性防水的现场施工工艺，掌握施工的各项关键环节，并做好实习记录；
3. 协作完成本次实习的实习报告
	组织：
	  全班按每组 4~6 人分组进行，每组选 1 名组长和 1 名副组长；
	  组长总体负责联系施工单位，制定本组人员的任务分工，要求组员分工协作，完成任务；
	  副组长负责本组人员的实习安全，负责借领、归还安全帽，负责整理实习记录

5.2.3.3 制定计划

制定计划见表 5-2-10。

表 5 - 2 - 10
计 划 表

指导教师		工地名称	
组长		副组长	
序号	姓名	主要任务	

5.2.3.4 实施计划

（1）了解实习工地采用何种柔性防水材料。

（2）了解实习工地柔性防水材料类别、品牌和辅材。

（3）熟悉实习工地柔性防水材料施工工艺。

（4）实习记录（表 5 - 2 - 11）。

表 5 - 2 - 11
实 习 记 录 表

实习记录

实习时间：_____   工地名称：_____

指导教师：_____   记 录 人：_____

防水类型：_____ □地下工程防水卷材防水   □地下工程防水涂膜防水

材料类别：_____

材料品牌：_____

所需辅材：_____

施工步骤：_____

_____

关键环节：_____

_____

注意事项：_____

_____

（5）实习报告。

5.2.3.5 自我评估与评定反馈

1. 学生自我评估

学生自我评估见表 5 - 2 - 12。

表 5 - 2 - 12　　　　　　　　　　学 生 自 我 评 估 表

实习项目					
工地名称			学生姓名		学号
序号	自检项目	分数权重	评分要求		自评分
1	学习纪律	15	服从指挥，无安全事故		
2	团队合作	15	服从组长安排，能配合他人工作		
3	任务完成情况	20	按要求按时完成任务		
4	实习记录	20	实习记录详细规范		
5	实习报告	30	能发现问题，有心得体会		
学习心得与反思：					
小组评分：_____　　　　　　　　组长：_____					

2. 教师评定反馈

教师评定反馈见表 5 - 2 - 13。

表 5 - 2 - 13　　　　　　　　　　教 师 评 定 反 馈 表

实习项目					
工地名称			学生姓名		学号
序号	检查项目	分数权重	评分要求		自评分
1	学习纪律	15	服从指挥，无安全事故		
2	团队合作	15	服从组长安排，能配合他人工作		
3	任务完成情况	20	按要求按时完成任务		
4	实习记录	20	实习记录详细规范		
5	实习报告	30	能发现问题，有心得体会		
存在问题：					
小组评分：_____　　　　　　　　组长：_____					

思　考　题

（1）基础工程柔性防水有哪些种类？

（2）常用的防水卷材和防水涂料有哪些种类？适用范围有哪些？

（3）简述防水卷材和防水涂料的施工工艺。

（4）简述防水卷材和防水涂料的质量检验方法。

（5）简述防水卷材和防水涂料的质量通病和防治措施。

模块 6　基础工程勘察与验收

课题 1　工 程 地 质 勘 察

6.1.1　学习目标

（1）通过本模块的学习，掌握岩土工程勘察阶段划分及技术要点。

（2）掌握地基基础工程施工勘察要点。

（3）会阅读与使用工程地质勘察报告。

6.1.2　学习内容

6.1.2.1　岩土工程勘察阶段划分及技术要点

6.1.2.1.1　岩土工程勘察的目的及内容

工程勘察的目的在于以各种勘察手段和方法，调查研究和分析评价建筑场地和地基的工程地质条件，为设计和施工提供所需的工程地质资料。

工程勘察主要包括以下内容。

（1）查明建设场地与地基的稳定性问题。主要查明场地与断裂构造的位置关系、断裂地质构造的活动性及规模、地震的基本烈度、砂土液化的可能性、场地有无滑坡和泥石流等不良地质现象及其危害程度。

（2）查明场地的地层类别、成分、厚度和坡度变化。

（3）查明场地的水文地质条件。重点查明地下水的类型、补给来源、排泄条件、埋藏深度及污染程度等。

（4）查明地基土的物理力学性质指标。

（5）确定地基承载力，预估基础沉降。

（6）提出地基基础设计方案的建议。

6.1.2.1.2　岩土工程勘察阶段及技术要点

一般工程勘察，根据基本建设程序可以分为四个阶段：选址勘察（可行性研究勘察）、初步勘察、详细勘察、施工勘察。

（1）选址勘察（可行性研究勘察）。选址勘察的目的在于通过踏勘了解现场地形地貌、地质构造、岩土工程特性、地下水情况及不良地质现象，是否存在影响建筑物基础的地下设施及采空区等，同时了解场地位置，当地建筑经验及人文、交通等状况。选址勘察时应尽量避开对工程建设不利的地段及区域。

（2）初步勘察（初勘）。其目的在于通过勘察，判定场地的工程地质和水文地质条件。根据初步设计或扩初设计提供的方案，对场地进行全面的普查。通过普查，查明拟建场地的以下情况。

1）地层及地质构造。

2）岩石和土的物理力学性质。

3）地下水埋藏条件。

4）土的冻结深度。

5）不良地质现象及地震效应。

（3）详细勘察（详勘）。详勘是在初步勘察基础上，配合施工图设计的要求，对建筑地基所作的岩土工程勘察。详勘阶段的主要任务包括以下几点。

1）查明建筑物基础范围内地层结构，岩土的物理力学性质。

2）对地基的稳定性和承载力作出评价。

3）选择地基基础设计方案。

4）提供不良地质现象防治措施及地基处理方案。

5）查明有关地下水的埋藏条件和侵蚀性。

（4）施工勘察。配合施工过程中出现的技术问题进行的勘察工作。

6.1.2.1.3　地基基础施工勘查要点

1. 一般规定

（1）所有建（构）筑物均应进行施工验槽。遇到以下情况之一时，应进行专门的施工勘查。

1）工程地质条件复杂，详勘阶段难以查清楚时。

2）开挖基槽发现土质、土层结构与勘查资料不符时。

3）施工中边坡失稳，需要查明原因，进行观察处理时。

4）施工过程中地基土受到扰动，需查明其性状及工程性质时。

5）为地基处理，需要进一步提供勘查资料时。

6）设计有特殊要求，或在施工时出现新的岩土工程地质问题时。

（2）施工勘查应针对需要解决的岩土工程问题布置工作量，勘查方法可根据具体情况选用施工验槽、钻探取样和原位测试。

2. 天然地基基础验槽要点

（1）基槽开挖后，应检验以下内容。

1）核对基槽的位置、平面尺寸、坑底标高。

2）核对基坑土质和地下水情况。

3）空穴、古墓、古井、防空掩体及地下埋设物的位置、深度、形状。

（2）在进行直接观察时，可以用袖珍式贯入仪作为辅助手段。

（3）遇有以下情况之一时，应在基坑普遍进行轻型动力触探。

1）持力层明显不均匀。

2）浅部有软弱下卧层。

3）有浅埋的坑穴、墓穴、古井等，直接观察难以发现时。

4）勘查报告或设计文件规定应进行轻型动力触探时。

（4）采用轻型动力触探进行基槽检验时，检验深度及间距按表 6-1-1 执行。

（5）遇到以下情况之一时，可不进行轻型动力触探。

1）基坑不深处有承压水层，触探可造成冒水涌砂时。

2）持力层为砾石或卵石层，且其厚度符合设计要求时。

（6）基槽检验应填写验槽记录或检验报告。

表 6-1-1　　　　　　　　　　　轻型动力触探检验深度及间距表　　　　　　　　　单位：m

排列方式	基槽宽度	检验深度	检验间距
中心一排	<0.8	1.2	1.0～1.5m 视地层复杂情况定
两排错开	0.8～2.0	1.5	
梅花形	>2.0	2.1	

3．深基础施工勘查要点

（1）当预制打入桩、静压桩或锤击沉管灌注桩的入土深度与勘查资料不符或对桩端下卧层有怀疑时，应检查桩端下主要受力层范围内的标准贯入击数和岩土工程性质。

（2）在单柱桩的大直径桩施工中，如发现地层变化异常或怀疑持力层可能存在破碎带或溶洞等情况时，应对其分布、性质、程度进行核查，评价其对工程安全的影响程度。

4．地基处理工程施工勘查要点

（1）根据地基处理方案，对勘查资料中场地工程地质及水文地质条件进行核查和补充；对详细勘查阶段遗留的问题或地基处理设计中的特殊要求进行针对性的勘查，提供地基处理所需要的岩土工程设计参数，评价施工现场施工条件及施工对环境的影响。

（2）当地基处理施工中发生异常情况时，进行施工勘查，查清楚原因，为调整、变更设计方案提供岩土工程设计参数，并提供处理的技术措施。

5．施工勘查报告

施工勘查报告应包括以下内容。

（1）工程概况。

（2）目的和要求。

（3）原因分析。

（4）工程安全性评价。

（5）处理措施及建议。

6.1.2.2　地基勘察方法及原位测试

6.1.2.2.1　勘察点的布置

1．勘探点的间距

详勘阶段勘探点的间距应满足表 6-1-2 的要求。

详勘阶段勘察点的布置，应符合以下规定。

（1）勘探点宜按建筑场地周边线和角点布置。

（2）同一建筑范围内的主要受力层或受影响的下卧层起伏较大时，应加密察探点，查明其变化。

（3）重大设备基础应单独布置勘探点，重大的动力机器基础和高耸构筑物，勘探点宜不少于 3 个。

表 6-1-2　详细勘察勘探点的间距　单位：m

地基复杂程度等级	勘探点间距
复杂	10～15
中等复杂	15～30
简单	30～50

（4）单栋高层建筑勘探点的布置，应满足对地基均匀性的要求，且应不少于4个。

（5）在复杂地质条件及特殊性土建筑场地，宜布置适量探井。

2.勘探点的深度

详细勘察的勘探孔深度自基础底面算起，应符合以下规定。

（1）勘探孔深度应能控制地基主要受力层，当基础底面宽度不大于5m时，勘探孔的深度对条形基础应不小于基础底面宽度的3倍，对单独柱基应不小于1.5倍，且应不小于5m。

（2）对高层建筑和需作变形计算的地基，控制性勘探孔深度应超过地基变形计算深度；高层建筑的一般性勘探孔应达到基底下0.5～1.0倍的基础宽度，并深入稳定分布的地层。

（3）对仅有地下室的建筑或高层建筑的裙房，当不能满足抗浮设计的要求，需设置抗浮或锚杆时，勘探孔深度应满足抗拔承载力评价的要求。

（4）当有大面积地面堆载或软弱下卧层时，应适当加深控制性勘探孔的深度。

（5）大型设备基础勘探孔深度不宜小于基础底面宽度的2倍。

（6）当需进行地基处理和采用桩基时，勘探孔的深度应满足相应规范的要求。

（7）在上述规定深度内当遇基岩或厚层碎石土等稳定地层时，勘探孔深度应根据情况进行调整。

6.1.2.2.2 地基勘察方法

地基勘察的主要方法有以下几种。

1.钻探

钻探是勘探方法中应用最广泛的一种，它是采用钻探机具向下钻孔，以鉴别和划分地层、观测地下水位，并采取原状土样以供室内试验，确定土的物理性质、力学性质指标。需要时还可以在钻孔中进行原位测试。

钻探的钻进方式可分为回转式、冲击式、振动式、冲击—回转式四种。每种钻进方法各有独自特点，分别适用于不同的地层。根据GB 50021—2001《岩土工程勘察规范》的规定，钻进方法可根据地层类别及勘察要求按表6-1-3进行选择。

表6-1-3　　　　　　　　　钻探方法的适用范围

钻探方法		钻进地层					勘察要求	
		黏性土	粉土	砂土	碎石土	岩石	直观鉴别、采取不扰动试样	直观鉴别、采取扰动试样
回转式	螺旋钻探	++	+	+	－	－	++	++
	无岩芯钻探	++	++	++	+	++	－	－
	岩芯钻探	++	++	++	+	++	++	++
冲击式	冲击钻探	－	+	++	++	－	－	－
	锤击钻探	++	++	++	+	－	++	++
振动式钻探		++	++	++	+	－	+	++
冲击式钻探		+	++	++	－	－		

注　"++"适用，"+"部分适用，"－"不适用。

2. 井探或槽探

当用钻探方法难以查明地下情况时，可采用探井、探槽（图 6-1-1）进行勘探，直接观察地基土层情况，并从探井（槽）中取原状土样进行试验分析。探井、探槽主要是人力开挖，但也可用机械开挖。

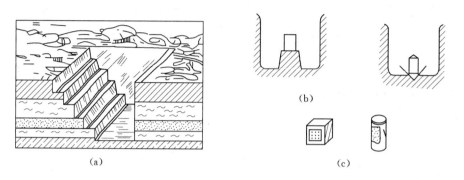

图 6-1-1   探坑示意图

(a) 探坑；(b) 在探坑中取原状土；(c) 原状土样

为了减少开挖土方量，断面不宜过大。一般圆形直径为 0.8～1.0m，矩形探井可采用 0.8m×1.2m。探井深度超过地下水埋深时，应有排水措施。

6.1.2.2.3   地基原位测试

原位测试是在岩土原来所处的位置上，基本保持其天然结构、天然含水量及天然应力状态下进行的测试技术。常用的原位测试方法有静荷载试验，动力触探试验，静力触探试验，十字板剪切试验，旁压试验及其他现场试验。

1. 静荷载试验

静荷载试验是在天然地基上模拟建筑场地的基础荷载条件，通过承压板向地基施加竖向荷载，观察所研究地基土的强度和变形规律的一种原位试验方法。

试验前在试验点开挖试坑，试坑宽度和直径应不小于承压板宽度和直径的 3 倍。深度与被测土层深度相同。静荷载试验采用堆载或液压千斤顶均匀加载，承压板形状宜采用方形或圆形。面积可采用 0.25～0.5m²，试验装置如图 6-1-2 所示。

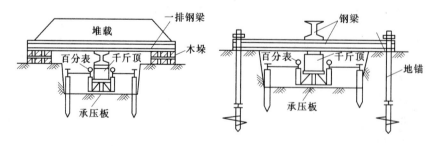

图 6-1-2   静载荷试验

根据试验结果，可绘制如图 6-1-3（a）所示的荷载沉降量 s 与时间 t 关系的曲线和如图 6-1-3（b）所示的压力 p 与稳定沉降量 s 的关系曲线。

$p—s$ 曲线通常可分为三个阶段：直线变形阶段、局部剪切阶段、破坏阶段。在 $p—s$

曲线中，A 点所对应的荷载称为比例界限荷载 p_{cr}；B 点所对应的荷载为极限荷载 p_u。利用 $p-s$ 曲线的特征点，可以确定临塑荷载与极限荷载，以提供地基承载力标准。

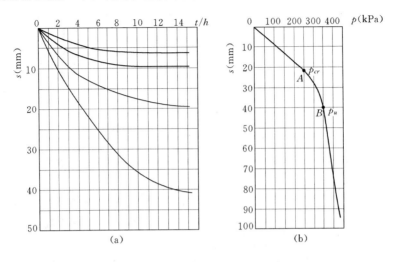

图 6-1-3　静载荷试验成果曲线

(a) $s-t$ 曲线；(b) $p-s$ 曲线

2. 静力触探试验

静力触探试验是通过静压力将一个内部装有传感器的触探头以匀速压入土中，通过量测土对探头的阻力，推测被测土层的工程性质。

静力触探设备主要由触探头、触探机和记录器三部分组成，其中触探头是静力触探设备中的核心部分。当触探杆将探头匀速压入土层时，一方面引起锥尖以下局部土层的压缩，于是产生了作用于锥尖的阻力；另一方面又在孔壁周围形成一圈挤密层，从而导致作用于探头侧壁的摩擦阻力。探头的这两种阻力是土的力学性质的综合反映，探头置入土中时产生的这种阻力通过内贴于探头内的电阻应变片转变成电信号，并由仪表测量出来。

地基土的承载力取决于土本身的力学性质，而静力触探所得的比贯入阻力等指标在一定程度上反映了土的某些力学性质。根据静力触探试验资料和其他的测试结果（如取原状土在室内进行测试）相互对比，建立相关关系，或者可间接地按地区性的经验关系估算土的承载力、压缩性指标、单桩承载力、沉桩可能性和液化趋势等。

静力触探试验适用于黏性土、粉土、砂土及含少量碎石的土层，尤其适合对地层变化较大的复杂场地以及不易取得原状土样的饱和砂土和高灵敏度软黏土地层。但静力触探不能直接识别地层，而且对碎石类地层和较密实的砂土层难以贯入，因此经常须与钻探配合使用。

3. 动力触探试验

动力触探是利用一定的锤击能量，将一定形式的探头贯入土中，并记录贯入一定深度所需的锤击数，以此判断土的性质。动力触探依照探头形式分为标准贯入试验和圆锥动力触探两种类型。

(1) 标准贯入试验主要适用于砂土、粉土及一般黏性土，其设备如图 6-1-4 所示，主要由贯入器、触探杆和穿心锤三部分组成。触探杆一般采用 $\phi 42mm$ 的钻杆，穿心锤重

63.5kg、落距 760mm。

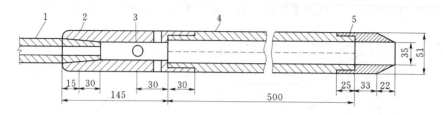

图 6-1-4 标准贯入器

1—触探杆；2—贯入器；3—出水孔；4—由两个半圆形管合成的贯入器身；5—贯入器靴

试验时，先将贯入器垂直打入土层中 15cm，然后记录每打入 30cm 的锤击数即为标准贯入试验的锤击数。

试验后拔出贯入器，取出其中的土样进行鉴别描述。根据标准试验锤击数 N 值，可对砂土、粉土、黏性土的物理状态、土的强度、地基承载力、单桩承载力等作出评价，同时也可以作为判定地基土层是否液化的主要方法。

（2）圆锥动力触探试验，根据锤击能量将圆锥动力触探分为轻型、重型和超重型两种，其规格和适用土类应符合表 6-1-4 的规定。

表 6-1-4　　　　　　　　　　　　圆锥动力触探类型

类型	锤重（kg）	落距（cm）	探头	贯入指标	主要适用岩土
轻型	10	50	ϕ40mm，锥角 60°	贯入 30cm 的读数 N_{10}	浅部的填土、砂土、粉土、黏性土
重型	63.5	76	ϕ74mm，锥角 60°	贯入 10cm 的读数 $N_{63.5}$	砂土、中密以下的碎石土、极软岩
超重型	120	100	ϕ74mm，锥角 60°	贯入 10cm 的读数 N_{120}	密实和很密实的碎石土、软岩、极软岩

试验时，先用钻具钻至试验土层标高，然后对所需试验土层连续进行触探。使穿心锤自由下落，将触探杆竖直打入土层中，记录每打入土中 30cm（或 10cm）的锤击数 $N_{63.5}$（或 N_{10}）。根据圆锥动力触探试验指标，并结合地区经验，可以判断不同地基土的工程特性，利用轻型触探锤击数 N_{10}，可以确定黏性土和素填土的承载力标准值以及判定砂土的密实度；采用重型动力触探头的锤击数 $N_{63.5}$ 可以确定砂土、碎石土的孔隙比和砂土的密实度，还可以确定地基土的承载力以及单桩承载力标准值；采用超重型动力触探锤击数 N_{120} 可以来确定各类砂土和碎石土的承载力等。

6.1.2.3　工程地质勘察报告

6.1.2.3.1　工程地质勘察报告的编制

工程地质勘察的最终成果是以报告书的形式提出的。勘察工作结束以后，要把野外工作和室内试验取得的记录和数据以及收集到的有关资料进行分析整理、检查校对、归纳总结，最后，对拟建场地的工程地质作出评价。

工程地质勘察报告一般分为文字和图表两部分。文字部分一般包括任务要求及勘察工作概况、场地位置、地形地貌、地质构造、不良地质现象及地震设计烈度、场地的地层分布、岩石和土的均匀性、物理力学性质、地基承载力和其他设计计算指标、地下水的埋藏条件和腐蚀性以及土层的冻结深度、对建筑场地及地基进行综合的工程地质评价、对场地的稳定性和适宜性作出结论并指出存在的问题和提出有关地基基础方案的建议。图表部分一般包括勘探点平面布置图、工程地质剖面图、地质柱状图或综合地质柱状图、地下水位线、土工试验成果表、其他测试成果图表（如现场载荷试验、标准贯入试验、静力触探试验、旁压试验等）。

6.1.2.3.2 工程地质勘察报告的阅读和使用

为了充分发挥工程地质勘察报告在设计和施工中的作用，必须认真阅读工程地质报告的内容，了解勘察报告的结论和建议，分析各项岩土参数的可靠程度，从而能正确地使用工程地质勘察报告。

1. 持力层的选择

地基持力层的选择应该从地基、基础和上部结构的整体概念出发，综合考虑场地的土层分布情况和土层的物理力学性质、建筑物的体型、结构类型、荷载等情况。对不会发生场地稳定性不良现象的建筑区段，地基基础设计必须满足地基承载力和基础沉降两项基本要求。同时本着经济节约和充分发挥地基潜力出发，应尽量采用天然地基上浅基础的设计方案。

根据勘察资料，合理地确定地基承载力是选择持力层的关键。而地基承载力的确定取决于很多因素，单纯依靠某种方法确定的承载力值不一定完全合理，只有通过认真阅读勘察报告，分析所得到的有关野外和室内的各种资料，并结合当地实践经验，才能确定地基承载力。然后在熟悉场地各土层的分布和物理力学性质（层状分布情况、状态、压缩性和抗剪强度、厚度、埋深及均匀程度等）的基础上，结合拟建工程的具体情况初步确定持力层，并经过试算或方案比较，最后作出决定。

2. 场地稳定性的评价

对于地质条件复杂的地区，综合分析的首要任务是评价场地的稳定性，然后才是研究地基土的承载力和变形问题。

场地的地质构造（褶皱、断层等）、不良地质现象（滑坡、泥石流、塌陷等）、地层成层条件和地震等都会影响场地的稳定性，在勘察中必须查明其分布规律、具体条件、危害程度。

在不良地质现象发育且对场地稳定性有直接危害或潜在威胁的地区修建建筑物，必须慎重对待。如不得不在其中较为稳定的地段进行建筑，要事先采取有力措施、防患于未然，以免造成损失。

6.1.2.4 验槽

当基坑（槽）开挖至设计标高时，施工单位应组织勘察、设计、质量监督和建设单位等有关人员共同检查坑底土层是否与设计、勘察资料相符，是否存在填井、填塘、暗沟、墓穴等不良地质情况，这个过程称为验槽。

验槽的方法以观察为主，辅以夯、拍或轻便触探、钎探等方法。

6.1.2.4.1　观察验槽

观察验槽首先应根据槽断面土层分布情况及走向，初步判明槽底是否已挖至设计要求深度的土层；其次，检查槽底，检查时应观察刚开挖的未受扰动的土的结构、孔隙、湿度、含有物等，确定是否为原设计所提出的持力层土质，特别应重点注意柱基、墙角、承重墙下或其他受力较大的部位。除在重点部位取土鉴定外，还应在整个槽底进行全面观察，观察槽底土的颜色是否均匀一致、土的坚硬度是否一样、有没有局部含水量异常的现象等，对有可疑之处，都应查明原因，以便为地基处理或设计变更提供可靠的依据。

6.1.2.4.2　夯、拍或轻便勘探

夯、拍验槽是用木夯、蛙式打夯机或其他施工工具对干燥的基坑进行夯、拍（对潮湿和软土地基不宜夯、拍，以免破坏槽底土层），从夯、拍声音判断土中是否存在洞或墓穴。对可疑之处可采用轻便勘探方法进行进一步调查。

轻便勘探验槽是用钎探、轻便触探、手摇小螺纹钻、洛阳铲等对地基主要受力层范围的土层进行勘探，或对前述观察、夯或拍发现的异常情况进行探查。

轻便触探前面已介绍，这里不再介绍。

钎探是用 $\phi22\sim25mm$ 的钢筋作钢钎，钎尖呈 60° 锥状。长度为 1.8～2.0m，每 300mm 作一刻度。钎探时，用质量为 4～5kg 的大锤将钢钎打入土中，落锤高 500～700mm，记录每打入 300mm 的锤击数，据此可判断土质的软硬程度。

钎孔的布置和深度应根据地基土的复杂程度和基槽形状、宽度而定。孔距一般取 1～2m，对于较软弱的人工填土及软土，钎孔间距不应大于 1.5m。发现洞穴等应加密探点，以确定洞穴的范围。钎孔的平面布置可采用行列式和梅花形。钎孔的深度约 1.5～2.0m。

在钎探以前，需绘制基槽平面图，在图上根据要求确定钎探点的平面布置，并依次编号，绘成钎探平面图。钎探时按钎探平面图标定的钎探点顺序进行，并同时记录钎探结果。每一栋建筑物基坑（槽）钎探完毕后，要全面地逐层分析钎探记录，将锤击数明显过多或过少的钎孔在平面图中标出，以备重点检查。

根据验槽结果，如果发现有异常现象，针对不同的情况应分别认真对待。如槽底土层与设计不符，须对原设计进行修改（例如加大埋深、增加基底面积等）；如遇局部软土、洞穴等不良情况，则要根据局部软弱土层的范围和深度，采取相应的措施。总之，根据具体情况，采用相应的措施，保证使建筑物基础不均匀沉降控制在容许范围之内。

6.1.3　学习情境

6.1.3.1　资讯

岩土地基的工程特性将直接影响建筑物的安全。因此在工程设计之前，必须先了解建设场地的自然环境及工程地质条件，通过各种勘察手段和测试方法，对拟建场地进行岩土工程勘察，为设计提供翔实、可靠的工程地质资料，严格贯彻先勘察，后设计，再施工的建设程序。本课题主要介绍岩土工程勘察的目的、勘察阶段的划分及技术要点、勘察及现场测试方法、勘察报告的阅读和验槽等内容。通过本课题的学习，掌握工程地质勘察的技术要点，并能在基础工程施工过程中正确使用工程地质勘察报告。

6.1.3.2　下达工作任务

工作任务见表 6-1-5。

表 6-1-5 工 作 任 务 表

任务内容：地基与基础施工质量验收		
小组号：	场地号	
任务要求： 给定一块场地，要求学生分组编写场地的勘查计划，要求列出勘查的技术要点及详细实施计划。并动手完成某一部位的坑探，写出勘察结果	组织： 全班按每组 4～6 人分组进行，每组选 1 名组长和 1 名副组长；组长总体负责本组人员的任务分工，要求组员分工协作，完成任务	
组长：_____ 副组长：_____ 组员：_____	_____年____月____日	

6.1.3.3 制定计划

制定计划见表 6-1-6。

表 6-1-6 计 划 表

小组号				场地号		
组长				副组长		
工具/数量						
分 工 安 排						
序号	工作任务		操作者		备 注	

6.1.3.4 实施计划

根据组内分工进行操作，并完成工作任务。

6.1.3.5 自我评估与评定反馈

1. 学生自我评估

学生自我评估见表 6-1-7。

表 6-1-7 学 生 自 我 评 估 表

实训项目						
小组号			学生姓名		学号	
序号	自检项目	分数权重	评分要求			自评分
1	任务完成情况	40	按要求按时完成任务			
2	实训操作	20	操作正确、规范			
3	实训纪律	20	服从指挥，无安全事故			
4	团队合作	20	服从组长安排，能配合他人工作			
学习心得与反思：						
小组评分：_____		组长：_____				

2. 教师评定反馈

教师评定反馈见表 6－1－8。

表 6－1－8　　　　　　　　教师评定反馈表

实训项目						
小组号			学生姓名		学号	
序号	检查项目	分数权重	评分要求			评分
1	识读构造与工具准备情况	10				
2	实训操作	30				
3	实训纪律	10				
4	成果质量	30				
5	团队合作	20				
6	合计得分					
存在问题：						

思　考　题

（1）工程地质勘察的目的是什么？基础工程施工勘察要点有哪些？

（2）建筑场地勘察常用的勘察方法有哪几种？动力触探试验有哪几种？

（3）工程地质勘察报告一般应包括哪些内容？

（4）验槽的目的是什么？如何进行验槽？

课题 2　地基与基础分部工程质量验收

6.2.1　学习目标

（1）通过本模块的学习，掌握常用地基与基础工程施工过程质量检查项目、控制指标。

（2）掌握基础工程质量验收检验项目、质量标准。

（3）会使用地基与基础检查验收常用工具，掌握正确的检验方法。

6.2.2　学习内容

6.2.2.1　基本规定

保证地基基础工程的质量，是实现建筑物耐久稳定的重要措施。地基基础工程的施工因受到地质、水文、气候等条件的影响，施工难度较大，所以质量控制检查的难度相对也较大。施工中必须按照设计文件、规范及检验标准严格控制检查。地基与基础工程的施工及质量验收必须符合 GB 50202—2002《建筑地基基础工程施工质量验收规范》、GB 50300—2001《建筑工程施工质量验收统一标准》、JGJ 79—2002《建筑地基处理规范》、JGJ 94—2008《建筑桩基技术规范》、GB 50330—2002《建筑边坡工程技术规范》、JGJ 120—99《建筑基坑支护技术规程》等的要求。

6.2.2.1.1 地基

（1）建筑物地基的施工必须具备以下资料。

1）岩土工程勘察资料。

2）临近建筑物和地下设施类型、分布及结构质量情况。

3）工程设计图纸、设计要求及需要达到的标准、检验手段。

（2）砂、石子、石灰、水泥、钢材等原材料的质量、检验项目、批量和检验方法，应符合国家现行标准的规定。

（3）地基施工结束，宜在一个间歇期后，进行质量验收，间歇期由设计确定。

（4）地基加固工程，应在正式施工前进行试验施工，论证设定的施工参数及加固效果。为验证加固效果所进行的荷载试验，其加载应不低于设计荷载的 2 倍。试验工程目的在于取得数据，以指导施工。

（5）对灰土地基、砂和砂石地基、土工合成材料地基、粉煤灰地基、强夯地基、注浆地基、预压地基，其竣工后的效果（地基强度或承载力）必须达到设计要求。检验数量，每单位工程应不少于 3 点，$1000m^2$ 以上工程，每 $100m^2$ 应不少于 1 点，$3000m^2$ 以上工程，每 $300m^2$ 应不少于 1 点。每一独立基础下应不少于 1 点，基槽每 20 延米应有 1 点。

（6）对水泥土搅拌复合地基、高压喷射注浆复合地基、砂桩地基、振冲桩复合地基、土和灰土挤密桩复合地基、水泥粉煤灰碎石桩复合地基及夯实水泥土复合地基，其承载力检验，数量为总数的 $0.5\% \sim 1\%$，但应不少于 3 根。

（7）其他主控项目及一般项目可随意抽查，但复合地基中的水泥土搅拌桩、高压喷射注浆桩、振冲桩、土和灰土挤密桩、水泥粉煤灰碎石桩及夯实水泥土桩至少应抽查 20%。

6.2.2.1.2 桩基础

基桩的施工质量对基础工程具有决定性的影响，必须确保桩基础工程能有效发挥承载作用，否则将影响结构的安全，因此必须严格控制桩基础的施工质量，把好验收关口。基桩的位置必须符合设计和现行国家标准的要求，工程桩的桩身质量和承载力都应进行检验，并符合以下基本规定。

（1）桩位放样允许偏差：群桩为 20mm，单排桩为 10mm。

（2）桩基工程的桩位验收，除符合设计规定外，应按以下要求进行。

1）当桩顶设计标高与施工现场标高相同时，或桩基施工结束后，有可能对桩位进行检查时，桩位验收应在桩基施工结束后进行。

2）当桩顶设计标高低于施工场地标高，送桩后无法对桩位进行检查时，对打入桩可在每根桩桩顶沉至场地标高时，进行中间验收，待全部桩施工结束，承台或底板开挖到设计标高后，再作最终验收。对灌注桩可对护筒位置作中间验收。

（3）打（压）入桩（预制凝土方桩、先张法预应力管桩、钢桩）的桩位偏差必须符合

表 6-2-1 的规定。斜桩倾斜度的偏差不得大于倾斜角正切值的 15%（倾斜角指桩的纵向中心线与铅垂线间夹角）。

表 6-2-1　　　　　　　　　**预制桩（钢桩）桩位的允许偏差**　　　　　　　　单位：mm

序号	项　　目	允许偏差	序号	项　　目	允许偏差
1	盖有基础梁的桩： （1）垂直基础梁的中心线 （2）沿基础梁的中心线	$100+0.01H$ $150+0.01H$	3	桩数为 4～16 根桩基中的桩	1/2 桩径或边长
2	桩数为 1～3 根桩基中的桩	100	4	桩数大于 16 根桩基中的桩： （1）最外边的桩 （2）中间桩	1/3 桩径或边长 1/2 桩径或边长

注　1. H 为施工现场地面标高与桩顶设计标高的距离。

　　2. 表中数值未考虑由于降水和基坑开挖等造成的位移，但由于打桩顺序不当，造成的先打入桩的位移，已经包括在表列数值中。

（4）灌注桩的桩位偏差必须符合表 6-2-2 的规定，桩顶标高至少要比设计标高高出 0.5m，桩底清孔质量按不同的成桩工艺有不同的要求，应按相关规范执行。每浇注 50m³ 必须有 1 组试件，小于 50m³ 的桩，每根桩必须有 1 组试件。

（5）工程桩应进行承载力检验。对于地基基础设计等级为甲级或地质条件复杂，成桩质量可靠性低的灌注桩，应采用静载荷试验的方法进行检验，检验桩数不应少于总数的 1%，且应不少于 3 根，当总桩数少于 50 根时，应不少于 2 根。

（6）桩身质量应进行检验，检验要求应符合设计规定。当设计无具体规定时，对设计等级为甲级或地质条件复杂，成桩质量可靠性低的灌注桩，抽检数量不应少于总数的 30%，且不应少于 20 根。每个柱子承台下不得少于 1 根。

（7）对混凝土灌注桩除承载力和桩体质量检测两个主控项目外，其他主控项目和一般项目均应全部检查。

表 6-2-2　　　　　　　　　**灌注桩的平面位置和垂直度的允许偏差**

序号	成孔方法		桩径允许偏差（mm）	垂直度允许偏差（%）	桩位允许偏差（mm）	
					1～3 根、单排桩基垂直于中心线方向和群桩基础的边桩	条型桩基沿中心线方向和群桩基础的中间桩
1	泥浆护壁钻孔桩	$D\leqslant1000mm$	±50	<1	$D/6$，且不大于 100	$D/4$，且不大于 150
		$D>1000mm$	±50		$100+0.01H$	$150+0.01H$
2	套管成孔灌注桩	$D\leqslant500mm$	−20	<1	70	150
		$D>500mm$			100	150
3	干成孔灌注桩		−20	<1	70	150
4	人工挖孔桩	混凝土护壁	+50	<0.5	50	150
		钢套管护壁	+50	<1	100	200

注　1. 桩径允许偏差的负值是指个别断面。

　　2. 采用复打、反插法施工的桩，其桩径允许偏差不受上表限制。

　　3. H 为施工现场地面标高与桩顶设计标高的距离，D 为设计桩径。

6.2.2.2　地基与基础工程质量检验

对地基与基础工程的质量检查控制，首先应从定位放线的复核检查入手，必须满足设计文件的要求。其次是按照设计文件和地质勘察报告的要求确定的技术方法进行施工，严格对照检查施工技术方案执行的情况。检查各技术方法中所使用的原材料的质量，检查控制相关的工艺参数，做好隐蔽工程的检查验收并记录备案。重视地基承载力、地基强度的检测，掌握正确的检测方法和检测时间。加强施工过程施工质量检查力度和频度，确保地基与基础工程的质量符合设计和规范的要求。

6.2.2.2.1　土方工程质量检验

1. 施工过程的检查项目

（1）土方工程施工前首先应做好准备工作的检查。

1）场地平整的表面坡度应符合设计要求，无设计要求时，排水沟方向的坡度不应小于 0.2%。平整后的场地表面应逐点检查。检查点为每 $100\sim400\text{m}^2$ 取 1 点，但不少于 10 点；长度、宽度和边坡均为每 20m 取一点，每边不少于 1 点。

2）进行施工区域内、施工区周围的地上或地下障碍物的清理拆迁情况的检查。做好周边环境监测初读数据的记录。

3）进行地面排水和降低地下水位工作情况的检查。

（2）工程定位与放线的控制与检查。

1）根据规划红线或建筑方格网，按设计总平面图规定复核建筑物或构筑物的定位桩。

2）按基础平面图对基坑的灰线进行轴线和几何尺寸的复核，并核查单位工程放线后的方位是否符合图纸的朝向。

3）开挖前应预先设置轴线控制桩及水准点桩，并定期进行复检和检验。

（3）土方开挖过程中检查与控制。

1）土方开挖应遵循"开槽支撑，先撑后挖，分层开挖，严禁超挖"的原则，检查开挖的顺序，方法与设计工况是否一致。

2）土方开挖过程中标高应随时检查。机械开挖时，应留 $150\sim300\text{mm}$ 厚的土层，采用人工找平，避免超挖现象的出现。

3）开挖过程中应检查平面位置、水平标高、边坡坡度、压实度、排水、降水系统，并随时观测周围的环境变化。

（4）基坑（基槽）的检查验收。

1）表面检查验收。观察土的分布、走向情况是否符合设计；是否挖到原（老）土，槽底土颜色是否均匀一致，如有异常应会同设计等单位进行处理。

2）检查钎探记录。

（5）进行土方回填施工的质量检查。

1）检查回填土方的含水量是否保持为最佳含水状态。

2）根据土质、压实系数及使用的机具，检查控制铺土厚度和压实遍数。

（6）施工完成后，进行验槽。形成记录及检验报告，检查施工记录及验槽报告。

2. 土方工程施工质量检验标准和检验方法

（1）土方开挖分项工程。

1）土方开挖工程质量检验标准与检验方法见表 6-2-3。

表 6 - 2 - 3　　　　　　　　土方开挖工程质量检验标准与检验方法

项目	序号	项　目	桩基基坑基槽	挖方场地平整 人工	挖方场地平整 机械	管沟	地（路）面基层	检　验　方　法
主控项目	1	标高	−50	±30	±50	−50	−50	指挖后的基底标高，用水准仪测量。检查测量记录
	2	长度、宽度（由设计中心线向两边量）	+200 −50	+300 −100	+500 −150	+100	—	长度、宽度是指基底宽度、长度。用经纬仪、拉线尺量检查等，检查测量记录
	3	边坡	符合设计要求或规范规定					观察或用坡度尺检查
一般项目	1	表面平整度	20	20	50	20	20	表面平整度主要指基底。用2m靠尺和楔形塞尺检查
	2	基底土性	符合设计或地质报告要求					观察或土样分析，通常请勘察、设计单位来验槽，形成验槽记录

2）土方开挖工程质量检验数量。

主控项目。表 6 - 2 - 3 中第 1 项：柱基按总数抽查 10%，但不少于 5 个，每个不少于 2 点；基坑每 20m² 取 1 点，每坑不少于 2 点；基槽、管沟、排水沟、路面基层每 20m 取 1 点，但不少于 5 点；场地平整每 100～400m² 取 1 点，但不少于 10 点。第 2 项：每 20m 取 1 点，每边不少于 1 点。第 3 项：每 20m 取 1 点，每边不少于 1 点。

一般项目。第 1 项：每 30～50m² 取 1 点。第 2 项：全数检查。

（2）土方回填分项工程。

1）土方回填工程质量标准与检验方法见表 6 - 2 - 4。

表 6 - 2 - 4　　　　　　　　土方回填工程质量检验标准与检验方法

项目	序号	检查项目	桩基基坑基槽	挖方场地平整 人工	挖方场地平整 机械	管沟	地（路）面基层	检　验　方　法
主控项目	1	标高	−50	±30	±50	−50	−50	用水准仪测量回填后的表面标高，检查测量记录
	2	分层压实系数	符合设计要求					按规定或环刀法取样测试，不满足要求应随时返工，检查测试记录
一般项目	1	回填土料	符合设计要求					取样检验或直观鉴别。检查施工记录和试验报告
	2	分层厚度及含水量	符合设计要求					水准仪及抽样检查
	3	表面平整度	20	20	30	20	20	用靠尺或水准仪

2）土方回填工程质量检验数量。

主控项目。表 6 - 2 - 4 中第 1 项：同土方开挖工程。第 2 项：柱基抽查总数的 10%，但不少于 10 点。基坑及管沟回填，每层按长度 20～50m 取样 1 组，但不少于 1 组；基坑和室内填土，每层按 $100 \sim 500 m^2$ 取样 1 组，但不少于 1 组；场地平整填方，每层按 $400 \sim 900 m^2$ 取样 1 组，但不少于 1 组。

一般项目。第 1 项：全数检查。第 2 项：同主控项目 2。第 3 项：每 $30 \sim 50 m^2$ 取 1 点检查表面平整度。

3. 土方工程质量验收资料

（1）工程地质勘察报告、土方工程施工方案。

（2）相关部门签署验收意见的基坑验槽记录、填方工程基底处理记录、地基处理设计变更单或技术核定单、隐蔽工程验收记录、建筑物（构筑物）平面和标高放线测量记录和复合单、回填土料取样或工地直观鉴别记录。

（3）填筑厚度及压实遍数取值的根据或试验报告及最优含水量选定根据或试验报告。

（4）挖土或填土边坡坡度选定的依据。

（5）每层填土分层压实系数测试报告和取样分布图、施工过程排水监测记录、土方开挖或填土工程质量检验单。

6.2.2.2.2 灰土、砂和砂石地基质量检验

1. 施工过程检查项目

（1）灰土、砂和砂石地基施工前，应进行验槽，合格后方可进行施工。

（2）施工前应检查槽底是否有积水、淤泥，清除干净并干燥后再施工。

（3）检查灰土的配料是否正确，除设计有特殊要求外，一般按 2：8 或 3：7 的体积比，检查砂石的级配是否符合设计或试验要求。

（4）控制灰土的含水量，以"手握成团、落地开花"为好。

（5）检查控制地基的铺设厚度，灰土为 $200 \sim 300 mm$、砂或砂石为 $150 \sim 350 mm$。

（6）检查每层铺设压实后的压实密度，合格后方可进行下一道工序的施工。

（7）检查分段施工时上下两层搭接部位和搭接长度是否符合规定。

2. 灰土地基工程质量检验标准和检验方法

（1）灰土地基质量检验标准与检验方法见表 6-2-5。

表 6-2-5　　　　　　　　灰土地基质量检验标准与检验方法

项目	序号	检验项目	允许偏差或允许值		检查方法
			单位	数值	
主控项目	1	地基承载力		符合设计要求	由设计提出要求，在施工结束，一定间歇时间后进行灰土地基的承载力检验。具体检验方法可按当地设计单位习惯、经验等，选用标惯、静力触探、十字板剪切强度及荷载试验等方法。其结果必须符合设计要求标准
	2	配合比		符合设计要求	土料、石灰或水泥材料质量、配合比拌和时体积比，应符合设计要求；观察检查，必要时检查材料抽样试验报告
	3	压实系数		符合设计要求	现场实测。常用环刀法取样、贯入仪或动力触探等方法。检查施工记录及灰土压实系数检测报告

续表

项目	序号	检验项目	允许偏差或允许值		检查方法
			单位	数值	
一般项目	1	石灰粒径	mm	≤5	检查筛子及实施情况
	2	土料有机质含量	%	≤5	检查焙烧实验报告和观察检查
	3	土颗粒粒径	mm	≤1	检查筛子及实施情况
	4	含水量（与要求的最优含水量比较）	%	±2	现场观察检查和检查烘干报告
	5	分层厚度偏差（与设计要求比较）	mm	±50	水准仪和钢尺测量

（2）灰土地基质量检验数量。

主控项目。第 1 项：每个单位工程不少于 3 点，1000m² 以上，每 100m² 抽查 1 点；3000m² 以上，每 300m² 抽查 1 点；独立柱每柱 1 点，基槽每 20 延米 1 点。第 2 项：配合比每工作班至少检查两次。第 3 项：采用环刀法取样应位于每层厚度的 2/3 深处，大基坑每 50~100m² 应不少于 1 点，基槽每 10~20m 不应少于 1 点；每个独立柱基应不少于 1 点。采用贯入仪或动力触探，每分层检验点间距应小于 4m。

一般项目。基坑每 50~100m² 取 1 点，基槽每 10~20m 取 1 点，均不少于 5 点；每个独立柱基不少于 1 点。

3. 砂和砂石地基工程质量检验标准和检验方法

（1）砂和砂石地基质量检验标准与检查方法（表 6-2-6）。

表 6-2-6　　　　　　　　砂和砂石地基质量检验标准与检验方法

项目	序号	检验项目	允许偏差或允许值		检查方法
			单位	数值	
主控项目	1	地基承载力	符合设计要求		同灰土地基
	2	配合比	符合设计要求		现场实测：体积比或重量比，检查施工记录及抽样试验报告
	3	压实系数	符合设计要求		贯入仪、动力触探或采用灌砂法、灌水法检验，检查试验报告
一般项目	1	砂石料有机质含量	%	≤5	检查焙烧试验报告和观察检查
	2	砂石料含泥量	%	≤5	现场检查及检查水洗试验报告
	3	石料粒径	mm	≤100	检查筛分报告
	4	含水量（与要求的最优含水量比较）	%	±2	检查烘干报告
	5	分层厚度偏差（与设计要求比较）	mm	±50	与设计厚度比较。水准仪和钢尺检查

（2）砂和砂石地基质量检验数量。

主控项目。第 1 项：同灰土地基。第 2 项：同灰土地基。第 3 项：大基坑每 50~100m² 应不少于 1 点，基槽每 10~20m 应不少于 1 点；每个独立柱基应不少于 1 点。采用贯入仪、动力触探时，每分层检验点间距应小于 4m。

一般项目。同灰土地基。

6.2.2.2.3　强夯地基质量检验

1. 施工过程的检查项目

（1）开夯前应检查夯锤的重量和落距，以确保单击夯击能量符合设计要求。

（2）检查测量仪器的使用情况，核对夯击点位置及标高，仔细审核测量及计算结果。

（3）在每遍夯击前，应对夯点放线进行复核，夯完后检查夯坑位置，发现偏差或漏击应及时纠正。

（4）按设计要求检查每个夯点的夯击次数和每击的沉降量以及两遍之间的时间间隔等。

（5）按设计要求做好质量检验和夯击效果检验，未达到要求或预期效果时应及时补救。

（6）施工过程中应对各项施工参数及施工情况进行详细记录，作为质量控制的依据。

2. 强夯地基工程质量检验标准和检验方法

（1）强夯地基工程质量检验标准与检验方法见表 6-2-7。

表 6-2-7　　　　　　　强夯地基工程质量检验标准与检验方法

项目	序号	检验项目	允许偏差或允许值		检查方法
			单位	数值	
主控项目	1	地基强度	符合设计要求		按设计指定方法检测，强度达到设计要求
	2	地基承载力	符合设计要求		根据土性选用原位测试和室内土工试验；对于一般工程应采用两种或两种以上的方法进行检验，相互校验，常用的方法主要有剪切试验、触探试验、载荷试验及动力测试等。对重要工程应增加检验项目，必要时也可做现场大压板荷载试验
一般项目	1	夯锤落距	mm	±300	钢索设标志，观察检查
	2	锤重	kg	±100	施工前称重
	3	夯击遍数及顺序	符合设计要求		现场观测计数，检查记录
	4	夯点间距	mm	±500	用钢尺量、观测检查和查施工记录
	5	夯击范围（超出基础范围距离）	符合设计要求		按设计要求在放线挖土时放宽放线，用经纬仪和钢卷尺放线量测。每边超出基础外宽度为设计处理深度的 1/2～2/3，并不宜小于 3m
	6	前后两遍间歇时间	符合设计要求		观察检查（施工记录）

（2）强夯地基工程质量检验数量。

主控项目。第 1 项：同灰土地基。第 2 项：同灰土地基。

一般项目。第 1 项：每工作班不少于三次。第 2 项：全数检查。第 3 项：全数检查。第 4 项：按夯击点数量的 5% 抽查。第 5 项：全数检查。第 6 项：全数检查并记录。

6.2.2.2.4 挤密桩地基质量检验

1. 施工过程的检查项目

（1）检查成孔的深度、桩径、数量及桩孔的中心位置必须符合设计要求。

（2）桩孔填料前应检查孔底是否有积水、杂物等，并清理干净。夯击孔底 8～10 次保证孔底密实。

（3）查回填料的含水量接近最优含水量，一般用"手握成团、落地开花"的现场经验判断，或用现场含水量和干密度快速测定法测定，并检查回填料的拌和均匀情况。

（4）填料时应检查每次填料厚度（350～400mm）、夯击次数及夯实后的干密度是否符合试验确定的工艺参数，并做好施工记录。

（5）检查每个桩孔回填料应与桩孔计算量相符，并适当考虑 1.1～1.2 的充盈系数。

2. 挤密桩地基工程质量检验标准和检验方法

（1）挤密桩地基工程质量检验标准和检验方法见表 6-2-8。

表 6-2-8　　　　　　　　挤密桩地基工程质量检验标准和检验方法

项目	序号	检验项目	允许偏差或允许值		检查方法
			单位	数值	
主控项目	1	桩体及间距土干密度	符合设计要求		现场用环刀取样或贯入度检查，查试验报告
	2	桩长	mm	+500	测量桩管长度或锤球测孔深度，查施工记录
	3	地基承载力	符合设计要求		查载荷试验报告
	4	桩径	mm	-20	现场量测，查施工记录
一般项目	1	土料有机质含量	%	≤5	实验室焙烧法，查土工试验报告
	2	石灰粒径	mm	≤5	每次熟化后用筛分法
	3	桩位偏差	满堂布桩不大于 0.40D 条基布桩不大于 0.25D		钢尺量测，查施工记录
	4	垂直度	%	≤1.5	用经纬仪量测，查施工记录
	5	桩径	mm	-20	现场量测，查施工记录

注　桩径允许偏差负值是指个别断面

（2）挤密桩地基工程质量检验数量。

主控项目。除第 3 项地基承载力外其余三项均按总数抽查 20%，且不少于 10 根；第 3 项：地基承载力检查总数的 0.5%～1%，但不少于 3 处。

一般项目。抽查总数 20%，且不少于 10 根；

6.2.2.2.5 高压喷射注浆地基质量检验

1. 施工过程的检查项目

（1）检查水泥、外掺剂（缓凝剂、速凝剂、流动剂、加气剂、防冻剂等）的质量证明书或复试试验报告。

（2）检查高压注浆设备的性能、压力表、流量表的精度和灵敏度。

（3）检查制定的高压注浆施工技术方案，通过现场试桩确定施工工艺参数，并检查确认是否符合设计要求的压力、水泥喷浆量、提升速度、旋转速度等。

（4）施工过程中应随时检查记录水泥用量，水灰比一般控制在 0.7～1.0。

（5）检查成桩的施工顺序防止发生窜孔，应采用间隔跳打的方法施工，一般二孔间距应大于 1.5m。

（6）检查注浆过程中冒浆量应控制在 10％～25％。一般冒浆量小于注浆量 20％为正常现象，当超过 25％时或完全不冒浆时为异常，应查明原因并采取措施。

2．高压注浆地基工程质量检验标准和检验方法

（1）高压注浆地基工程质量检验标准和检验方法见表 6-2-9。

表 6-2-9　　　　　　　　高压注浆地基工程质量检验标准和检验方法

项目	序号	检验项目	允许偏差或允许值		检 查 方 法
			单位	数值	
主控项目	1	水泥及外掺剂质量	符合出厂要求		查每批水泥产品合格证书和抽样试验报告
	2	水泥用量	符合设计要求		查看流量表及水泥浆水灰比（记录）
	3	桩体强度或完整性检验	符合设计要求		质量检验应在注浆结束四周后进行。按设计规定的方法进行检验，当设计没有规定时，桩体强度可选用静力触探、标准贯入或钻芯取样等方法；完整性可采用开挖检查等方法
	4	地基承载力	符合设计要求		同上，查看试验报告
一般项目	1	钻孔位置	mm	≤50	按设计放线进行检查，用尺量测
	2	钻孔垂直度	％	≤1.5	用测绳或经纬仪测钻干垂直度
	3	孔深	mm	±200	用钢尺机上余尺量测定钻孔深度
	4	注浆压力	按设定参数指标		查看压力表并检查施工记录
	5	桩体搭接	mm	＞200	挖开桩搭接部位用钢尺测量
	6	桩体直径	mm	≤50	开挖后凿去桩顶疏松部位，用钢尺量测
	7	桩身中心允许偏差		≤0.2D	土方开挖后，用钢尺桩顶下 500mm 处的桩中心与设计桩中心的偏差

（2）高压注浆地基工程质量检验数量。

主控项目。第 1 项：参见"混凝土结构"有关章节要求。第 2 项：每工作班不少于三次。第 3 项：桩体完整性抽查 20％，不少于 10 根；桩体强度应检查总的 0.5～1％不应少于 3 根。第 4 项：为总数的 0.5～1％，但不少于 3 处。

一般项目。抽查 20％，但不少于 10 根。

6.2.2.2.6　钢筋混凝土预制桩工程质量检验

1．施工过程的检查项目

（1）检查成品桩的质量按表 6-2-10 进行，并核查出厂合格证与产品质量是否相符。

（2）做好桩定位放线检查复核工作，施工过程中应对每根桩位复核，防止因沉桩后引起的位移。

（3）检查钢筋混凝土预制桩的施工技术方案，特别注意检查当桩距小于 4d 或桩的规

格不同时的沉桩的顺序。

（4）检查桩机就位情况，保证桩架稳定垂直。在现场应安装测量设备（经纬仪和水准仪），随时观测沉桩的垂直度。

（5）检查施工机组的打桩参数记录情况。

（6）检查接桩时接点的质量。焊接接桩时的钢材宜用低碳钢，对称焊接，焊缝连续饱满，并注意焊缝变形；硫磺胶泥接桩时宜选用半成品硫磺胶泥，检查浇注温度在 140℃～150℃范围内，浇注时间不超过 2min，浇注后停歇时间应大于 7min。

表 6-2-10　　　　　　　　　　钢筋混凝土预制桩质量检验标准

项号	序号	检验项目		允许偏差或允许值		检查方法
				单位	数值	
一般项目	1	砂、石、水泥、钢材等原材料（现场预制时）		符合设计要求		查出厂质保文件或抽样送检
	2	混凝土配合比及强度（现场预制时）		符合设计要求		检查称量及查试块记录
	3	成品桩外形		表面平整，颜色均匀，掉角深度小于 10mm，蜂窝面积小于总面积 0.5%		目测直观检查
	4	成品桩裂缝（收缩裂缝或起吊、装运、堆放引起的裂缝）		深度小于 20mm，宽度小于 0.25mm，横向裂缝不超过边长的 1/2		裂缝测定仪，该项在地下水有侵蚀地区及锤击数超过 500 击的长桩不适用
	5	成品桩尺寸	横截面边长	mm	±5	用钢尺量测
			桩顶对角线长	mm	<10	用钢尺量测
			桩尖中心线	mm	<10	用钢尺量测
			桩身弯曲矢高		<1/1000L	用钢尺量测，L 为桩长
			桩顶平整度	mm	<2	用水平尺量

2. 钢筋混凝土预制桩工程质量检验标准和检验方法

（1）钢筋混凝土预制桩工程质量检验标准和检验方法见表 6-2-11。

（2）钢筋混凝土预制桩工程质量检验数量。

主控项目。第 1 项：不少于桩总数的 10%，且不少于 10 根；对设计等级为甲级或地质条件复杂的桩基工程抽检数量应不少于总数的 10%，且不得少于 10 根；每个柱子承台不少于 1 根。第 2 项：全数检查。第 3 项：应不少于桩总数的 2%，且不少于 5 根。如采用静载荷试验，数量不少于 1%，且应不少于 3 根。总桩数少于 50 根时，为 2 根。

一般项目。抽查桩总数的 20%，且不应少于 10 根。

3. 竣工验收资料

（1）工程地质勘探报告、桩基施工图及工程桩号图、图纸会审纪要、设计变更、技术核定单、材料代用签证单等。

（2）经审定的施工组织设计、施工方案及实施中的变更情况。

（3）桩位控制点、线，标高控制点的复核记录，单桩定位控制记录。

表 6－2－11　　　　　钢筋混凝土预制桩工程质量检验标准和检验方法

项	序	检 验 项 目		允许偏差或允许值		检 查 方 法
				单位	数值	
主控项目	1	桩体质量检验		符合设计要求		包括桩完整性、裂缝、断桩等。应用动力法检测或钻芯取样至桩尖下 50cm 检测。检查检测报告
	2	桩位偏差（mm）	盖有基础梁的桩 (1) 垂直基础梁的中心线； (2) 沿基础梁的中心线	$100+0.01H$ $150+0.01H$		承台或底板开挖到设计标高后，放测好轴线，逐桩检查沉桩中心线和设计桩位的偏差。斜桩倾斜度的偏差不得大于倾斜角正切值的 15%（倾斜角为桩的纵向中心线与铅垂线间夹角）
			桩数为 1～3 根桩基中的桩	100		
			桩数为 4～16 根桩基中的桩	1/2 桩径或边长		
			桩数大于 16 根桩基中的桩 (1) 最外边的桩； (2) 中间的桩	1/3 桩径或边长 1/2 桩径或边长		
	3	承载力		符合设计要求		按设计要求或应用高应变动力检测；查载荷试验报告
一般项目	1	成品桩质量：外观 外形尺寸 强度		见表 6－10 见表 6－10 满足设计要求		见表 6－10 见表 6－10 检查产品合格证或钻芯试压
	2	硫磺胶泥质量（半成品）		满足设计要求		检查产品合格证或抽样送检
	3	电焊接桩	焊缝质量　上下节端部错口： 外径不小于 700mm 外径不大于 700mm	(mm)	≤3 ≤2	钢尺量测，查施工记录 钢尺量测，查施工记录
			焊缝咬边深度 焊缝加强层高度 焊缝加强层宽度		≤0.5 2 2	焊缝检测仪 焊缝检测仪 焊缝检测仪
			焊缝电焊质量外观	无气孔、无焊瘤及裂缝		目测法直观检查
			焊缝探伤检验	符合设计要求		现场观测量测和探伤检测（超声波法或拍片）
			电焊结束后停歇时间	(min)	＞1.0	秒表测定
			上下节平面偏差	(min)	＜10	钢尺现场量测
			节点弯曲矢高	＜1/1000L		钢尺现场量测，L 为两节桩长
	4	硫磺胶泥接桩	胶泥浇注时间	min	＜2	秒表测定
			浇注停歇时间	min	＞7	秒表测定
	5	桩顶标高		mm	±50	现场水准仪测定
	6	停锤标准		符合设计要求		检查每根桩的沉桩记录，用钢尺测定 10 击贯入度的数值

（4）打桩施工记录。

（5）桩位中间验收记录、每根桩、每节桩的接桩记录和硫磺胶泥试件试验报告或焊接桩的探伤报告。

（6）现场预制桩的检验记录（包括材料合格证、材料试验报告、混凝土配合比、现场混凝土计量和坍落度检验记录、钢筋骨架隐蔽工程验收、每批浇捣混凝土强度试验报告、每批浇筑混凝土验收批检验记录等）。

（7）成品桩的出厂合格证及进场后对该批成品桩的检验记录。

（8）停锤标准有变更时的研究处理意见。

（9）桩位竣工平面图（包括桩位偏差、桩顶标高、桩身垂直度）。

（10）周围环境监测的记录。

（11）打桩每一验收批记录。

6.2.2.2.7　灌注桩工程质量检验

1. 施工过程的检查项目

（1）桩施工前，应进行"试成孔"。试孔桩的数量每个场地不少于两个，通过试成孔检查核对地质资料、施工参数及设备运转情况。试孔结束后应检查孔径、垂直度、孔壁稳定性等是否符合设计要求。

（2）检查建筑物位置和工程桩位轴线是否符合设计要求。

（3）做好成孔过程的质量检查：

1）泥浆护壁成孔桩应检查护筒的埋设位置，其偏差应符合规范及设计要求。检查钻机就位的垂直度和平面位置，开孔前对钻头直径和钻具长度进行量测，并记录备查。检查护壁泥浆的比重及成孔后沉渣的厚度。

2）套管成孔灌注桩应经常检查管内有无地下水或泥浆，发现后应及时处理再继续沉管。当桩距小于 4 倍桩径时应检查是否有保证相邻桩桩身不受振动损坏的技术措施。应检查桩靴的强度和刚度及与桩管衔接密封情况，保证桩管内不进泥沙及地下水。

3）干作业成孔灌注桩检查钻机的位置和钻杆的垂直度，检查钻机的电流值或油压值，避免钻机超负荷工作，成孔后应用探测器检查桩径、深度和孔底情况。

4）人工挖孔灌注桩应检查护壁井圈的位置及埋设、制作质量。检查上下节护壁的搭接长度大于 50mm。挖至设计标高后检查孔壁、孔底情况，及时清除孔壁渣土淤泥、孔底残渣和积水。

（4）进行钢筋笼施工质量的检查。

1）钢筋笼应严格按照设计图纸进行施工，其制作允许偏差及检查方法见表 6 - 2 - 12。

表 6 - 2 - 12　　　　　　　　　钢筋笼制作允许偏差

项次	项　　目		允许偏差（mm）	检　查　方　法
1	主筋间距		±10	现场钢尺量测笼顶、笼中、笼底三个断面
2	箍筋间距		±20	现场钢尺量连续三档，取最大值，每个钢筋笼抽检笼顶、底1m范围和笼中部三处
3	钢筋笼直径		±10	现场钢尺量测笼顶、笼中、笼底三个断面，每个断面量二个垂直相交直径
4	钢筋笼总长		±100	现场钢尺量每节钢筋笼长度（以最短一根主筋为准）相加减去（$n-1$）与主筋搭接长度的乘积
5	主筋保护层厚度	水下导管灌注混凝土	±20	观察保护层垫块的放置情况
		非水下灌注混凝土	±10	观察保护层垫块的放置情况

2）检查焊接质量，钢筋搭接焊缝宽度不小于 $0.7d$，厚度不小于 $0.3d$，长度单面焊为 $8d$（Ⅰ级钢）或 $10d$（Ⅱ级钢）、双面焊 $4d$（Ⅰ级钢）或 $5d$（Ⅱ级钢）。

3）钢筋笼安装的质量检查，钢筋笼安装前应进行制作质量的中间检查验收，验收的标准及方法应符合表 6-2-13 的规定。

表 6-2-13　　　　　　　　　　　　混凝土灌注桩钢筋笼质量标准

项目	序号	项　　目	允许偏差（mm）	检 查 方 法	检 查 数 量
主控项目	1	主筋间距	±10	见表 6-2-12	每个桩全数检查
	2	长度	±100	见表 6-2-12	每个桩全数检查
一般项目	3	钢筋材质检验	符合设计要求	抽样送检，查质保书及试验报告	见"混凝土结构"要求
	4	箍筋间距	±20	见表 6-2-12	抽查 20% 桩总数
	5	直径	±10	见表 6-2-12	抽查 20% 桩总数

（5）施工质量的检查。检查混凝土的配合比符合设计及施工工艺的要求，检查混凝土的拌制质量，混凝土的坍落度应符合设计和施工要求。检查灌注桩的平面位置及垂直度，其允许偏差应符合表 6-2-14 的要求。

表 6-2-14　　　　　　　　　　灌注桩的平面位置和垂直度的允许偏差

序号	成 孔 方 法		桩径允许偏差（mm）	垂直度允许偏差（mm）	桩位允许偏差（mm）	
					1~3 根、单排桩基垂直于中心线方向和群眍基础边桩	条形桩基沿中心线方向和群桩基础的中间桩
1	泥浆护壁钻孔桩	$D \leqslant 1000mm$	±50	<1	$D/6$，且不大于 100	$D/4$，且不大于 150
		$D > 1000mm$	±50		$100 + 0.01H$	$150 + 0.01H$
2	套管成孔灌注桩	$D \leqslant 500mm$	−20	<1	70	150
		$D > 500mm$			100	
3	干作业成孔灌注桩		−20	<1	70	150
4	人工挖孔桩	混凝土护壁	+50	<0.5	50	150
		钢套管护壁		<1	100	200

2. 灌注桩工程质量检验标准和检验方法

（1）混凝土灌注桩质量检验标准与检验方法见表 6-2-15。

（2）混凝土灌注桩质量检验数量。

主控项目。第 1 项：全数检查。第 2 项：全数检查。第 3 项：设计等级为甲级地基或地质条件复杂，成桩质量可靠性低的灌注桩，抽查数量为总数的 30%，且不少于 20 根；其他桩不少于总数的 20%，且不少于 10 根；每根柱子承台下不少于 1 根。当桩身完整性差的比例较高时，应扩大检验比例甚至 100% 检验。第 4 项：每 $50m^3$（不足 $50m^3$ 的桩）必须取一组试件，每根桩必须有一组试件。第 5 项：设计等级为甲级地基或地质条件复杂，成桩质量可靠性低的灌注桩，应采用静载荷试验，抽查数量不少于桩总数的 1%，且不少于 3 根。总桩数 50 根时，检查数量为 2 根。其他桩应用高应变动力检测。

一般项目。除第 6 项混凝土坍落度按每 50m³ 或一根桩或一台班不少于一次外，其余项目为全数检查。

表 6 - 2 - 15　　　　　　　　混凝土灌注桩质量检验标准与检验方法

项目	序号	检验项目	允许偏差或允许值		检 查 方 法
			单位	数值	
主控项目	1	桩位	见表 6 - 2 - 14		基坑开挖前量护筒，开挖后量桩中心
	2	孔深	mm	+300	用重锤测，或测钻杆、套管长度
	3	桩体质量检查	符合桩基检测技术规范		按设计要求选用动力法检测，或钻芯取样至桩尖下 500mm，检查检测报告
	4	混凝土强度	符合设计要求		检查试件报告或钻芯取样
	5	承载力	符合桩基检测技术规范		静载荷试验或动载大应变检测，检查检测报告
一般项目	1	垂直度	见表 6 - 2 - 14		检查钻杆、套筒的垂直度或吊重锤检查
	2	桩径	见表 6 - 2 - 14		井径仪或超声波检测，干作业用钢尺量，人工挖孔桩不包括内衬厚度
	3	泥浆相对密度（黏土或砂性土）	1.15～1.20		清孔后在距孔底 500mm 处取样，用密度计测
	4	泥浆面标高（高于地下水位）	m	0.5～1.0	观察检查
	5	沉渣厚度：端成桩 摩擦桩	mm mm	≤50 ≤150	用沉渣仪或重锤测量
	6	混凝土坍落度：水下灌注 干施工	mm mm	160～220 70～100	混凝土灌注前用坍落仪测量
	7	钢筋笼安装深度	mm	±100	用钢尺量
	8	混凝土充盈系数	>1		计量检查每根桩的实际灌注量与桩体积相比，查施工记录
	9	桩顶标高	mm	+30 -50	水准仪测量。扣除桩顶浮浆和劣质桩体

6.2.2.2.8　地下连续墙工程质量检验

1. 施工过程的检查项目

（1）施工前检查定位放线结果并进行复核验收记录。

（2）施工时宜先试成槽，以检查泥浆配比、设备型号选择是否合适，并检查实际地质情况与地质资料是否相符。

（3）检查导墙施工质量：包括导墙的平面、立面尺寸；布筋位置；混凝土配合比、试块强度；导墙底部平整度；模板的平整度；导墙背侧是否填塞密实，是否漏浆等。导墙质量检查的主要参数见表 6 - 2 - 16。

表 6 - 2 - 16　　　　　　　　导墙质量检查的主要技术参数

序号	项 目 名 称	允许偏差（mm）	序号	项 目 名 称	允许偏差（mm）
1	导墙内墙面平行于地下墙中心线	±10mm	4	内外导墙间净距（设计墙厚加25～40mm）	±5mm
2	导墙顶面标高（整体）	±10mm			
3	导墙顶面标高（整体）	+5mm	5	导墙内墙面垂直度	≤1/50

（4）检查槽段开挖施工质量：保证成槽机就位准确、操作台平整。成槽过程中，每掘进一次应用经纬仪检测纠偏一次，其主要施工技术指标见表 6 - 2 - 17。

表 6 - 2 - 17　　　　　　　　成槽施工技术指标

序号	项 目 名 称	技 术 指 标
1	槽位、槽宽	超声波测定仪测定
2	槽壁垂直度	≤6‰
3	接头处相邻两槽挖槽中心线在任一深度的偏位	不大于设计槽厚的1/3
4	成槽深度	0～20cm
5	灌注混凝土前泥浆比重	≤1.2kg/cm³
6	灌注混凝土前沉淤厚度	≤20cm

（5）检查泥浆配合比和性能，保证顺利施工。

（6）检查钢筋笼制作的质量，其制作的尺寸应符合设计及现场条件的要求。钢筋笼制作的允许偏差应满足：主筋间距±10mm、箍筋间距±20mm、钢筋笼厚度和宽度±10mm、总长±50mm。

（7）检查钢筋笼的安装质量。钢筋笼入槽前，应检查是否有不可恢复的变形，对产生了不可恢复变形的钢筋笼不得使用。检查钢筋笼的吊点位置、起吊及固定方式是否符合设计和施工要求。检查为防止混凝土浇筑时钢筋笼上浮的措施。

（8）检查混凝土浇筑接缝处理的质量：检查混凝土的配合比、坍落度是否满足设计和施工工艺的要求。检查控制混凝土浇筑上升速度与浇筑面标高，槽内混凝土面上升速度不应小于2m/h，导管内混凝土的深度不得小于1.5m，亦不大于6m。应在钢筋笼入槽前检查槽段接缝处是否清理干净，并应在混凝土浇筑时经常转动及提拔接头管。拔管时不得损坏接头处混凝土。

2. 地下连续墙工程质量检验标准和检验方法

（1）地下连续墙工程质量检验标准和检验方法见表 6 - 2 - 18。

（2）地下连续墙工程质量检验数量。

主控项目。第1项：永久地下连续墙混凝土按每一个单元槽段留置一组抗压强度试件，每五个单元槽段留置一组抗渗试件；临时结构按50m³留一组，且每幅槽段不少于一组试件。第2项：重要结构每槽段全数检查；一般结构可抽查总槽段数的20%，每槽段抽查 1 个断面，不少于 5 个槽段。

一般项目。第 1 项：全数检查且每槽段不少于 5 点。第 2 和第 3 项：同 "主控项目" 第 2 项。第 4 项：每个台班至少抽查一次。第 5 项：全数检查。第 6 项：每个槽段测 2 处。第 7 项：全数检查。

表 6－2－18　　　　　　　　　地下连续墙工程质量检验标准和检验方法

项目	序号	检 验 项 目		允许偏差或允许值		检 查 方 法
				单位	数值	
主控项目	1	墙体强度		符合设计要求		检查试件试验报告或取芯试压
	2	垂直度	永久结构		1/300	用成槽机上的检测系统或超声波测槽仪测定
			临时结构		1/150	
一般项目	1	导墙尺寸	宽度	mm	$W+40$	用钢尺量测，W 为地下墙设计厚度
			墙面平整度	mm	<5	
			导墙平面位置	mm	±10	
	2	沉渣厚度	永久结构	mm	≤100	重锤测定或沉积物测定仪测量
			临时结构	mm	≤200	
	3	槽深		mm	+100	重锤侧
	4	混凝土坍落度		180～220		坍落度测定器测定
	5	钢筋笼尺寸		见表 6－2－13		见表 6－2－13
	6	地下连续墙表面平整度	永久结构	mm	<100	用拉线钢尺量或 2m 靠尺和塞尺测量
			临时结构	mm	<150	
			插入式结构	mm	<20	
	7	永久结构的预埋件位置	水平向	mm	≤10	用尺量
			垂直向	mm	≤20	用水准仪检查

6.2.3　学习情境

6.2.3.1　资讯

本模块主要介绍土方工程，灰土、砂和砂石地基、强夯地基、挤密桩地基、高压注浆地基、钢筋混凝土预制桩、混凝土灌注桩及地下连续墙施工质量检查项目、检验标准和检验方法。学习的重点是熟悉检验项目和检验标准，掌握正确的检验方法。通过学习和实际训练能够进行基础工程的质量控制与验收，并能准确的填写验收记录表和整理验收资料。

6.2.3.2　下达工作任务

工作任务见表 6－2－19。

表 6-2-19　　　　　　　　　　　　工 作 任 务 表

任务内容：地基与基础施工质量验收			
小组号		场地号	
任务要求： 　(1) 场景要求：基础图纸一份；操作场地一块； 　(2) 检验工具及使用：水准仪、经纬仪、钢卷尺等； 　(3) 步骤提示：熟悉图纸内容；编写验收方案，按验收规范内容逐一对照进行检查验收； 　(4) 填写基坑（槽）隐蔽工程记录表和土方分项工程质量验收记录表		组织： 　全班按每组4~6人分组进行，每组选1名组长和1名副组长。 　组长总体负责本组人员的任务分工，要求组员分工协作，完成任务。 　副组长负责工具的借领、归还和整理	
组长：＿＿＿＿＿　副组长：＿＿＿＿＿		组员：＿＿＿＿＿＿＿＿＿＿年＿＿月＿＿日	

6.2.3.3　制定计划

计划见表6-2-20。

表 6-2-20　　　　　　　　　　　　制 定 计 划 表

小组号			场地号		
组长			副组长		
工具/数量					
分　工　安　排					
序号	工作任务		操作者		备　注

6.2.3.4　实施计划

根据组内分工进行操作，并完成工作任务。

6.2.3.5　自我评估与评定反馈

1. 学生自我评估

学生自我评估见表6-2-21。

表 6-2-21　　　　　　　　　　　　学 生 自 我 评 估 表

实训项目						
小组号			学生姓名		学号	
序号	自检项目	分数权重	评分要求			自评分
1	任务完成情况	40	按要求按时完成任务			
2	实训操作	20	操作正确、规范			
3	实训纪律	20	服从指挥，无安全事故			
4	团队合作	20	服从组长安排，能配合他人工作			
学习心得与反思：						
小组评分：＿＿＿＿＿＿＿＿　组长：＿＿＿＿＿＿＿＿						

2. 教师评定反馈

教师评定反馈见表 6-2-22。

表 6-2-22　　　　　　　　　　教 师 评 定 反 馈 表

实训项目					
小组号			学生姓名		学号	
序号	检查项目	分数权重	评分要求		评分
1	准备工作	10			
2	实训操作	30			
3	实训纪律	10			
4	成果质量	30			
5	团队合作	20			
6	合计得分				
存在问题:					

思 考 题

（1）土方工程施工前应进行哪些方面的检查工作？

（2）灰土、砂和砂石地基及强夯地基，其竣工后的地基强度或承载力检验数量是如何确定的？

（3）灰土、砂和砂石地基施工时的压实系数如何检查控制？

（4）挤密桩地基施工时如何检查回填土料的含水量？

（5）挤密桩地基工程的质量检验标准是什么？

（6）高压喷射注浆地基施工结束后，应检查哪些内容？

（7）钢筋混凝土预制桩桩体质量检验数量如何确定？

（8）钢筋混凝土预制桩的竣工验收资料包含哪些？

（9）混凝土灌注桩如何检查成孔的质量？

（10）混凝土灌注桩的质量检验标准和检验方法是什么？

（11）简述地下连续墙墙体强度检验的方法和数量。

参 考 文 献

［1］ 中国建筑科学研究院. GB 50007—2002 建筑地基基础设计规范［S］. 北京：中国建筑工业出版社，2002.

［2］ 中国建筑科学研究院. GB 50021—2001 岩土工程勘察规范［S］. 北京：中国建筑工业出版社，2001.

［3］ 中国建筑科学研究院. GB 50202—2002 建筑地基基础工程施工质量验收规范［S］. 北京：中国建筑工业出版社，2002.

［4］ 中国建筑科学研究院. JGJ 79—2002 中华人民共和国行业标准建筑地基处理技术规范［S］. 北京：中国建筑工业出版社，2002.

［5］ 中国建筑科学研究院. JGJ 94—2008 建筑桩基技术规范［S］. 北京：中国建筑工业出版社，2008.

［6］ 苏宏阳，郦锁林. 基础工程施工手册.［M］. 北京：中国计划出版社，2007.

［7］ 陈兰云. 土力学及地基基础［M］. 北京：机械工业出版社，2007.

［8］ 建筑地基基础设计新旧规范对照理解与应用实例编委会. 建筑地基基础设计新旧规范对照理解与应用实例［M］. 北京：中国建材工业出版社，2005.

［9］ 陈祖煜. 土质边坡稳定分析——原理·方法·程序［M］. 北京：中国水利水电出版社，2003.

［10］ 刘惠珊，徐攸在. 地基基础工程 283 问［M］. 北京：中国计划出版社，2002.

［11］ 腾延京. 建筑地基基础设计规范与应用［M］. 北京：中国建筑工业出版社，2004.

［12］ 地基处理手册编写委员会. 地基处理手册［M］. 2 版. 北京：中国建筑工业出版社，2000.

［13］ 中国建筑第七工程局编. 建设工程施工技术标准 1［M］. 北京：中国建筑工业出版社，2007.

［14］ 陈希哲. 土力学地基基础［M］. 4 版. 北京：清华大学出版社，2003.

［15］ 赵明华，李刚，等. 土力学地基与基础疑难释义附解题指导［M］. 2 版. 北京：中国建筑工业出版社，2003.

［16］ 顾晓鲁，钱鸿缙，刘惠珊，汪时敏. 地基与基础：［M］. 3 版. 北京：中国建筑工业出版社，2003.

［17］ 李海光，等. 新型支挡结构设计与工程实例［M］. 北京：人民交通出版社，2004.